普通高等院校电子信息类专业应用型本科系列教材

自动识别技术概论

（第2版）

刘平 主编 ／ 刘业峰 黄一师 王国玉 副主编

清华大学出版社
北 京

内 容 简 介

本书系国家级综合改革试点专业——电子信息工程专业课程建设的成果。根据应用型人才的培养目标和“以人为本、学以致用”的办学理念，贯彻“精、新、实”的编写原则，以“必需、够用”为度，精选必需的内容，其余内容引导学生根据兴趣和需要，有目的、有针对性地自学。具有以下特点：案例导入，更易激发学生的学习兴趣；图文并茂、重在应用，既重历史，又体现最新应用的情况，尤其是身边的事例；采用结构式描述，易读、易懂、易学、易记。

本书既可以作为应用型本科信息类各专业的自动识别技术课程教材，也可以作为非信息类专业学生及大数据技术、物联网技术、物流技术、自动识别技术企业及相关应用单位人员学习自动识别技术的入门书籍。

图书在版编目（CIP）数据

自动识别技术概论 / 刘平主编.—2 版.—北京：清华大学出版社，2024.6
普通高等院校电子信息类专业应用型本科系列教材
ISBN 978-7-302-66215-0

Ⅰ. ①自…　Ⅱ. ①刘…　Ⅲ. ①自动识别－高等学校－教材　Ⅳ. ①TP391.4

中国国家版本馆 CIP 数据核字(2024)第 085330 号

责任编辑：王　欣　赵从棉
封面设计：傅瑞学
责任校对：赵丽敏
责任印制：刘　菲

出版发行：清华大学出版社
网　　址：https://www.tup.com.cn，https://www.wqxuetang.com
地　　址：北京清华大学学研大厦 A 座　　邮　　编：100084
社 总 机：010-83470000　　邮　　购：010-62786544
投稿与读者服务：010-62776969，c-service@tup.tsinghua.edu.cn
质量反馈：010-62772015，zhiliang@tup.tsinghua.edu.cn
印 装 者：三河市人民印务有限公司
经　　销：全国新华书店
开　　本：185mm×260mm　　印　　张：17.25　　字　　数：417 千字
版　　次：2013 年 8 月第 1 版　　2024 年 6 月第 2 版　　印　　次：2024 年 6 月第 1 次印刷
定　　价：58.00 元

产品编号：105255-01

第2版前言

国家级综合改革试点专业课程建设成果之一的《自动识别技术概论》自2013年8月出版以来，10年间已经多次重印，受到众多高等院校、培训机构与企业的重视和欢迎。

目前，世界已经进入大数据时代。自2014年“大数据”首次出现在我国的政府工作报告中以来，“大数据”已经连续多年被写入国务院政府工作报告，上升为国家战略。大数据概念也逐渐在国内成为热议的词汇。2015年国务院正式印发《促进大数据发展行动纲要》，2016年工业和信息化部又出台了《大数据产业发展规划（2016—2020）》，指出数据是国家基础性战略资源，是21世纪的“钻石矿”。吕本富在《飞轮效应：数据驱动的企业》中指出，数据是企业发展的基础设施和核武器。数据资源成为企业发展的新型动力源，数据分析系统是企业腾飞的动力系统，决定了企业运行的速度与高度。

2021年3月通过的国家“十四五”规划明确提出“加快数字化发展，建设数字中国”。规划指出：迎接数字时代，激活数据要素潜能，推进网络强国建设，加快建设数字经济、数字社会、数字政府，以数字化转型整体驱动生产方式、生活方式和治理方式变革。规划还指出：构筑美好数字生活新图景。

随后，工业和信息化部出台了《“十四五”大数据产业发展规划》，指出：数据是新时代重要的生产要素，是国家基础性战略资源。大数据是数据的集合，以容量大、类型多、速度快、精度准、价值高为主要特征，是推动经济转型发展的新动力，是提升政府治理能力的新途径，是重塑国家竞争优势的新机遇。大数据产业是以数据生成、采集、存储、加工、分析、服务为主的战略性新兴产业，是激活数据要素潜能的关键支撑，是加快经济社会发展质量变革、效率变革、动力变革的重要引擎。规划提出的目标是，到2025年，大数据产业测算规模突破3万亿元，年均复合增长率保持在25%左右。

2021年10月18日，中共中央政治局就推动我国数字经济健康发展进行第三十四次集体学习。习近平总书记强调：发展数字经济意义重大，是把握新一轮科技革命和产业变革新机遇的战略选择。充分发挥海量数据和丰富应用场景优势，促进数字技术和实体经济深度融合，赋能传统产业转型升级，催生新产业新业态新模式，不断做强做优做大我国数字经济。

2022年1月12日，国务院公开发布《“十四五”数字经济发展规划》，指出：数字经济是继农业经济、工业经济之后的主要经济形态，是以数据资源为关键要素，以现代信息网络为主要载体，以信息通信技术融合应用、全要素数字化转型为重要推动力，促进公平与效率更加统一的新经济形态。数字经济发展速度之快、辐射范围之广、影响程度之深前所未有，正推动生产方式、生活方式和治理方式深刻变革，成为重组全球要素资源、重塑全球经济结构、改变全球竞争格局的关键力量。“十四五”时期，我国数字经济转向深化应用、规范发展、普惠共享的新阶段。

2022年10月16日，习近平总书记在党的二十大报告中明确提出，加快发展数字经济，促进数字经济和实体经济深度融合，打造具有国际竞争力的数字产业集群。随后，2023年2月27日，中共中央、国务院印发了《数字中国建设整体布局规划》，指出：建设数字中国是数字时代推进中国式现代化的重要引擎，是构筑国家竞争新优势的有力支撑。加快数字中国建设，对全面建设社会主义现代化国家、全面推进中华民族伟大复兴具有重要意义和深远影响。

大数据技术突飞猛进，其应用已经渗透到社会生产的各行各业、科学研发的各门学科，极大地提高了社会的生产力水平，同时也促进了许多相关技术的飞速发展。如自动识别技术、感测技术、通信技术、人工智能技术和控制技术等，都是以数据信息技术为平台，向深度与广度飞速发展的。

作为数据重要来源之一的自动识别技术具有广阔的市场前景。近年来，自动识别技术在全球范围内得到了迅猛的发展，形成了涉及光、机、电、计算机、网络等多种技术组合的高新技术体系，并以其鲜明的技术特点和优势，在不同的应用领域展现出不可替代的作用。全球自动识别与数据采集行业市场发展日趋成熟，丰富的下游应用场景及企业数字化转型升级的诉求驱动着自动识别与数据采集（AIDC）行业市场规模的持续扩大。

自动识别技术包括条码识别技术、射频识别技术、卡类识别技术、图像识别技术（含光符识别技术，即 OCR）、生物特征识别技术等，其中生物特征识别技术又分为指纹识别技术、人脸识别技术、虹膜识别技术、语音识别技术等。各项技术各有所长，面对各行业的信息化应用，将形成互补的局面，并将更广泛地应用于各行各业。

随着科技的不断进步以及物联网、人工智能行业的快速爆发，我国自动识别技术获得了快速发展，基于自动识别技术的应用产品层出不穷，应用场景不断丰富，识别和需求端规模不断扩大。自动识别技术系列产品的创新和广阔的市场需求，既是我国数字经济核心产业的一个重要的有机组成部分，也将成为我国国民经济新的增长点之一，在我国的数字化建设中发挥举足轻重的作用，为数字经济、数字社会、数字政府、数字文化和数字生态文明建设奠定坚实的基础。

随着大数据时代的到来，在新一代信息技术革命、新工业革命的背景下，产业快速升级，企业的数智化发展也驶入快车道。为积极面向数智化变革培养新时代人才，高等院校全力推进“四新”建设，许多专业积极开展深度数字化转型升级。因此，“自动识别技术概论”“大数据管理与应用概论”等课程成为新的热点课程。

本次修订由沈阳工学院刘平教授主持并担任主编，沈阳工学院刘业峰、黄一师、王国玉担任副主编，沈阳工学院孙增、梁月，辽宁沈抚改革创新示范区美中育才学校谭梦雅等教师参与了部分内容的修订工作。本次修订也得到了清华大学出版社王欣编辑的热情鼓励和大力支持，在此表示衷心的感谢！

由于作者水平有限，疏漏之处在所难免，敬请广大读者批评指正！

刘 平

2024年春于沈抚改革创新示范区

第1版前言

自动识别技术是将信息数据自动识别、自动输入计算机的重要方法和手段。它是以计算机技术和通信技术为基础的综合性科学技术，包括条码识别技术、射频识别技术、卡类识别技术、图像识别技术（含光符识别技术，即 OCR）、生物特征识别技术等，其中生物特征识别技术又分为指纹识别技术、人脸识别技术、虹膜识别技术、语音识别技术等。

目前已有的自动识别技术概论（导论）教材存在以下一些问题，比如：更多地侧重于条码技术，而忽视其他的自动识别技术；不像概论，对个别技术（如编码技术）涉猎太深；案例太少，过于抽象，不生动，引不起学生的学习兴趣等。

为此，本教材根据应用型人才的培养目标和“以人为本、学以致用”的办学理念，贯彻“精、新、实”的编写原则，以“必需、够用”为度，精选必需的内容，采用最新的研究成果和数据（许多引用数据为 2012 年的），内容系统实用。本书的编写突出了以下原则和主要特点。

本书定位

（1）电子信息工程及其自动识别技术方向、物流工程专业、物联网工程专业的专业基础课。

（2）非自动识别技术类专业的专业课、专业选修课，如电子商务、物流管理、测控技术与仪器、自动化、计算机、电子信息类其他专业等。

读者对象

应用自动识别技术的人员。

本书特色

（1）案例导入，更易激发学生的学习兴趣。

（2）图文并茂、重在应用。既重历史，更体现出最新应用的情况，尤其是身边的事例，新颖、丰富、具有典型性。本书采用了大量的实物照片，使教材变得非常生动。

（3）采用结构式描述，易读、易懂、易学、易记。

章（节）正文内容形式

（1）发展历程：使读者概要了解该项识别技术的诞生及发展情况。

（2）应用现状：重点介绍该项识别技术的应用现状和典型案例，开阔读者视野，启发应用思路，促进应用推广。

（3）技术基础：介绍该项识别技术的基本工作原理，以便更好地应用该项技术，同时为更深入地学习和研究该项技术奠定初步基础。

（4）设备概述：概要介绍相关设备的特性，利于读者应用选型。

（5）前景展望：用前瞻的眼光探讨该项识别技术未来的发展趋势。

各章基本体例结构

（1）内容提要：概括本章讲解的主要内容。

（2）学习目标与本章重点：说明学习重点及学习收获。

（3）关键术语：列出本篇需要重点理解的关键词汇。

（4）引入案例：目的是引入思维环境。

（5）本章正文。

（6）个案介绍：穿插于正文中，介绍典型应用。

（7）概念辨析：将前后文知识或相关知识进行对比，便于学习理解和加深记忆。

（8）知识链接：穿插于正文中，介绍相关知识。

（9）阅读文章：此类资料篇幅要大于个案介绍和知识链接，是相对比较完整的补充阅读材料，以拓宽学生的知识面，使之加深对正文内容的理解和认识。

（10）本章小结：对本章主要内容和知识点进行概要回顾。

（11）本章内容结构：采用结构图的方式给出本章核心内容的体系结构和逻辑关系。

（12）综合练习：包括名词解释、简述题、比较思考题、实际观察题等题型。

（13）参考书目及相关网站：每章后列出8～12个文献和相关网站，给出了深入学习本章内容的参考文献和网站。

本书既可作为应用型本科信息类各专业的自动识别技术课程教材，也可作为非信息类专业学生及物联网技术、物流技术、自动识别技术企业及相关应用单位人员学习自动识别技术的入门书籍。

本书由沈阳工学院刘平教授起草写作大纲并担任主编，付丽华、李志、冯暖担任副主编。具体分工如下：刘平编写第一章，刘莹编写第二章，付丽华编写第三章，冯暖编写第四章，李娜编写第五章，赵云鹏编写第六章第一节、第三节，贾婷编写第六章第二节，李志编写第六章第四节。最后，由付丽华先初步统稿，刘平最终统稿定稿。

在本书的编写过程中，参阅了大量的文献资料，在此向原作者表示诚挚的感谢。编者力图在书中和书后参考文献中全面完整地注明引用出处，但难免有疏漏，特别是个别段落文字引自网络，无从考证原文作者的真实姓名，无法注明出处，在此一并表示感谢。

写书和出书在某种程度上来说也是一种“遗憾”的事情。由于种种缘由，每每在书稿完成后，总能发现有缺憾之处，本书也不例外。编者诚恳希望读者在阅读本书的过程中，指出书中存在的不足和错误，提出宝贵的指导意见，这是对编者的最高奖赏和鼓励。在此谢谢广大读者的厚爱！

刘　平

于李石开发区

主编简介

刘平，教授，曾任沈阳工学院经济与管理学院副院长、信息与控制学院院长、创新创业学院院长。目前兼任中国未来研究会理事、专家委员会委员、智库专家、创新创业研究分会会长，曾兼任中国自动识别技术协会常务理事、辽宁省自动识别产业技术创新战略联盟秘书长。拥有清华大学和美国哥伦比亚大学双硕士学位，熟悉中外管理理论，并富有从基层到高层的管理实践经验。

近年来主持辽宁省普通高等教育本科教学改革研究立项“应用型本科院校大学生创新创业课程体系建设研究与实践”“理工科专业适应大学生就业与企业职业化选择的职业素养课程体系研究与实践”“电信专业‘满足学生就业、升学、个性化发展’的分类培养、分级教学的多元化人才培养模式探索与实践”、辽宁省教育科学规划课题“提高辽宁高校大学生就业能力的对策研究——基于课程体系建设”“跨学科复合型应用人才培养模式研究”、辽宁省社会科学规划基金项目“大学生创业教育通俗读本”等多项省部级教科研项目，曾经主持承担国家级火炬计划项目“热转式条码印制机及条码打印机”（课题编号：9421104027）以及重点科技攻关项目“金融终端系统和支付工具”（课题编号：85-712-14-5-4），是省级综合改革试点专业和国家级综合改革试点专业电子信息工程（自动识别技术方向）联合负责人和项目执行人，省级精品课程负责人，省级优秀教学团队带头人，省级专业带头人，省级创新创业实践教育基地负责人，省级大学生创业孵化示范基地负责人，省级一流专业负责人，省级一流课程负责人。

获得多项省部级成果奖，其中“适应学生个性化发展需求的多元化人才培养模式构建”获辽宁省教学成果二等奖（排名第1），“借力国际品牌、深化校企融合、立足学以致用、培养应用型卓越工程人才”获辽宁省教学成果二等奖（排名第2），“民生中的若干问题”获辽宁省第三届哲学社会科学优秀成果一等奖（排名第2），“以需求为导向培养技术应用型人才”获辽宁省教育科学规划优秀成果三等奖（排名第1），“条码技术产品”获部级科技进步一等奖（主要参与者）。

近年在高等教育出版社、机械工业出版社、电子工业出版社、清华大学出版社等国家一级出版社以第一作者出版10余部著作和教材，其中《创业攻略：成功创业之路》获辽宁省学术成果奖著作类二等奖，《保险学概论》获辽宁省人力资源和社会保障科学研究成果二等奖；《创业学：理论与实践》《企业战略管理：规划理论、流程、方法与实践》《保险学：原理与应用》三部教材入选辽宁省本科省级规划教材，目前《创业学：理论与实践》已出版第4版，《企业战略管理：规划理论、流程、方法与实践》已出版第3版，《保险学：原理与应用》已出版第4版；《用友ERP企业经营沙盘模拟实训手册（第7版）》《拯救AIG：

解读美国最大的金融拯救计划》《保险战争》等已成为畅销书。

在《光明日报》、《中国教育报》高等教育专版、《现代经济探讨》、《江西财经大学学报》、《云南财经大学学报》、《重庆工商大学学报》、《企业管理》、《中外管理》等核心期刊和国家期刊奖百种重点期刊发表文章30余万字，其中《再看破坏性创新》、《中国需要什么样的软件人才》、《如何成为标准的创造者》、《高成长企业的长赢基因》等多篇文章被广泛转载，3篇文章被人大报刊复印资料全文转载。

主要研究方向：大数据管理与应用、电子信息工程、发展战略、创业理论与实务。

目录

第一章

绪　论

内容提要

自动识别技术是一种高度自动化的信息或者数据采集与处理技术，是物联网及大数据的主要支撑技术之一。本章主要介绍自动识别技术的含义、分类体系、一般性的工作原理，以及在经济社会中的重要作用、应用现状和发展趋势，并给出本书的内容结构。

学习目标与重点

◆ 掌握自动识别技术的含义、分类体系。
◆ 了解自动识别技术的一般性工作原理。
◆ 理解自动识别技术在经济社会中的重要作用、应用现状和发展趋势。

关键术语

自动识别技术、定义识别、模式识别、物联网

【引入案例】　　幸福是什么？

中国移动在多年前推出一款“带你体验前所未有的幸福”广告，截图如图 1-1 所示，让我们看看我们孜孜不倦追求的幸福是怎样的：

(a)

(b)

图 1-1　“带你体验前所未有的幸福”广告截图

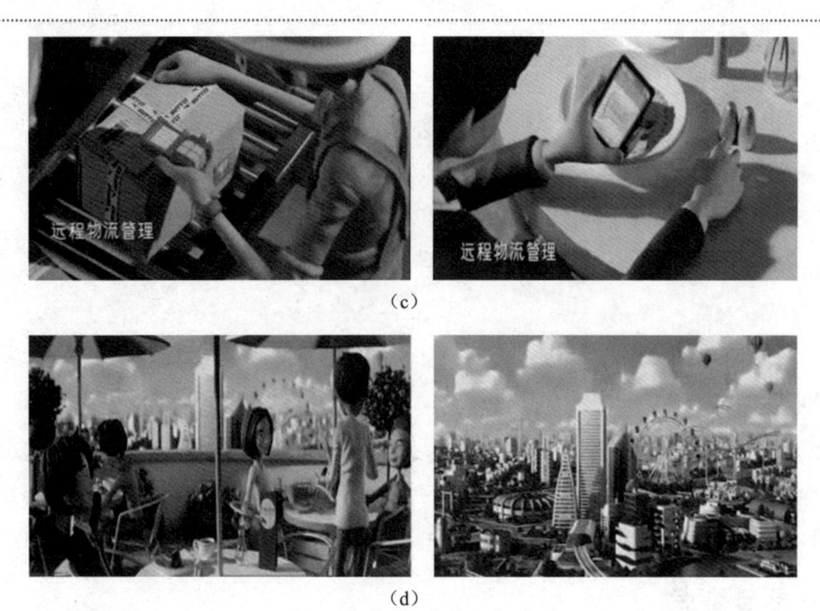

（c）

（d）

图 1-1 （续）

（a）“幸福是当你等待的时候，有人懂得你的希望；幸福是烦恼的时候，有人指引方向”（智能公交系统——用到自动识别公交 IC 卡）；（b）“幸福是安心享受”（食品安全溯源——用到二维条码识别技术）；（c）“幸福的答案在身旁，再也不用匆匆忙忙”（远程物流管理——用到一维条码识别技术）；（d）“为了幸福而改变就是我们的理想”（我们日常生活中的方方面面更是全面地用到了各种自动识别技术）。

这些只言片语诉说着我们对幸福的诉求，而各种自动识别技术助力我们对幸福的追求。

在经济全球化、贸易国际化、通信网络化、信息数字化的推动下，自动识别技术已经广泛地应用于商流、物流、邮政、交通运输、医疗卫生、航空、图书管理、电子商务、电子政务、工业制造等多个领域，并成为物联网及大数据的主要支撑技术之一。

现代高效快捷的社会生活中，自动识别技术与每个人的联系也日益紧密，无论你到超市采购商品、乘公交车刷卡，还是你所使用的银行卡以及身份证，都有自动识别技术的应用，可以说，这项技术已经渗透到现代社会生活的各个领域。

从技术的层面上看，自动识别技术归根到底还是数据采集技术和计算机处理技术。在自动识别系统中，数据的采集是信息系统的基础，这些数据通过计算机信息系统的处理、分析和过滤，成为提高管理工作的效率、准确性和数字化、智能化的重要手段。

一、自动识别技术的基本概念

1. 识别的基本概念

识别是人类参与社会活动的基本要求。人们认识和了解事物的特征及信息就是一种识别，为有差异的事物命名是一种识别，为便于管理而为一个单位的每一个人或一个包装箱内的每一件物品进行编号也是一种识别。因此，识别是一个集定义、过程与结果为一体的概念。

随着技术的进步和发展，人们所面临的识别问题越来越复杂，完成识别所花费的人力代价也越来越大，在某些情况下，必须借助一些设备和技术才能完成更高效、更快速和更准确的识别，这就会用到自动识别技术。

2. 自动识别技术的含义

自动识别（automatic identification，Auto-ID）技术是指通过非人工手段获取被识别对象所包含的标识信息或特征信息，并且不使用键盘即可实现数据实时输入计算机或其他微处理器控制设备的技术。

下面我们从几个不同的角度对其特征进行定义。

1）综合技术概念

自动识别技术是以传感器技术、计算机技术和通信技术为基础的一门综合性科学技术，是集数据编码、数据采集、数据标识、数据管理、数据传输于一体的信息数据自动识读、自动输入计算机的重要方法和手段，是一种高度自动化的信息或者数据采集与处理技术。

2）应用设备概念

自动识别技术是应用一定的识别装置，通过被识别物品和识别装置之间的接近活动，自动地获取被识别物品的相关信息，并提供给后台的计算机处理系统来完成相关后续处理的一种技术。例如商场的条码扫描系统就是一种典型的自动识别技术，售货员通过条码阅读器扫描条码，获取商品的代码信息，然后将代码信息传送到后台来获取商品的名称、价格，在 POS 终端即可计算出该批次商品的价格，从而完成顾客所购买商品的结算。

3）技术系统概念

自动识别技术是一个以传感器技术、信息处理技术为主的技术系统，最主要的目的是提供一个快速、准确地获得信息的有效手段，其处理的结果可作为管理工作的决策信息或自动化装置等技术系统的控制信息。

4）自动采集概念

在信息处理系统早期，相当部分的数据处理都是通过人工录入的，这样的录入方法不仅数据量十分庞大、操作者的劳动强度高，而且人为产生错误的概率也相应较高，造成录入的数据不准确，使得对这些数据的分析失去了实时的意义。

为了解决这些问题，人们研究和发展了各种自动识别技术，将操作者从繁重而又重复，且十分不准确的手工输入劳动中解放出来，提高了系统输入信息的实时性和准确性，这就是自动识别技术的目的（主要解决的问题）。

5）多种技术概念

自动识别技术包括条码识别技术、射频识别技术、磁卡识别技术、IC 卡识别技术、图像识别技术、光字符识别技术、生物特征识别技术（指纹识别、人脸识别、虹膜识别、语音识别）等多种自动识别技术方法和手段。

3. 自动识别技术的特点

自动识别技术是以计算机技术和通信技术的发展为基础的综合性科学技术，它是信息数据自动识读、自动输入计算机的重要方法和手段。归根到底，自动识别技术是一种高度自动化的信息或者数据采集技术，可以完成系统的原始数据的采集工作，解决人工数据输入速度慢、误码率高、劳动强度大、工作简单重复性高等问题，为计算机信息处理提供快速、准确地进行数据采集输入的有效手段，因此，自动识别技术作为一种革命性的技术，正迅速为人们所接受。

自动识别技术近几十年在全球范围内得到了迅猛发展，初步形成了一个包括条码技术、磁条磁卡技术、IC 卡技术、光学字符识别技术、射频识别技术、语音识别技术及生物特征视觉识别技术等集计算机、光、磁、物理、机电、通信技术为一体的技术学科。

自动识别技术具有如下特点：

（1）准确性——自动数据采集，彻底消除人为错误。

（2）高效性——信息交换实时进行。

（3）兼容性——自动识别技术以计算机技术为基础，可与信息管理系统无缝连接。

二、自动识别技术分类与本书结构

1. 自动识别技术分类

自动识别技术根据识别对象的特征、识别原理和方式可以分为两大类，分别是数据采集技术（定义识别）和特征提取技术（模式识别）。这两大类自动识别技术的基本功能是一致的，都是完成物品的自动识别和数据的自动采集。

（1）定义识别是赋予被识别对象一个 ID 代码，并将此 ID 代码的载体（条码、射频标签、磁卡、IC 卡等）放在要被识别的对象上进行标识，通过对载体的自动识读获得原 ID 代码，然后通过计算机实现对对象的自动识别。

（2）模式识别（pattern recognition）是指对表征事物或现象的各种形式的（数值的、文字的和逻辑关系的）信息进行处理和分析，以对事物或现象进行描述、辨认、分类和解释的过程，即通过采集被识别对象的特征数据，并通过与计算机存储的原特征数据进行特征比对，实现对对象的自动识别。模式识别是信息科学和人工智能的重要组成部分。

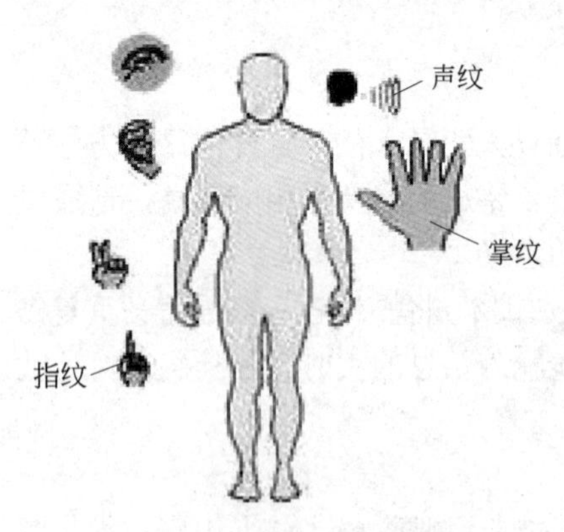

图 1-2 可用于模式识别的人体生物特征示意图

数据采集技术的基本特征是需要被识别物体具有特定的识别特征载体（如标签等，仅光学字符识别例外）；而特征提取技术（特征识别）则根据被识别物体本身的属性特征和行为特征来完成数据的自动采集。如图 1-2 所示为可用于模式识别的人体生物特征示意图。

【概念辨析 1-1】 数据采集技术（定义识别）与特征提取技术（模式识别）

1. 研究对象

定义识别的主要研究对象为条码识别、射频识别（radio frequency identification，RFID）、磁识别、IC 卡识别等载体、编码方法和识别技术。

模式识别研究主要集中在两方面，一是研究生物体（包括人）是如何感知对象的，属于认识科学的范畴；二是在给定的任务下，如何用计算机实现模式识别的理论和方法，主要涉及图像识别、光符识别、生物特征识别（如指纹识别、脸部识别、虹膜识别、语音识别等）。

数据采集技术（定义识别）包括：

（1）光存储器：条码（一维、二维）、光卡、光标阅读器（OMR）、光学字符识别（OCR）。

（2）磁存储器：磁条、非接触磁卡。

（3）电存储器：接触式 IC 卡、射频识别（无芯片、有芯片）、存储卡（智能卡、非接触式智能卡）。

特征提取技术（模式识别）中包括以下特征：

（1）身体特征：指纹、虹膜、脸型、掌型、视网膜、DNA、骨骼。

（2）行为特征：签名（签字）、语音、行走步态。

2. 研究方法

（1）定义识别是通过将信息编码进行定义、代码化，并装载于相关的载体（如条码符号、射频标签、磁条、IC 卡等）中，然后借助于相应的识读设备，实现对定义信息的自动识别、采集、传输和输入计算机信息处理系统。

（2）模式识别目前已形成了两种基本的识别方法：统计模式识别方法和结构（句法）模式识别方法。

① 统计模式识别方法

统计模式识别方法是受数学中决策理论的启发而产生的一种识别方法，它一般假定被识别的对象或特征提取向量是符合一定分布规律的随机变量。

统计模式识别方法就是用给定的有限数量的样本集，在已知研究对象统计模型或已知判别函数类条件下，根据一定的准则，通过学习算法把多维特征空间划分为若干个区域，每一个区域与每一类别相对应。模式识别系统在进行工作时只要判断被识别的对象落入哪一个区域，就能确定出它所属的类别。

由噪声和传感器所引起的变异性可通过预处理来部分消除；而模式本身固有的变异性则可通过特征抽取和特征选择得到控制，尽可能地使模式在该特征空间中的分布满足上述理想条件。因此，一个统计模式识别系统应包含预处理、特征抽取、分类器等部分。

分类器有多种设计方法，如贝叶斯分类器、树分类器、线性判别函数、近邻法分类、最小距离分类、聚类分析等。

② 结构（句法）模式识别方法

结构模式识别是用模式的基本组成元素（基元）及其相互间的结构关系对模式进行描述和识别的方法。在多数情况下，可以有效地用形式语言理论中的文法来表示模式的结构信息，因此，也常称为句法模式识别。

结构模式识别的基本思想是把一个模式描述为较简单的子模式的组合，子模式又可描述为更简单的子模式的组合，最终得到一个树形的结构描述。在底层的最简单的子模式称为模式基元。

在结构方法中选取基元的问题，相当于在统计模式识别方法中选取特征的问题，通常要求所选的基元能提供一个紧凑的并能反映其结构关系的描述，又要易于用非结构方法加以抽取。

显然，基元本身不应该含有重要的结构信息。模式以一组基元和它们的组合关系来描述，称为模式描述语句，这相当于在语言中句子和短语用词组合、词用字符组合一样。基元组合成模式的规则由所谓语法来指定。一旦基元被鉴别，识别过程可通过句法分析进行，即分析给定的模式语句是否符合指定的语法，满足某类语法的，即可被分入该类。

3．研究应用领域

定义识别主要研究条码、RFID、磁记录等编码和识别技术，以便更高效地应用于商品零售、物流、银行、医药和医院管理、工业生产流水线控制、铁路运输管理、高速公路不停车及停车场收费、门禁和考勤等系统。

模式识别主要研究如何使机器具有感知能力，主要研究视觉模式和听觉模式的识别，如能识别物体、地形、图像、声音和字体（如签字）的机器人。模式识别的应用领域涉及：①机器识别和人工智能；②医学；③军事；④卫星遥感、卫星航空图片解释、天气预报；⑤银行、保险、刑侦；⑥工业产品检测；⑦字符识别、语音识别、指纹识别。

目前自动识别技术的主要研究对象已经基本形成了一个包括定义识别和模式识别两大类识别的体系，其中条码识别、射频识别、卡类识别、图像识别、光符识别、指纹识别、脸部识别、虹膜识别、语音识别等是目前自动识别技术研究的主要内容。

此外，自动识别技术系统的输入信息还可分为特定格式信息和图像图形格式信息两大类。特定格式信息就是采用规定的表现形式来表示所要表达的信息，如条码符号、IC 卡、磁卡、射频标签中的数据格式都属于此类。图像图形格式信息则是指二维图像与一维波形等信息，如文字、地图、照片、指纹等二维图像以及语音等一维波形均属于这一类。

2．本书的主要内容结构

本书主要介绍目前主流的自动识别技术，具体如下：条码识别技术（第二章）、射频识别技术（第三章）、卡类识别技术（第四章）、图像识别技术（第五章）和生物特征识别技术（第六章）。

第四章的卡类识别技术主要介绍光卡、磁卡和接触式 IC 卡技术，非接触式 IC 卡在第三章介绍；第五章图像识别技术最后介绍光符识别技术和光标阅读器；第六章生物特征识别技术主要介绍指纹识别技术、人脸识别技术、虹膜识别技术和语音识别技术。本书主要内容结构如图 1-3 所示，加粗的部分为主要识别技术。

三、自动识别技术的一般性原理

自动识别系统是一个以信息处理为主的技术系统，也是传感器技术、计算机技术、通

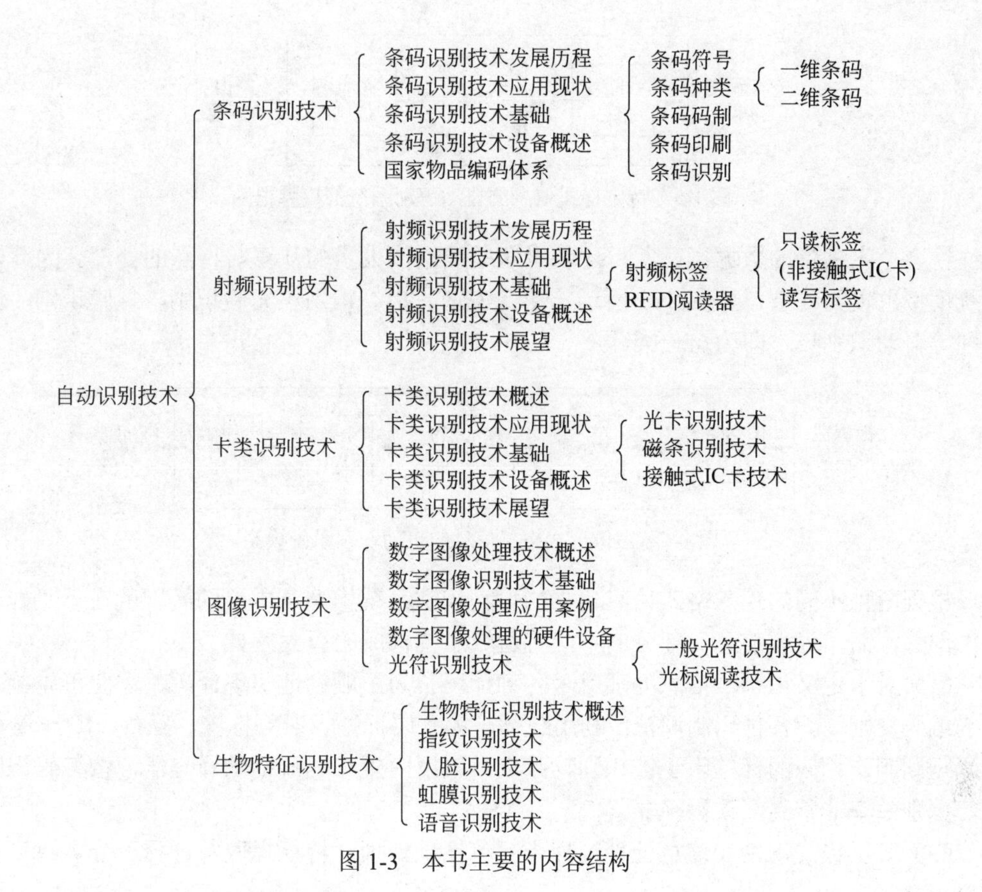

图 1-3　本书主要的内容结构

信技术综合应用的一个系统，它的输入端是被识别信息，输出端是已识别信息。

自动识别系统中的信息处理是指为达到快速应用目的而对信息进行的变换和加工，例如为抗干扰进行的信道编码处理和为了提高传输效率而进行的信源编码处理，以及诸如调制、均衡等信息处理、信息操作的总称。自动识别技术广泛地应用于各种商务活动和各类行业管理的信息采集与数据交换领域。

抽象概括自动识别技术系统的工作过程如图 1-4 所示，它是最一般的自动识别技术信息处理系统的模型框图，是适用于自动识别技术领域的通用研究模型。对于各类信息的采集和处理，此模型可以再具体化，不同类别的信息采集对应着不同的信息处理部分。

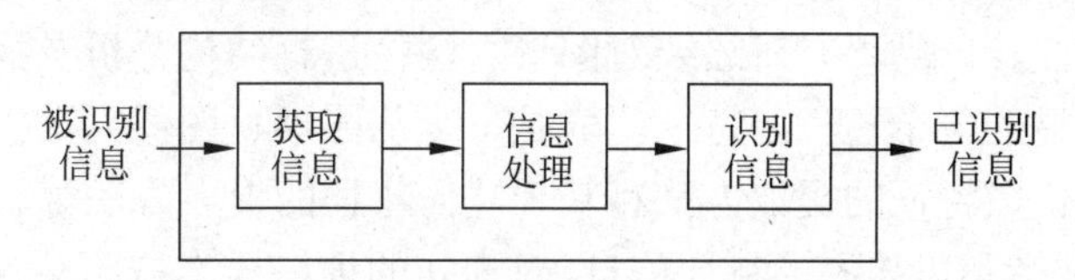

图 1-4　自动识别技术信息处理系统的模型框图

（1）定义识别的数据信息的采集由于其信息格式的固定化，且具有量化特征，数据量相对较小，所对应的自动识别系统模型也较为简单，如图 1-5 所示。条码识别、射频识别、磁卡识别、IC 卡识别等自动识别技术即为这一类。

（2）模式识别的特征信息的采集和处理过程较定义识别的数据信息复杂得多。第一，它没有固定的信息格式；第二，为了让计算机处理这些信息，必须使其量化，而量化的结

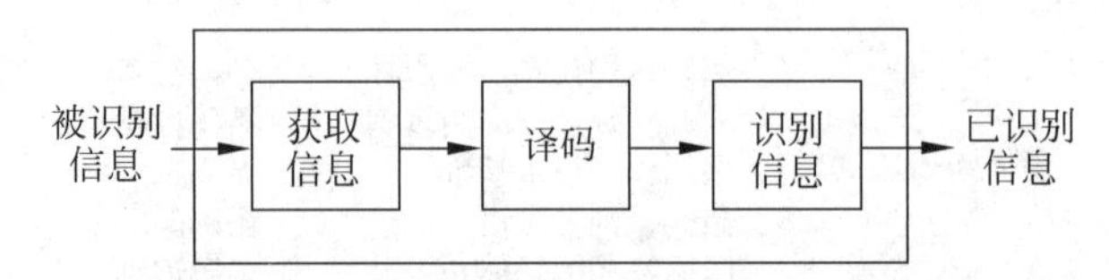

图 1-5　特定格式信息的自动识别系统的模型框图

果往往会产生大量的数据；第三，还要对这些数据作大量的计算与特殊的处理。因此，其系统模型也较为复杂，如图 1-6 所示。图像识别、指纹识别、人脸识别、虹膜识别、语音识别等自动识别技术即为这一类。

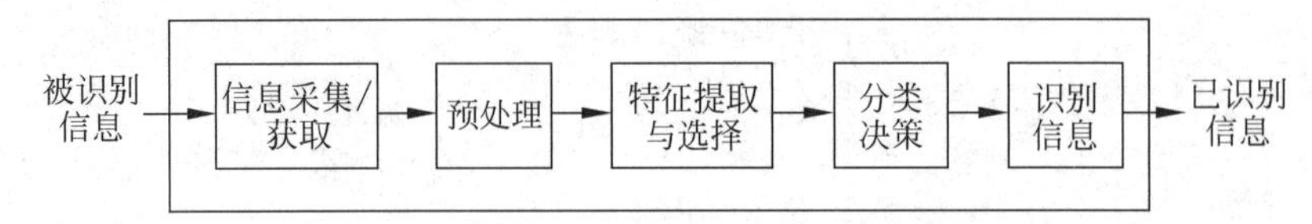

图 1-6　图像形式格式信息的自动识别系统模型

根据两种不同的输入格式信息建立的自动识别系统模型，主要的区别就在于“处理信息”部分，而“处理信息”部分的不同将造成系统构成的巨大差异。

（1）对于定义识别，信息处理就是各种译码。为了顺利地实现译码，需要事先制定固定的编码规则，如各种码制规范；利用载体，如条码标签、射频标签、磁条、IC 卡等，按编码规则制作相应的标签附于被识别物品上；采用内置编码规则的译码器，按编码规则译码，识别效率非常高，误码率非常低。

（2）对于模式识别，信息处理过程一般包括预处理、特征提取与选择、分类决策等几部分。

① 预处理操作是指对图形、图像进行各种加工，即对获得的图形、图像信息进行预处理以消除干扰、噪声，进行几何、彩色校正等，以改善图形、图像的质量，是从图像到图像的过程，强调图像之间进行的变换。有时还须对图像图形进行增强、分割、定位和分离、复原处理、压缩等。常见的图形、图像预处理方法可分成两种：空间域的预处理方法和变换域的预处理方法。空间域的预处理方法有灰度均衡化处理、尺寸的归一化处理、色彩空间的归一化处理等；变换域的预处理方法有离散余弦变换（DCT）、离散傅里叶变换（DFT）、小波变换、滤波处理等。

② 特征提取与选择是指对处理后的图形、图像进行分类和特征提取，并对某些特征参数进行测量、再提取、分类，有时还要对图形、图像进行结构分析及描述，这是以观察者为中心研究客观世界的一个过程。特征提取是一个从图形、图像到数据的过程，常见的特征提取方法有基于代数特征的提取方法和基于几何特征的提取方法等。

③ 分类决策是指利用掌握的特征信息，对未知的训练样本按照某种判别准则进行分析，得出分类后的结果。从标记的训练数据来推断分类属于监督学习分类；根据类别未知（没有被标记）的训练样本摸索分类属于无监督学习分类。

四、自动识别技术在经济社会发展中的作用

自动识别技术与计算机技术、软件技术、互联网技术、通信技术、半导体技术的发展

紧密相关，正在成为我国数字经济核心产业的重要组成部分，而物联网及大数据技术的兴起和蓬勃发展给自动识别技术带来前所未有的发展机遇。自动识别技术产业的发展及技术应用的推广，将在我国的经济社会建设中发挥举足轻重的作用。

党的十六大报告（2002 年 11 月 8 日）明确指出："以信息化带动工业化，优先发展信息产业，在经济和社会领域广泛应用信息技术。"党的十八大报告（2012 年 11 月 8 日）进一步明确指出："坚持走中国特色新型工业化、信息化、城镇化、农业现代化道路，推动信息化和工业化深度融合、工业化和城镇化良性互动、城镇化和农业现代化相互协调，促进工业化、信息化、城镇化、农业现代化同步发展。"

党的二十大报告（2022 年 10 月 16 日）明确提出："建设现代化产业体系。推进新型工业化，推动制造业高端化、智能化、绿色化发展。推动战略性新兴产业融合集群发展，构建新一代信息技术、人工智能、生物技术、新能源、新材料、高端装备、绿色环保等一批新的增长引擎。加快发展物联网，建设高效顺畅的流通体系，降低物流成本。加快发展数字经济，促进数字经济和实体经济深度融合，打造具有国际竞争力的数字产业集群。"

自动识别技术的推广应用工作是我国数字化、智能化建设的重要基础工作之一，《国家中长期科学和技术发展规划纲要（2006—2020 年）》中明确指出，"重点开发多种新型传感器及先进条码自动识别、射频标签、基于多种传感信息的智能化信息处理技术。"《国家中长期科学和技术发展规划纲要（2021—2035 年）》《国家"十四五"规划纲要》《物联网新型基础设施建设三年行动计划（2021—2023 年）》也对"突破智能感知、新型短距离通信、高精度定位等关键共性技术，补齐高端传感器、物联网芯片等产业短板，进一步提升高性能、通用化的物联网感知终端供给能力"做出了部署，"支持多源、海量数据接入的智能感知技术攻关，推动低功耗、高安全、高速率的新型短距离通信技术发展"，"开展语音识别、视频识别、机器学习、物体运行机理模型、知识图谱等人工智能的研究，丰富感知终端交互手段"。

这对我国自动识别技术产业发展及推广应用提出了更高的要求，也为自动识别技术产业实现跨越式发展，赶上并超过西方发达国家带来了契机，我国自动识别技术的发展和应用在未来具有广阔和美好的前景。

1. 自动识别技术是数字中国建设的重要基础和技术支撑

21 世纪是信息高速发展的数字化社会，中国要缩短与发达国家的差距，成为经济强国，必须利用现代信息技术打造数字化中国。2023 年 2 月，中共中央、国务院印发了《数字中国建设整体布局规划》。规划指出，建设数字中国是数字时代推进中国式现代化的重要引擎，是构筑国家竞争新优势的有力支撑。加快数字中国建设，对全面建设社会主义现代化国家、全面推进中华民族伟大复兴具有重要意义和深远影响。

自动识别与数据采集技术是一种可以通过自动（非人工）的方式获取项目（实物、服务等）的管理信息，并将信息数据实时输入计算机、微处理器、逻辑控制器等信息系统的技术，已成为解决信息采集速度低和准确率差问题的最佳手段。

作为自动识别技术之一的条码技术，在 20 世纪 40 年代有了第一项专利，70 年代逐渐形成规模，近 40 年来已取得长足的发展。条码识别技术具有信息采集可靠性高、成本低廉等特点，可以实现信息快速、准确地获取与传递，可以把供应链中的制造商、批发商、分销商、零售商以及最终客户整合为一个整体，为实现全球贸易及电子商务提供了一个通用的语言环境。

在金融、海关、社保、医保等部门，也可以利用条码技术对顾客的账户和资金往来进行实时的信息化管理，并伴随着电子货币的广泛应用，逐步实现资金流电子化。同时，条码技术的应用和发展不仅使商品交易的信息传输电子化，也将使商品储运配送的管理电子化，从而为建立更大规模的、快捷的物流储运中心和配送网络奠定了技术基础，最终及时、准确地完成电子商务的全过程。多年来，条码技术广泛成功地应用于我国的零售、进出口贸易、电子商务以及二维码（消费）支付等行业，为国民经济的增长奠定了重要的基础，并取得了显著的经济效益。

射频识别（RFID）技术是一种非接触式的自动识别技术，它通过射频标签与射频读写器之间的感应、无线电波或微波能量进行非接触式双向通信，实现数据交换，从而达到识别的目的。通过与互联网技术相结合，可以实现全球范围内物品的跟踪与信息的共享。RFID技术是继互联网和移动/无线通信两次技术大潮之后的又一次技术大潮。RFID 技术可应用于身份识别、资产管理、高速公路的收费管理、门禁管理、宠物管理等领域，可以实现快速批量的识别和定位，并可根据需要进行长期的跟踪管理；还可应用于物流、制造与服务等行业，大幅度地提高企业的管理和运作效率，并降低流通成本。随着识别技术的进一步完善和应用的广泛推进，RFID 产品的成本将迅速降低，其带动的产业链将成为一个新兴的高技术产业群。建立在 RFID 技术上的支撑环境，也将在提高经济社会数字化水平以及加强国防安全等方面产生重要影响。

生物特征识别技术是利用人体所固有的生理特征或行为特征来进行个人身份鉴定的技术。随着人们对社会安全和身份鉴定的准确性和可靠性需求的日益提高，以及生物特征识别技术的装备和应用系统不断完善，生物特征识别作为一门新兴的高科技技术，正在蓬勃发展。在我国，指纹识别、虹膜识别、掌纹识别等产品已开始在国家安全、金融等领域中得到推广和普及。生物特征识别技术不仅可以大大提升安全防范技术的技术层次，而且还是安全防范技术的三大主导技术之一。生物特征识别产业的发展，将对我国政府的信息安全、经济秩序稳定以及反恐等起到重要的支撑作用。

2. 自动识别技术已成为数字经济核心产业的有机组成部分

自动识别技术作为一种快速、适时、准确地收集、储存、处理信息的高新技术，是实现国民经济现代化，建设大市场、搞活大流通、发展大贸易，建立数字信息网络，实行电子数据交换，畅通国内大循环，促进国内国际双循环，增强国际竞争能力不可缺少的技术工具和手段。

目前，自动识别技术作为信息技术的一个重要分支，已经渗透到商业、工业、交通运输、邮电通信、物资管理、仓储、医疗卫生、安全检查、餐饮旅游、票证管理以及军事装备、工程项目等各行各业，在国民经济和人民的日常生活中担当着不可或缺的重要角色，成为推动国民经济信息化、数字化发展的一项重要技术。自动识别技术在各行业中的应用，有力地支持了传统产业的数字化转型升级，带动其他行业向数字化和智能化迈进，改变了过去“高增长、高能耗”的经济增长方式，节约了制造成本，增加了国民经济效益。

同时，我国自动识别技术在近 40 年取得了长足发展，已初步形成了一个包括条码技术、磁条技术、IC 卡技术、OCR 技术、射频技术、指纹识别技术、人脸识别技术、虹膜识别技术、语音识别技术及图像识别技术等以光、磁、机电、计算机、通信技术等为一体的高新技术产业。自动识别技术系列产品的创新和广阔的市场需求，既是我国数字经济核心产业的一个重要的有机组成部分，也将成为我国国民经济新的增长点之一。

2022 年 1 月，国务院公开发布《"十四五"数字经济发展规划》。规划指出，数字经济是继农业经济、工业经济之后的主要经济形态。规划强调，数字经济发展速度之快、辐射范围之广、影响程度之深前所未有，正推动生产方式、生活方式和治理方式深刻变革，成为重组全球要素资源、重塑全球经济结构、改变全球竞争格局的关键力量。

2022 年 12 月，中共中央、国务院印发了《关于构建数据基础制度 更好发挥数据要素作用的意见》。意见指出，数据作为新型生产要素，是数字化、网络化、智能化的基础，已快速融入生产、分配、流通、消费和社会服务管理等各环节，深刻改变着生产方式、生活方式和社会治理方式。数据基础制度建设事关国家发展和安全大局。

随着我国大力发展数字经济、推动数字中国建设，大数据产业及应用发展必将迎来高速发展期。《"十四五"大数据产业发展规划》（2021）指出，到 2025 年，大数据产业测算规模突破 3 万亿元，年均复合增长率保持在 25%左右。

因此，自动识别技术产业的健康发展对国民经济新的增长方式的转变和国民经济效益的增加有着非常重要的作用。数字化宏观管理、政府的规划与决策，无不需要各领域数据的准确与及时。自动识别技术将成为我国数字经济产业化和产业经济数字化的重要组成部分，具有广阔的发展前景。

3．自动识别技术可提升企业供应链的整体效率

从企业的层面上讲，自动识别技术已经成为企业价值链的必要构成部分，是我国企业数字化转型升级的基石。自动识别技术具有提升传统产业的现代化管理水平、促进企业的生产运作模式和流程变革的作用。

自条码技术进入物流业和零售业以后，零售企业和物流企业的传统运作模式被打破，具有先进管理模式的现代零售企业（如超级市场、大卖场等）开始出现。企业可以及时获得商品信息，实现商品管理的自动化和库存管理的精确化，最大限度地减少库存成本和人力成本，提高企业的综合竞争能力。

自动识别技术也为零售企业的规模扩张提供了技术支撑。当今企业间的竞争已经不是单一的企业层面之间的竞争，而是整体供应链间的竞争。而供应链上、下游伙伴间信息的"无缝"连接，需要条码、射频识别等自动识别技术的支持。自动识别技术进入工业制造领域，在自动化生产线上也发挥着重要的、不可替代的作用。

近年来，产品电子代码（electronic product code，EPC）和物联网概念的提出，更是为自动识别技术在物流供应链中的应用提供了广阔的市场前景。EPC 作为产品信息沟通的纽带，通过识别承载 EPC 信息的电子标签，利用互联网、无线数据通信等技术，实现对整个供应链中物品的自动识别与信息的交换和共享，进而实现对物品的透明化管理。EPC 是条码识别技术的拓展和延伸，它将成为信息技术和网络社会高速发展的一种新趋势。EPC 的发展不仅会对整个自动识别产业带来变革，而且还将对提高现代物流供应链管理，发展电子商务和国际经济贸易，甚至人们的日常生活和工作产生巨大而深远的影响。

【知识链接 1-1】物　联　网

物联网源于其英文名称——internet of things（IoT），由该名称可见，物联网就是“物物相连的互联网”，即万物互联。《物联网新型基础设施建设三年行动计划（2021—2023年）》指出，物联网是以感知技术和网络通信技术为主要手段，实现人、机、物的泛在连接，提供信息感知、信息传输、信息处理等服务的基础设施。有以下两层意思：

第一，物联网的核心和基础仍然是互联网，是在互联网基础上延伸和扩展的一种网络；

第二，其用户端延伸和扩展到了任何物品与物品之间，进行信息交换和通信。

因此，物联网的定义是通过条码扫描、射频识别、语音识别、图像识别等自动识别装置，红外感应器、全球定位系统等信息传感设备，按约定的协议，把任意物品与互联网相连接，进行信息交换和通信，以实现智能化识别、定位、跟踪、监控和管理的一种网络。

2009年8月，温家宝总理到无锡物联网产业研究院考察物联网的建设工作时提出“感知中国”的概念，指出RFID技术、二维条码技术、图像识别技术、生物特征识别技术等自动识别技术是构成传感器网络的核心技术，是物联网的前端数据采集平台，也是物联网技术的主要组成部分。因此，很多业内人士把2010年定义为“物联网元年”。

2013年2月，国务院发布《关于推进物联网有序健康发展的指导意见》。该意见指出，“物联网是新一代信息技术的高度集成和综合运用，具有渗透性强、带动作用大、综合效益好的特点，推进物联网的应用和发展，有利于促进生产生活和社会管理方式向智能化、精细化、网络化方向转变，对于提高国民经济和社会生活信息化水平，提升社会管理和公共服务水平，带动相关学科发展和技术创新能力增强，推动产业结构调整和发展方式转变具有重要意义，我国已将物联网作为战略性新兴产业的一项重要组成内容。”

华经产业研究院“2022年自动识别与数据采集行业现状”数据显示，全球物联网行业市场规模快速增长，2021年全球物联网行业市场规模达到8122亿美元，同比增长11.03%，随着全球5G商业化进程加速，未来几年物联网行业有望进入加速增长周期，预计2024年全球物联网行业市场规模将达到1.11万亿美元。随着物联网及相关产业的不断发展，对自动识别与数据采集的需求将不断增加，成为推动自动识别与数据采集行业发展的主要动力。

五、自动识别技术的发展现状

近几十年来，自动识别技术在全球范围内得到了迅猛的发展，形成了涉及光、机、电、计算机、网络等多种技术组合的高新技术体系，并以其鲜明的技术特点和优势，在不同的应用领域显现出不可替代的作用。全球自动识别与数据采集行业市场发展日趋成熟，丰富的下游应用场景及企业数字化转型升级的诉求驱动着自动识别与数据采集行业市场规模的持续扩大。数据显示，全球自动识别与数据采集行业市场规模从2017年的65.05亿美元提升至2021年的107亿美元，其间年均复合增长率为13.25%。

伴随着条码技术的成熟应用，射频识别技术正在以其第二代信息技术载体的优势，呈现出飞速发展的趋势。指纹识别、人脸识别、语音识别等生物特征识别技术，以及图形、图像识别等自动识别技术，也逐渐以其鲜明的技术特点和优势，在信息安全、身份认证等不同的应用领域显现出不可替代的作用。欧美及日本等国家和地区的自动识别技术已经形成规模化应用。在发达国家，自动识别技术广泛地应用于金融保险、商业流通、工业制造、交通运输、邮电通信、宾馆旅游、仓储物资管理以及国家安全、信息安全、身份识别、门禁控制等领域。

近年来，自动识别技术在我国的发展成绩斐然，在多个领域取得了显著进展。从技术发展到产业应用已显现了广阔的前景，作为新一代信息技术的高度集成和综合运用，自动识别技术渗透性强、带动作用大、综合效益好的特点日益突出，成为我国现代化建设的重要工具之一。同时，我国持续推进企业的数字化转型，企业不断加大对 IT 的投入。自动识别及数据采集技术是物联网感知层的关键技术，一批具有较强实力的国产自动识别与数据采集企业发展迅速，下游行业应用渗透率不断提高。

我国的自动识别技术从 20 世纪 80 年代末起步，近 40 年内的发展尤为迅速。部分应用领域已形成了标准化的数据编码、数据载体、数据采集、数据传输、数据管理以及数据共享技术，在我国的数字化建设中发挥着举足轻重的作用，为数字经济、数字社会、数字政府、数字文化和数字生态文明建设奠定了坚实的基础。

1991 年和 1997 年，我国以“中国物品编码中心”和“中国自动识别技术协会”的名义，分别参加了“国际物品编码协会”和“国际自动识别制造商协会”，这促使我国在条码自动识别技术的推广应用和条码自动识别技术装备的生产等方面迅速发展。

在标准发展方面，根据企业的实际需求和国际发展趋势，我国制定了一些码制标准和编码标准，对推动我国条码技术的发展发挥了积极的作用。但也存在着不足，比如标准比较零散，没有形成体系，标准的版本比较陈旧等。目前，我国已成立了自动识别与数据采集技术标准化分技术委员会，专门负责我国自动识别技术方面的标准化工作。

这里需要特别指出的是“汉信码”。2007 年 8 月 23 日，具有我国自主知识产权的、特别适用于以汉字作为信息交换手段的新型二维矩阵码——汉信码的国家标准（GB/T 21049—2007）由国家质检总局和国家标准化管理委员会发布，自 2008 年 2 月 1 日起开始实施。2011 年 9 月，《汉信码》获得国际 AIM 标准化组织的批准，由国家标准上升为国际标准。目前该标准已被《汉信码》（GB/T 21049—2022）取代。

近年来，无线射频识别技术的发展备受各国的青睐，随着物联网技术的全面推广，射频识别技术得到了社会各界前所未有的关注。目前，我国射频识别技术产业呈现出“以点带面、多面开花”的发展特征，形成了以北京、上海、广东、江苏为核心点，以天津、沈阳、青岛、宁波等为辐射带的产业格局，已经颇具规模，成为我国优先发展的产业之一，高频及超高频 RFID 已经成为国内 RFID 技术研究及应用的重点。随着 RFID 产品成本的不断降低和标准的统一，RFID 技术将在无线传感网络、实时定位、安全防伪、个人健康、产品溯源管理等领域有更为广阔的应用前景。

同时，随着经济全球化、信息化、城市化进程的加快，社会保障问题日益突出，人们对赖以生存的社会环境和安全提出了更高级别的防范要求，特别是对身份的认证，成为各国自动识别技术关注的重点。生物特征识别技术包括指纹识别、掌纹识别、声纹识别、人脸识别、虹膜识别、静脉识别、基因识别等。由于个人的生物特性具有终生不变、因人而异和携带方便等特点，悄然兴起的生物特征识别技术在军队、政法、银行、物业、海关、安检和互联网等领域正发挥着不可替代的作用。

我国生物特征识别技术经过20余年的市场发展和演变，技术水平不断提高和完善、核心技术开始普及，产品生产商的门槛逐渐降低。生物特征识别技术中，应用最多的CMOS芯片大多已经实现国产化，但部分高端芯片仍需要进口。这些因素都使得生物识别产业将以一种较高的增长速度递增。

目前，我国的生物识别技术已经相对成熟，并且被广泛应用于智能安防、智能门锁、智能小区、医疗信息、智能考勤系统、金融等领域。智能考勤系统是我国生物特征识别技术的主要应用领域。受2019年开始的新冠病毒等因素影响，许多企事业单位考勤对体温检测、健康码检查、身份验证等提出了新的要求，使得非接触式生物识别考勤产品受到很多公司的青睐。

与此同时，为适应未来发展需要，我国对于生物识别技术的研发与投资力度也在不断加大，从事生物特征识别技术研究的机构也越来越多，诸如指纹、虹膜等技术已达到国际先进水平，尤其在人脸识别技术和虹膜识别技术方面不断出现新的突破。在人脸识别方面，国内已有众多厂商做到了超过99%的准确率。在人脸识别数据库（LFW）新的排名上，国内的人脸识别厂商大华股份的准确率高达99.78%，腾讯和平安科技均达到了99%以上的准确率，技术上的进步有望推动生物识别技术应用的进一步普及。

我国关于语音识别技术的研究与探索从20世纪80年代开始，在计算机技术、软件技术和存储技术得到突飞猛进发展的同时，取得了许多成果并且发展飞速。例如：清华大学研发的语音识别技术以1183个单音节作为识别基元，并对其音节进行分解，最后进行识别，使三字词和四字词的准确率高达98%；中国科学院采用连续密度的隐马尔可夫模型（HMM），整个系统的识别率达到89.5%，声调和词语的识别率分别为99.5%和95%。目前，我国的语音识别技术已经和国际上的超级大国实力相当，其综合错误率可控制在10%以内。

由清华大学电子工程系“语音技术与专用芯片设计”课题组研发的非特定人汉语数码串连续语音识别系统的识别精度可达94.8%（不定长数字串）和96.8%（定长数字串），这是目前国际最好的识别结果之一，其性能已接近实用水平。研发的5000词邮包校核非特定人连续语音识别系统的识别率达到98.73%，前三选识别率达99.96%；并且可以识别普通话与四川话两种语言，达到实用要求。

图像识别技术由于其应用的直观性，已广泛深入到家庭、社会生活中。目前，图像识别技术已经在卫星遥感、医用图像处理、交通管理、工业、公安、军事、安全保卫、文化艺术、机器人等领域得到广泛的应用。

就目前而言，我国图像识别技术本身具有一定的优势，具体体现为处理精度高、再现性好、灵活性高、适用面宽、信息压缩潜力大等。进入21世纪，随着国家对自动化产业的大力支持，以及国内各大高校及各大公司加大对图像识别技术的研究投入，我国图像识别相关技术和理论逐渐成熟。

近年来，图像识别在我国的需求量大幅增加，已然成为我国自动识别产业中不可忽视的一部分，也成为该领域新的经济增长点。我国图像识别近几年来的发展十分迅猛：一方面图像识别技术产业链中原料和供应商的进一步推动有利于产业源端的重组升级，优化产业流程；另一方面图像识别技术的发展、图像识别产品品质与性能的提高，以及产品品种的更新迭代，有利于该技术相关产品的不断升级和质量改进，进一步满足了行业用户在新时代下的新需求，极大丰富了图像识别技术的应用场景，推动了产业的爆发式发展。

随着自动识别与数据采集行业的持续发展和商业应用的成熟，我国自动识别与数据采集行业的应用领域不断扩大，特别是在经济全球化趋势的背景下，自动识别技术被广泛应用于物流信息化、企业供应链和社会信息化管理等快速发展的领域，为我国整体信息化建设水平的提高、产品质量追溯等发挥了重要作用。数据显示，我国自动识别与数据采集行业市场规模保持稳健增长，由 2017 年的 69.05 亿元增长至 2021 年的 121.25 亿元，复合增长率为 15.11%。从细分市场来看，2021 年中国自动识别与数据采集行业终端设备制造、行业解决方案及应用软件开发的市场规模分别占比 80%、12%和 8%。

目前，方便和快捷的电子支付已经成为人民生活中的主要支付方式，现金交易逐年减少。中国人民银行数据显示，2021 年我国电子支付业务量达到 2749.69 亿笔，同比增长 16.90%。金额方面，2021 年中国电子支付业务金额达到 2976.22 万亿元，同比增长 9.75%。支付渠道方面，2021 年我国网上支付业务数量为 1022.8 亿笔，占比 37.2%；移动支付为 1512.3 亿笔，占比 55.0%；电话支付 2.7 亿笔，占比 0.1%。

随着科技的不断进步和人工智能行业的快速爆发，我国自动识别技术获得了快速发展，基于自动识别技术的应用产品层出不穷，应用场景不断丰富，识别和需求端规模不断扩大。由此可见，自动识别技术已经渗透到生活的方方面面，对人们的生活产生了巨大的影响。

国家互联网信息办公室编制的《数字中国发展报告（2022 年）》（2023-05-23）指出，2022 年我国数据产量达 8.1ZB（数据存储单位之间的换算关系见表 1-1），同比增长 22.7%，全球占比达 10.5%，位居世界第二。截至 2022 年底，我国数据存储量达 724.5EB，同比增长 21.1%，全球占比达 14.4%。2022 年我国数字经济规模达 50.2 万亿元，总量稳居世界第二，同比名义增长 10.3%，占国内生产总值比重提升至 41.5%。值得一提的是，报告中指出，2022 年我国移动物联网终端数首次超过移动电话用户数，达到 18.45 亿，比 2021 年的移动物联网终端数增加了 4.47 亿，增长了 32%！

表 1-1 数据存储单位之间的换算关系

单　位	换算关系	2^n	10^n	举例说明
B（byte，字节）	1B=8b（比特）			
KB（kilobyte，千字节）	1KB = 1024B	2^{10}	10^3	
MB（megabyte，兆字节）	1MB = 1024KB	2^{20}	10^6	
GB（gigabyte，吉字节）	1GB = 1024MB	2^{30}	10^9	
TB（terabyte，太字节）	1TB = 1024GB	2^{40}	10^{12}	一块 1TB 硬盘，20 万张照片或 MP3 歌曲
PB（petabyte，拍字节）	1PB = 1024TB	2^{50}	10^{15}	两个数据中心机柜，16 个 Backblaze Pod 存储单元
EB（exabyte，艾字节）	1EB = 1024PB	2^{60}	10^{18}	2000 个机柜，占据一个街区的 4 层数据中心
ZB（zettabyte，泽字节）	1ZB = 1024EB	2^{70}	10^{21}	1000 个数据中心，占据纽约曼哈顿的 1/5 区域
YB（yottabyte，尧字节）	1YB = 1024ZB	2^{80}	10^{24}	100 万个数据中心，占据特拉华州和罗德岛州
BB（brontobyte，珀字节）	1BB = 1024YB	2^{90}	10^{27}	

续表

单　位	换算关系	2^n	10^n	举例说明
NB（nonabyte，诺字节）	1NB = 1024BB	2^{100}	10^{30}	
DB（doggabyte，刀字节）	1DB = 1024NB	2^{110}	10^{33}	

【知识链接 1-2】　　计算机存储单位

计算机存储处理信息的最小的基本单位是 b（比特），下面按顺序给出所有单位：b、B、KB、MB、GB、TB、PB、EB、ZB、YB、BB、NB、DB。

比特（bit）也称“位”，用于表示一个二进制数码 0 或 1，分别代表逻辑值（真/假、yes/no）、代数符号（+/−）、激活状态（on/off）或任何其他两值属性。

字节（byte），计算机存储容量基本单位。1 个字节由 8 个位（比特）组成，它表示作为一个完整处理单位的 8 个二进制数码。一个英文字母通常占用一个字节，一个汉字通常占用两个字节。

一般来说，字节按照进率 1024（2^{10}）来计算，每一千个字节称为 1KB，注意，这里的“千”不是通常意义上的 1000，而是指 1024，但是可以按 10^3 概算。每一千个 KB 就是 1MB，同样这里的“千”是指 1024；每一千个 MB 就是 1GB；以此类推。

那么，1GB 有多大呢？

如果 1GB 空间用来存放 MP3 音乐，MP3 音乐平均大小是 4MB，那么 1GB 存储卡可以存放 256 首歌曲。如果用来存放中国古典四大名著之一的《红楼梦》，其含标点 87 万字（不含标点 853 509 字），大约可以存放 671 部《红楼梦》。

【知识链接 1-3】　　我国数字经济基础设施情况

《全球数字经济白皮书（2023）》显示，全球 5G 快速发展。截至 2023 年 3 月，全球 5G 网络人口覆盖率为 30.6%，同比提高 5.5%。

《中华人民共和国 2023 年国民经济和社会发展统计公报》显示，截至 2023 年末，移动电话基站数 1162 万个，其中 4G 基站 629 万个，5G 基站 338 万个；全国电话用户总数 19 亿户，其中移动电话用户 17.27 亿户；移动电话普及率为 122.5 部/百人；固定互联网宽带接入用户 6.36 亿户，比上年末增加 4666 万户，其中 100Mb/s 速率及以上的宽带接入用户 6.01 亿户，增加 4756 万户；蜂窝物联网终端用户 23.32 亿户，增加 4.88 亿户；互联网上网人数 10.92 亿人，其中手机上网人数 10.91 亿人；互联网普及率为 77.5%，其中农村地区互联网普及率为 66.5%；全年移动互联网用户接入流量 3015 亿 GB，比上年增长 15.2%。

根据工信部的统计数据显示：2022 年，新建光缆线路长度 477.2 万 km，全国光缆线路总长度达 5958 万 km，相当于在京沪高铁线上往返 2.25 万余次，网络运力不断增强。

《“十四五”大数据产业发展规划》（2021）指出，我国数据资源极大丰富，总量位居全球前列。基础设施不断夯实，建成全球规模最大的光纤网络和 4G 网络，5G 终端连接数超过 2 亿，位居世界第一。

《“十四五”数字经济发展规划》（2022）指出，我国第五代移动通信（5G）网络建设和应用加速推进。宽带用户普及率明显提高，光纤用户占比超过94%，移动宽带用户普及率达到108%，互联网协议第六版（IPv6）活跃用户数达到4.6亿。

综上所述，随着自动识别技术与计算机技术、软件技术、互联网技术、通信技术、半导体技术关联程度的日益紧密，自动识别技术正在逐步发展成为我国数字经济核心产业的重要组成部分，正迎来前所未有的发展机遇。伴随各种新技术的进一步出现和发展，自动识别技术将会出现更多的分支技术，并将广泛地应用于数字中国建设中。

六、自动识别技术的发展趋势

人类认识世界和改造世界的一切有意义的活动都离不开数据信息资源的开发、加工和利用。大数据技术突飞猛进，其应用已经渗透到社会生产的各行各业、科学研发的各门学科，极大地提高了社会的生产力水平，同时也促进了许多相关技术的飞速发展，如自动识别技术、感测技术、通信技术、人工智能技术和控制技术等，都是以自动信息技术为平台，向深度与广度飞速发展的。

目前，我国的自动识别技术发展很快，相关技术的产品正向多功能、远距离、小型化、软硬件并举、信息传递快速、安全可靠、经济适用等多维度方向发展，出现了许多新型技术装备。其应用也正在向纵深方向发展，面向企业信息化管理的深层集成应用是未来应用发展的趋势。人们对自动识别技术认识的加深，自动识别技术应用领域的日益扩大、应用层次的提高，以及中国市场巨大的增长潜力，为中国自动识别技术产业的发展带来了良机。

1．自动识别技术设备向多功能化、便携化方向发展

自动识别技术包含多个技术研究领域，由于这些技术都具有辨认或分类识别的特性，且工作过程大同小异，正如一条大河由许多支流组成一样，由此构成了一个技术体系。所以说，自动识别技术体系是各种技术发展到一定程度后的综合体，而这一点也从侧面印证了现代科学正在由近代的“分析时代”向现代的“分析-综合时代”转变的特征。自动识别技术体系中各种技术的发展历程各有不同，但其共同点都是随着信息技术的需求而发展起来的。

目前，自动识别技术发展很快，随之出现了许多新型的技术装备，相关技术的产品正向多功能化（RFID、传感器等）、便携化、集成多种现代通信技术和网络技术的一体化设备方向发展，向信息传递快速、安全可靠、经济实用等方向发展，其应用也正在向纵深方向发展。面向企业数字化转型升级的深层次集成应用，是未来应用发展的趋势。

自动识别技术具有广阔的市场前景，各项技术各有所长。面对各行业的信息化应用，自动识别技术将形成互补的局面。

2．自动识别系统向多种识别技术的集成化应用方向发展

事物的要求往往是多样性的，而一种技术的优势只能满足某一方面的需求。这种矛盾的存在，必然使人们将几种技术集成应用，以满足事物多样性的要求。在应用解决方案方

面，传感器与 RFID 集成，条码与 RFID 集成，条码、RFID、传感器与无线通信集成，将会获得进一步的深入发展。

例如，使用智能卡设置的密码较易被破译，这往往会造成用户财产的损失。而新兴的生物特征识别技术与条码识别技术、射频识别技术相集成，就可以诞生出一种新的、具有广泛生命力的交叉技术。利用二维条码、电子标签数据储存量大的特点，可将人的生物特征（如指纹、虹膜、照片等）信息存储在二维条码、电子标签中，现场进行脱机认证，这样既提高了效率，又节省了联网在线查询的成本，同时极大地提高了应用的安全性，实现了一卡多用。

又如，在一些有高度安全要求的场合，必须进行必要的身份识别，以防未经授权者进出。此时可采用多种识别技术的集成，来实现对不同级别的身份识别。例如，一般级别身份的识别可采用带有二维条码的证件检查；特殊级别身份的识别可使用在线签名的笔迹鉴定；绝密级别身份的识别则可应用虹膜识别技术（存储在电子标签或二维条码中）来保证其安全性。而且每种相关的识别技术，其标识载体都可以存储大量的文字、图像等信息。

再者，RFID 和 EPC 技术的出现及推广应用，将增进人们对自动识别技术的关注和认识，从而进一步扩大对自动识别技术的需求。而条码识别技术作为成本低廉、应用便捷的自动识别技术，已形成了成熟的配套产品和产业链，仍将是多个领域中自动识别技术的首选。国内相关企业和专家也正在研究 EPC 编码技术与二维条码相结合的应用，将 EPC 存储到二维条码中，在不需要快速、多目标同时识读的条件下，解决单个产品的唯一标识和数据携带问题；或将 EPC 存储在电子标签中，从而实现快速、多目标、远距离的同时识读。可以预见，在未来几年内，EPC 将对我国的条码、电子标签市场起到更大的拉动作用。

3. 与无线通信相结合是未来自动识别产业发展的重要趋势

自动识别技术与以 IEEE 802.11 标准为代表的无线局域网（wireless LAN，WLAN，又常称为 Wi-Fi）技术、蓝牙技术和全球移动通信系统（global system for mobile communications，GSM）、通用分组无线业务（general packet radio service，GPRS）、码分多址（code-division multiple access，CDMA）、全球定位系统（Global Positioning System，GPS）、北斗导航卫星系统（BeiDou Navigation Satellite System，简称 BDS，又称为 COMPASS），以及 4G、5G 无线广域网数据通信技术紧密结合，将引领未来发展的潮流。

传统的自动识别技术采集数据后，通过存储或有线与主计算机进行交互，未来在手持数据采集、标签生成等设备上集成无线通信功能的产品将帮助企业实现在任何时间、任何地点实时采集数据，并将信息通过无线局域网、无线广域网实时传输，通过企业后台管理信息系统对信息进行高效管理。无线技术的应用，将把自动识别技术的发展推向新的高潮。

手机是一种无线通信设备，现在人们又将自动识别技术融入其中，使之变成具备自动识别功能的无线设备。手机识读条码的开发和应用，已成为条码识别技术应用的一个亮点。未来的手机将既是身份证、银行卡、公交卡、医保卡、社保卡等，又是识读条码和射频卡的识读器。

目前手机识读条码技术已开始大规模应用。随着该技术的进一步成熟，手机识读条码将在消费支付、电子商务、物流、商品流通、身份认证、防伪、市场促销等领域得到更为广泛的应用。

此外，随着政府和企业需要管理和传输数据量的日趋庞大，要求数据可以实现跨行业的交换。结合现代通信技术和网络技术搭建的数据管理和增值服务通信平台将成为行业、企业数据管理和自动识别技术之间的桥梁和依托，从而使得政府和企业在信息化应用中的有关数据传输可靠性以及网络差异等一系列问题得到有效解决。

4．越来越多地应用于自动控制领域，使智能化水平不断提高

控制的基础是信息，没有信息就没有从信息中加工出来的控制策略，控制就会是盲目的，无法达到控制的目的。信息不但是控制的基础，而且是控制的出发点、前提和归宿。由于计算机技术的不断成熟，控制信息的处理已不成问题，所以，控制技术的优劣差异更多的是依赖数据信息采集的准确性和广泛性，没有准确的数据信息采集就没有完善的控制策略，就不能达到精确控制的目的。

目前，自动识别的输出结果主要用来取代人工输入数据和支持人工决策，用于进行“实时”控制的应用还不够广泛。当然，这与识别速度还没有达到“实时”控制的要求有关。更重要的是，长期以来，管理方面对自动识别的要求更为迫切。随着对控制系统智能水平的要求越来越高，仅仅依靠测试技术已经不能全面地满足需要，自动识别技术与人工智能技术相结合，将会使得控制技术实现智能化。

另外，自动识别技术还只是初步具有处理语法信息的能力，距对信息含义的识别和理解还有一段距离。要真正实现具有较高思维能力的智能控制，就必须使机器不仅具备处理语法信息（仅仅涉及处理对象形式因素的信息部分）的能力，还必须具备处理语义信息（涉及处理对象含义因素的信息部分）和语用信息（涉及处理对象效用因素的信息部分）的能力，否则，就谈不上对信息的理解，只是停留在感知的水平上。

因此，提高对信息的理解能力，从而提高自动识别系统处理语义信息和语用信息的能力，将是自动识别技术向纵深发展的一个重要趋势。

5．相关技术促进自动识别行业技术水平不断提高

近年来，物联网、人工智能（AI）、5G 等新兴技术的快速发展大大提升了自动识别及数据采集设备行业的技术水平，如物联网技术中的标识技术满足序列化、可追溯性等；人工智能技术促进更高效、更精确的识别效果；5G 技术有效提高自动识别与数据采集设备的通信能力。

依托于 5G 技术的低延时、高可靠、大宽带特性，在未来技术发展层面，5G 技术将被运用到物联网的多个场景中，包括无人驾驶、VR 技术、智能制造、智能远程医疗等多个领域，多个行业都将会产生新的应用和商业模式。自动识别技术可以提供快速、精准、低成本的数据采集方法，自动识别技术与 5G 技术和物联网相融合，可实现海量数据的快速采集与处理。例如，5G 智能家居融合自动识别技术，将来会与人们的家居生活息息相关，洗衣机、冰箱等家电智能化，自动判别衣服种类，选择洗衣模式，自动识别技术辅助自动识别菜品新鲜程度，并通过网络形式进行反馈，等等。

5G 和物联网相辅相成，相互作用，共同为人类社会的发展提供技术福利。商用 5G 的全面使用对物联网产生强大影响的同时，也极大地推动了全球经济产业的深远发展。5G 是

为物联网服务的，且未来的通信协议和技术的革新都将为物联网技术带来优化和革新，同时利用自动识别技术为数字化转型赋能，实现真正的万物互联。

未来，物联网、人工智能、5G 等新兴技术在自动识别与数据采集设备行业的应用将变得愈加广泛，能进一步高效地采集、整合、管理数据资源，推动企业数字化转型升级，将促进自动识别技术得到更加广泛的应用。

【知识链接 1-4】 自动识别技术海外市场潜力巨大

为加快建设数字中国，我国提出积极参与数字经济国际合作，推动构建网络空间命运共同体。加快贸易数字化发展，大力发展跨境电商，继续加强跨境电商综试区建设，打造跨境电商产业链和生态圈。

务实推进数字经济交流合作，推动“数字丝绸之路”走深走实，拓展“丝路电商”全球布局。鼓励数字经济企业“走出去”，提升国际化运营能力，高质量开展智慧城市、电子商务、移动支付等领域合作，为我们勾画了数字经济国际化发展蓝图。

目前，自动识别及数据采集设备在欧美等发达国家和地区已经有较高的渗透率，但在印度、马来西亚、印度尼西亚、巴西、泰国等新兴市场国家的普及程度还较低，自动识别及数据采集行业在海外市场仍具有巨大的发展空间。

6. 自动识别技术的应用领域将继续拓宽并向纵深方向发展

自动识别技术中的条码技术最早应用于零售业，后来逐渐扩展到物流运输、工业制造等领域，并且其应用领域的拓展趋势还在继续。近年来，一些新兴的自动识别技术的应用市场正在悄然兴起，如政府、医疗、商业服务、金融、出版业等领域的自动识别技术的应用，每年均以较高的速度增长。

从自动识别技术应用的发展趋势来看，在发达国家，自动识别技术的发展重点正向着生产自动化、交通运输现代化、金融贸易国际化、医疗卫生高效化、票证金卡普及化、安全防盗防伪保密化等方向推进。虽然目前我国的自动识别技术在众多领域内的应用还处于相对空白和薄弱的位置，但这也正是我国自动识别产业发展的大好时机。

从应用需求前景看，围绕二维条码进行应用和产品的开发，将成为条码技术的主流之一，围绕移动条码、移动终端、影像技术的研发，将是产业升级的潮流。未来，条码技术产业将继续朝着集群化、规模化、国际化、相关产业融合化的方向快速发展。随着物联网体系和信息化社会的建设，条码技术产业将再次飞跃，形成一个综合性的基础产业。

射频识别技术的发展和应用市场正在迅速拓宽。13.56MHz 的 RFID 系统在国内获得了广泛的应用，如居民身份证、校园一卡通、电子车票等；更低频率的 RFID 系统如电子防盗（EAS）也在商场、超市得到了广泛应用；RFID 技术在动物识别方面的应用也已经开始起步；在远距离 RFID 系统应用方面，以 915MHz 为代表的 RFID 系统在机动车辆的自动识别方面得到了较好的应用，尤其是在铁路应用中，中国具有国际上最先进、规模最大的铁路车号自动识别应用系统。

在我国推广 RFID 技术具有重要的意义。一方面，以出口为目的的制造业必须满足国际上关于电子标签的强制性指令要求；另一方面，RFID的技术优势使得人们有理由相信，该技术在物流、资产管理、制造业、安全和出入控制等诸多领域的应用，将改变上述领域信息采集手段落后、信息传递不及时和管理效率低下的现状，并将产生巨大的经济效益。

从应用发展的趋势来看，随着物联网及大数据的兴起与发展，两大主流自动识别技术——条码识别技术与射频识别技术，作为物联网前端的数据采集技术，有相互融合发展（条码与EPC相结合）和应用领域不断拓展的趋势。

以指纹、人脸、虹膜为典型代表的生物特征识别技术，在经历二十余年的自然增长后，将迎来黄金发展期。未来在安防市场领域，指纹、人脸等在门禁、门锁、考勤、保险柜等场合的应用将更加普遍；并且随着物联网应用示范的推广，指纹识别、人脸识别等与移动商务、移动支付、信息安全等领域的集成应用，也将成为值得关注的课题。

近年来，国内房地产业不断对指纹锁提出需求，开启了指纹锁进入民居的时代。同时，随着人们个人财产的增加和安全意识的增强，指纹锁柜产品也已进入家庭，并预计未来几年内会出现高速增长。在银行业，指纹识别系统将覆盖全国的网点。在其他行业，如教育、交通、电力、社保、医疗、证券、电信等，也都将逐步把指纹识别技术引入内控系统。具有指纹识别功能的银行卡，在未来几年的发展备受关注。新一代身份证里加载指纹将扮演指纹应用的主线，推动治安、宾馆、购物等领域使用指纹技术。我国已启用的新型电子护照，持照人的照片和指纹图像存储在护照内嵌的芯片里，持照人可直接用于以自助方式通过边防检查，出入境更加方便。同时，遍布每个城市和楼宇的智能监控系统中，未来将对人脸识别和行为识别的技术及装备具有巨大的需求。

《国务院关于推进物联网有序健康发展的指导意见》（2013-02-05）指出，“目前，在全球范围内物联网正处于起步发展阶段，物联网技术发展和产业应用具有广阔的前景和难得的机遇。经过多年发展，我国在物联网技术研发、标准研制、产业培育和行业应用等方面已初步具备一定基础，但也存在关键核心技术有待突破、产业基础薄弱、网络信息安全存在潜在隐患、一些地方出现盲目建设现象等问题，急需加强引导、加快解决。”

意见同时指出，“围绕经济社会发展的实际需求，以市场为导向，以企业为主体，以突破关键技术为核心，以推动需求应用为抓手，以培育产业为重点，以保障安全为前提，营造发展环境，创新服务模式，强化标准规范，合理规划布局，加强资源共享，深化军民融合，打造具有国际竞争力的物联网产业体系，实现物联网在经济社会各领域的广泛应用，成为推动经济社会智能化发展的重要力量，为促进经济社会可持续发展作出积极贡献。”

因此，我们完全有理由相信，作为传感器网络核心技术之一的自动识别技术产业必将迎来巨大的发展机遇和广阔的应用前景。

7. 健全完善自动识别标准体系成为未来规范行业发展的重点

近几十年来，新的自动识别技术标准不断涌现，标准体系日趋完善。其中应用最广泛、最成功的当属国际物品编码组织（GS1）制定的覆盖全供应链的编码与标识标准、各种形式的载体技术标准和全流程数据共享标准，相关标准助力条码技术在零售、物流、产品追溯、供应链、电子商务等领域得到广泛应用，其成功经验值得其他类自动识别技术借鉴和学习。

射频识别技术无论在国内还是国外，都是自动识别技术中最引人注目的新技术。射频识别技术的标准化工作在国际上正在从纷争逐步走向规范。国内在射频识别方面的标准化工作也基本上开始远离纷争，走向合作开发的道路，相关的产品标准已经制定了团体标准。但从长远来看，射频识别标准制定工作还远不能满足技术开发和市场应用需求。相关标准体系的建立将是我国射频识别产业面临的重要课题。

生物识别技术方面，从技术成熟度看，我国处于世界先进水平。但因缺乏行业应用与关键技术的统一规范与标准，造成了不必要的内耗。目前，国内相关科研机构已认识到此类问题，积极制定生物识别技术类国际和国内标准，促使生物识别技术在全球范围内更安全、更规范地推广应用。

【知识链接 1-5】 自动识别与数据采集技术领域的标准化工作

标准化工作是未来产业发展的重要基础之一。而技术层面的标准化占据首要位置，为产品的开发提供了重要的支持；产品的标准化在应用层面提供了支撑。技术层面、产品层面和应用层面的标准化是一个塔形结构，技术层面的标准化位于最高端，应用层面的标准化与具体的应用相关联，具有众多的标准化需求。

为了推进自动识别与数据采集技术领域的国际标准化工作，国际标准化组织（ISO）和国际电工协会（IEC）共同组建的第一联合技术委员会（JTC1）于1996年成立了第31分技术委员会ISO/IEC JTC1/SC 31，负责制定条码及二维条码数据载体、自动识别数据结构、射频识别、信息安全和物流、物联网应用等方面最权威的ISO/IEC国际标准。

当前国际SC 31设有4个工作组，分别是第一工作组数据载体、第二工作组数据结构、第四工作组射频识别和第八工作组自动识别数据采集技术应用标准。自成立以来，SC 31已发布122项国际标准，为自动识别与数据采集技术的发展做出了突出贡献，其中许多标准已被全球许多国家广泛采用，影响深远。

如商品条码采用的EAN/UPC条码码制规范（标准号：15420），广泛应用于仓储、铁路运输识别、ETC（electronic toll collection，电子不停车收费）等方面的ISO/IEC 18000系列射频识别空中接口通信参数，在我国应用最为广泛的微信、支付宝使用的二维码QR码码制规范（标准号：18004），等等。

目前，企业的需求成为制定标准的重要动力，在全球范围内，已形成标准化组织与企业共同制定相关技术标准的格局。在我国，2009年由产业界专家共同制定的《热敏和热转印条码打印机通用规范》（GB/T 29267—2012）2012年获得国家批准通过。

2023年9月，电气和电子工程师协会（IEEE）官网公布，由我国企业主导制定的三项生物特征识别领域国际标准正式发布。信息显示，这三项国际标准为《生物特征识别性能评估：人脸识别》（IEEE 2884—2023）、《生物特征识别性能评估：指纹识别》（IEEE 2891—2023）、《生物特征识别多模态融合》（IEEE 2859—2023），由蚂蚁集团与多单位联合组建的国际标准化研究团队历时三年多编制而成。

其中，人脸识别与指纹识别这两项国际标准，首次提供了一套通用的人脸识别与指纹识别测试体系，并定义了多个测试级别以支持不同设备类型。通过这套体系，厂商或认证机构可构建一个安全、低成本、行业认可的智能设备生物识别测试系统，通过变换不同的光线、角度、假体材质或工艺、攻击方式等，评估生物识别安全性和准确性，防范可能存在的深度伪造、呈现攻击、照片活化、对抗样本、破解注入等风险。

此外，多模态融合是生物识别的未来发展方向已成为共识。当前，包括人脸识别在内的单一模态识别技术已趋向极致。通过多模态融合技术，融合多个人体生物特征的算法，用多种方式互相验证，可实现更高精度识别，并大大降低被攻击的风险。这次同时发布的《生物特征识别多模态融合》国际标准，规范了多模态融合的技术要求。通过该标准，行业可以建立安全的生物特征识别多模态融合系统，大幅度提升生物特征识别及身份认证的安全水平，推动人工智能技术在各行业的创新落地与应用繁荣。

8. 政策合力促进自动识别产业繁荣发展

数据已经成为当代和未来社会最重要的战略资源之一。2012 年 3 月 29 日，奥巴马政府发布了《大数据研究和发展倡议》，将数据定义为“未来的新石油”，并表示一个国家拥有数据的规模、活性及解释运用的能力将成为综合国力的重要组成部分，未来对数据的占有和控制甚至将成为陆权、海权、空权之外的另一种国家核心资产。

《飞轮效应：数据驱动的企业》（吕本富，刘颖，2015）一书中写道，对于任何企业来说，数据都是其商业皇冠上最为耀眼夺目的那颗宝石。数据是企业发展的基础设施和核武器。数据资源成为企业新型动力源，数据分析系统成为企业腾飞的动力系统，决定了企业运行的速度与高度。

《大数据产业发展规划（2016—2020）》（2017）指出，数据是国家基础性战略资源，是 21 世纪的“钻石矿”。2019 年，《中共中央关于坚持和完善中国特色社会主义制度、推进国家治理体系和治理能力现代化若干重大问题的决定》首次将“数据”列为生产要素。

2020 年，《中共中央、国务院关于构建更加完善的要素市场化配置体制机制的意见》首次将数据作为一种新型生产要素写入中央文件中，其与土地、劳动力、资本、技术等传统要素并列，成为国家的重要战略资源，影响着国家和社会的安全、稳定与发展。

《“十四五”大数据产业发展规划》（2021）指出，数据是新时代重要的生产要素，是国家基础性战略资源。《中共中央、国务院关于构建数据基础制度、更好发挥数据要素作用的意见》（2022）指出，数据作为新型生产要素，是数字化、网络化、智能化的基础。

近年来，国务院及相关部门又陆续发布了《关于加快培育和发展战略性新兴产业的决定》《物联网发展专项行动计划》《中国制造 2025》《深入推进移动物联网全面发展的通知》等政策，强调了物联网产业的战略性地位，它既是政府扶持的重点，也是建设数字中国不可或缺的因素。

同时，党的二十大报告提出，“加快建设制造强国、质量强国、航天强国、交通强国、网络强国、数字中国”，支持“专精特新”企业发展，推动经济社会高质量发展；要求物联网技术助力制造业快速实现智能化、数字化转型升级，解决“卡脖子”技术难题，由“制造大国”向“制造强国”迈进。

从国家层面看，数字经济、数字社会、数字政府无不需要庞大的海量数据资源，而自动识别技术能够自动完成原始数据的采集工作，可以解决人工数据输入速度慢、误码率高、劳动强度大、工作重复性高等问题，提高计算机信息数据处理的效率。

随着物联网行业日趋成长，政府近年来也开始重视行业细分领域的发展，进一步细化政策支持，为自动识别及数据采集产业提供了政策保障。

另外，绿色环保也激发自动识别产业新增亮点。我国对世界承诺，力争 2030 年前实现碳达峰，2060 年前实现碳中和。“双碳”问题不仅仅是节约能源的问题，人类生活、企业活动的各个环节都存在碳足迹。从原材料到生产销售、从包装标识到物流仓储以及垃圾回收等，都和碳排放密切相关。

自动识别技术可以为企业完善产业链、充分实现信息共享、控制运输成本等提供技术支持和数字化服务，帮助更多的传统工厂、企业顺利过渡到现代化、智能化生产模式。关注全过程的优化，推进全面端到端的数字化服务，节约资源、提高产品社会利用率，实现绿色环保。

综上所述，中国自动识别与数据采集技术已经取得了傲人成绩。随着人们对自动识别技术认识的加深，其应用领域的日益扩大、应用层次的不断提高，市场潜力的不断增长，中国自动识别技术产业的发展仍然会不断提速。未来十年，中国经济的新标签将会是数字化经济、智能化经济。产业数字化将发生在每一个领域，并渗透进每个人的生活当中。全产业数字化转型更需要各种底层数字化技术的支持。自动识别和数据采集技术是数字化转型进程当中最重要的技术之一。在数据量逐渐爆发、数据采集效率要求逐渐提升的当下，中国自动识别和数据采集行业的发展也将随之加速，行业地位也会越发重要。因此，我们完全有理由相信，作为传感器网络核心技术之一的自动识别技术产业，必将迎来巨大的发展机遇和广阔的应用前景。

【阅读文章 1-1】

《数字中国建设整体布局规划》（2023）

2023 年 2 月，中共中央、国务院印发了《数字中国建设整体布局规划》（以下简称《规划》）。《规划》强调，统筹发展和安全，强化系统观念和底线思维，加强整体布局，按照夯实基础、赋能全局、强化能力、优化环境的战略路径，全面提升数字中国建设的整体性、系统性、协同性，促进数字经济和实体经济深度融合，以数字化驱动生产生活和治理方式变革，为以中国式现代化全面推进中华民族伟大复兴注入强大动力。

《规划》提出，到 2025 年，基本形成横向打通、纵向贯通、协调有力的一体化推进格局，数字中国建设取得重要进展。数字基础设施高效联通，数据资源规模和质量加快提升，数据要素价值有效释放，数字经济发展质量效益大幅增强，政务数字化、智能化水平明显提升，数字文化建设跃上新台阶，数字社会精准化、普惠化、便捷化取得显著成效，数字生态文明建设取得积极进展，数字技术创新实现重大突破，应用创新全球领先，数字安全保障能力全面提升，数字治理体系更加完善，数字领域国际合作打开新局面。

到 2035 年，数字化发展水平进入世界前列，数字中国建设取得重大成就。数字中国建设体系化布局更加科学完备，经济、政治、文化、社会、生态文明建设各领域数字化发展更加协调充分，有力支撑全面建设社会主义现代化国家。

《规划》明确，数字中国建设按照“2522”的整体框架进行布局，即夯实数字基础设施和数据资源体系“两大基础”，推进数字技术与经济、政治、文化、社会、生态文明建设“五位一体”深度融合，强化数字技术创新体系和数字安全屏障“两大能力”，优化数字化发展国内国际“两个环境”。

《规划》指出，要夯实数字中国建设基础。

一是打通数字基础设施大动脉。加快5G网络与千兆光网协同建设，深入推进IPv6规模部署和应用，推进移动物联网全面发展，大力推进北斗规模应用。系统优化算力基础设施布局，促进东西部算力高效互补和协同联动，引导通用数据中心、超算中心、智能计算中心、边缘数据中心等合理梯次布局。整体提升应用基础设施水平，加强传统基础设施数字化、智能化改造。

二是畅通数据资源大循环。构建国家数据管理体制机制，健全各级数据统筹管理机构。推动公共数据汇聚利用，建设公共卫生、科技、教育等重要领域国家数据资源库。释放商业数据价值潜能，加快建立数据产权制度，开展数据资产计价研究，建立数据要素按价值贡献参与分配机制。

《规划》指出，要全面赋能经济社会发展。

一是做强做优做大数字经济。培育壮大数字经济核心产业，研究制定推动数字产业高质量发展的措施，打造具有国际竞争力的数字产业集群。推动数字技术和实体经济深度融合，在农业、工业、金融、教育、医疗、交通、能源等重点领域，加快数字技术创新应用。支持数字企业发展壮大，健全大中小企业融通创新工作机制，发挥“绿灯”投资案例引导作用，推动平台企业规范健康发展。

二是发展高效协同的数字政务。加快制度规则创新，完善与数字政务建设相适应的规章制度。强化数字化能力建设，促进信息系统网络互联互通、数据按需共享、业务高效协同。提升数字化服务水平，加快推进“一件事一次办”，推进线上线下融合，加强和规范政务移动互联网应用程序管理。

三是打造自信繁荣的数字文化。大力发展网络文化，加强优质网络文化产品供给，引导各类平台和广大网民创作生产积极健康、向上向善的网络文化产品。推进文化数字化发展，深入实施国家文化数字化战略，建设国家文化大数据体系，形成中华文化数据库。提升数字文化服务能力，打造若干综合性数字文化展示平台，加快发展新型文化企业、文化业态、文化消费模式。

四是构建普惠便捷的数字社会。促进数字公共服务普惠化，大力实施国家教育数字化战略行动，完善国家智慧教育平台，发展数字健康，规范互联网诊疗和互联网医院发展。推进数字社会治理精准化，深入实施数字乡村发展行动，以数字化赋能乡村产业发展、乡村建设和乡村治理。普及数字生活智能化，打造智慧便民生活圈、新型数字消费业态、面向未来的智能化沉浸式服务体验。

五是建设绿色智慧的数字生态文明。推动生态环境智慧治理，加快构建智慧高效的生态环境信息化体系，运用数字技术推动山水林田湖草沙一体化保护和系统治理，完善自然资源三维立体“一张图”和国土空间基础信息平台，构建以数字孪生流域为核心的智慧水利体系。加快数字化绿色化协同转型。倡导绿色智慧生活方式。

《规划》指出，要强化数字中国关键能力。

一是构筑自立自强的数字技术创新体系。健全社会主义市场经济条件下关键核心技术攻关新型举国体制，加强企业主导的产学研深度融合。强化企业科技创新主体地位，发挥科技型骨干企业引领支撑作用。加强知识产权保护，健全知识产权转化收益分配机制。

二是筑牢可信可控的数字安全屏障。切实维护网络安全，完善网络安全法律法规和政策体系。增强数据安全保障能力，建立数据分类分级保护基础制度，健全网络数据监测预警和应急处置工作体系。

《规划》指出，要优化数字化发展环境。

一是建设公平规范的数字治理生态。完善法律法规体系，加强立法统筹协调，研究制定数字领域立法规划，及时按程序调整不适应数字化发展的法律制度。构建技术标准体系，编制数字化标准工作指南，加快制定修订各行业数字化转型、产业交叉融合发展等应用标准。提升治理水平，健全网络综合治理体系，提升全方位多维度综合治理能力，构建科学、高效、有序的管网治网格局。净化网络空间，深入开展网络生态治理工作，推进“清朗”“净网”系列专项行动，创新推进网络文明建设。

二是构建开放共赢的数字领域国际合作格局。统筹谋划数字领域国际合作，建立多层面协同、多平台支撑、多主体参与的数字领域国际交流合作体系，高质量共建“数字丝绸之路”，积极发展“丝路电商”。拓展数字领域国际合作空间，积极参与联合国、世界贸易组织、二十国集团、亚太经合组织、金砖国家、上合组织等多边框架下的数字领域合作平台，高质量搭建数字领域开放合作新平台，积极参与数据跨境流动等相关国际规则构建。

《规划》的重大意义：

第一，《规划》奠定了我国未来数字化发展的基础。在大数据时代背景和数字化环境下，利用好数字经济和实体经济的深度融合，数字中国建设将有力地推进中国式现代化建设。第二，将对全社会、全产业数字化转型起到支撑作用。有利于国民经济社会各部门，包括一二三产业，包括社会各领域，在数字化环境之下的高质量发展，可以更好地适应数字化需求，提供更好的服务，更好地实现产业、行业和企业的提质、降本、增效。第三，对企业、行业和各级政府的引领作用。《规划》中确定的技术路线和主要任务就是未来经济发展的重点，拥有广阔的市场前景，并将获得国家政策、资金等方面的大力支持。

《规划》的三大亮点：

第一，明确了有关数据要素的全方位管理体系和管理制度。目前数据要素市场改革存在产权不清晰、交易不规范、数据共享难及开放难等相关问题，有了统一的管理体系，数据要素市场的开发、数据价值化进程会步入快车道，结合2022年底出台的“数据20条”，基本上奠定了未来数据产业发展的基础。第二，强调了“创新发展”和“安全保障”这一对矛盾的动态平衡关系。数字化发展、数字经济演进，攻坚克难、保障安全，两者并重，不可偏废。第三，明确了对党政领导干部考核评价的参考作用。我们的考核经历了从追求经济发展（GDP），到追求环境保护，再到民生保障，都是一把手工程。数字中国建设牵扯面多、难度大，成效可能短时间内不太显著，但是纳入考核参考有助于引起各级政府的高度重视，有利于调动全社会各界力量的共同努力。

【阅读文章 1-2】

国务院关于印发“十四五”数字经济发展规划的通知

国发〔2021〕29 号

各省、自治区、直辖市人民政府，国务院各部委、各直属机构：

现将《“十四五”数字经济发展规划》印发给你们，请认真贯彻执行。

国务院

2021 年 12 月 12 日

（此件公开发布）

“十四五”数字经济发展规划

数字经济是继农业经济、工业经济之后的主要经济形态，是以数据资源为关键要素，以现代信息网络为主要载体，以信息通信技术融合应用、全要素数字化转型为重要推动力，促进公平与效率更加统一的新经济形态。数字经济发展速度之快、辐射范围之广、影响程度之深前所未有，正推动生产方式、生活方式和治理方式深刻变革，成为重组全球要素资源、重塑全球经济结构、改变全球竞争格局的关键力量。“十四五”时期，我国数字经济转向深化应用、规范发展、普惠共享的新阶段。为应对新形势新挑战，把握数字化发展新机遇，拓展经济发展新空间，推动我国数字经济健康发展，依据《中华人民共和国国民经济和社会发展第十四个五年规划和 2035 年远景目标纲要》，制定本规划。

一、发展现状和形势

（一）发展现状。

“十三五”时期，我国深入实施数字经济发展战略，不断完善数字基础设施，加快培育新业态新模式，推进数字产业化和产业数字化取得积极成效。2020 年，我国数字经济核心产业增加值占国内生产总值（GDP）比重达到 7.8%，数字经济为经济社会持续健康发展提供了强大动力。

信息基础设施全球领先。建成全球规模最大的光纤和第四代移动通信（4G）网络，第五代移动通信（5G）网络建设和应用加速推进。宽带用户普及率明显提高，光纤用户占比超过 94%，移动宽带用户普及率达到 108%，互联网协议第六版（IPv6）活跃用户数达到 4.6 亿。

产业数字化转型稳步推进。农业数字化全面推进。服务业数字化水平显著提高。工业数字化转型加速，工业企业生产设备数字化水平持续提升，更多企业迈上“云端”。

新业态新模式竞相发展。数字技术与各行业加速融合，电子商务蓬勃发展，移动支付广泛普及，在线学习、远程会议、网络购物、视频直播等生产生活新方式加速推广，互联网平台日益壮大。

数字政府建设成效显著。一体化政务服务和监管效能大幅度提升，“一网通办”、“最多跑一次”、“一网统管”、“一网协同”等服务管理新模式广泛普及，数字营商环境持续优化，在线政务服务水平跃居全球领先行列。

数字经济国际合作不断深化。《二十国集团数字经济发展与合作倡议》等在全球赢得广泛共识，信息基础设施互联互通取得明显成效，“丝路电商”合作成果丰硕，我国数字经济领域平台企业加速出海，影响力和竞争力不断提升。

与此同时，我国数字经济发展也面临一些问题和挑战：关键领域创新能力不足，产业链供应链受制于人的局面尚未根本改变；不同行业、不同区域、不同群体间数字鸿沟未有效弥合，甚至有进一步扩大趋势；数据资源规模庞大，但价值潜力还没有充分释放；数字经济治理体系需进一步完善。

（二）面临形势。

当前，新一轮科技革命和产业变革深入发展，数字化转型已经成为大势所趋，受内外部多重因素影响，我国数字经济发展面临的形势正在发生深刻变化。

发展数字经济是把握新一轮科技革命和产业变革新机遇的战略选择。数字经济是数字时代国家综合实力的重要体现，是构建现代化经济体系的重要引擎。世界主要国家均高度重视发展数字经济，纷纷出台战略规划，采取各种举措打造竞争新优势，重塑数字时代的国际新格局。

数据要素是数字经济深化发展的核心引擎。数据对提高生产效率的乘数作用不断凸显，成为最具时代特征的生产要素。数据的爆发增长、海量集聚蕴藏了巨大的价值，为智能化发展带来了新的机遇。协同推进技术、模式、业态和制度创新，切实用好数据要素，将为经济社会数字化发展带来强劲动力。

数字化服务是满足人民美好生活需要的重要途径。数字化方式正有效打破时空阻隔，提高有限资源的普惠化水平，极大地方便群众生活，满足多样化个性化需要。数字经济发展正在让广大群众享受到看得见、摸得着的实惠。

规范健康可持续是数字经济高质量发展的迫切要求。我国数字经济规模快速扩张，但发展不平衡、不充分、不规范的问题较为突出，迫切需要转变传统发展方式，加快补齐短板弱项，提高我国数字经济治理水平，走出一条高质量发展道路。

二、总体要求

（一）指导思想。

以习近平新时代中国特色社会主义思想为指导，全面贯彻党的十九大和十九届历次全会精神，立足新发展阶段，完整、准确、全面贯彻新发展理念，加快构建新发展格局，着力推动高质量发展，统筹发展和安全、统筹国内和国际，以数据为关键要素，以数字技术与实体经济深度融合为主线，加强数字基础设施建设，完善数字经济治理体系，协同推进数字产业化和产业数字化，赋能传统产业转型升级，培育新产业新业态新模式，不断做强做优做大我国数字经济，为构建数字中国提供有力支撑。

（二）基本原则。

坚持创新引领、融合发展。坚持把创新作为引领发展的第一动力，突出科技自立自强的战略支撑作用，促进数字技术向经济社会和产业发展各领域广泛深入渗透，推进数字技术、应用场景和商业模式融合创新，形成以技术发展促进全要素生产率提升、以领域应用带动技术进步的发展格局。

坚持应用牵引、数据赋能。坚持以数字化发展为导向，充分发挥我国海量数据、广阔市场空间和丰富应用场景优势，充分释放数据要素价值，激活数据要素潜能，以数据流促进生产、分配、流通、消费各个环节高效贯通，推动数据技术产品、应用范式、商业模式和体制机制协同创新。

坚持公平竞争、安全有序。突出竞争政策基础地位，坚持促进发展和监管规范并重，健全完善协同监管规则制度，强化反垄断和防止资本无序扩张，推动平台经济规范健康持续发展，建立健全适应数字经济发展的市场监管、宏观调控、政策法规体系，牢牢守住安全底线。

坚持系统推进、协同高效。充分发挥市场在资源配置中的决定性作用，构建经济社会各主体多元参与、协同联动的数字经济发展新机制。结合我国产业结构和资源禀赋，发挥比较优势，系统谋划、务实推进，更好发挥政府在数字经济发展中的作用。

（三）发展目标。

到2025年，数字经济迈向全面扩展期，数字经济核心产业增加值占GDP比重达到10%，数字化创新引领发展能力大幅提升，智能化水平明显增强，数字技术与实体经济融合取得显著成效，数字经济治理体系更加完善，我国数字经济竞争力和影响力稳步提升。

——数据要素市场体系初步建立。数据资源体系基本建成，利用数据资源推动研发、生产、流通、服务、消费全价值链协同。数据要素市场化建设成效显现，数据确权、定价、交易有序开展，探索建立与数据要素价值和贡献相适应的收入分配机制，激发市场主体创新活力。

——产业数字化转型迈上新台阶。农业数字化转型快速推进，制造业数字化、网络化、智能化更加深入，生产性服务业融合发展加速普及，生活性服务业多元化拓展显著加快，产业数字化转型的支撑服务体系基本完备，在数字化转型过程中推进绿色发展。

——数字产业化水平显著提升。数字技术自主创新能力显著提升，数字化产品和服务供给质量大幅提高，产业核心竞争力明显增强，在部分领域形成全球领先优势。新产业新业态新模式持续涌现、广泛普及，对实体经济提质增效的带动作用显著增强。

——数字化公共服务更加普惠均等。数字基础设施广泛融入生产生活，对政务服务、公共服务、民生保障、社会治理的支撑作用进一步凸显。数字营商环境更加优化，电子政务服务水平进一步提升，网络化、数字化、智慧化的利企便民服务体系不断完善，数字鸿沟加速弥合。

——数字经济治理体系更加完善。协调统一的数字经济治理框架和规则体系基本建立，跨部门、跨地区的协同监管机制基本健全。政府数字化监管能力显著增强，行业和市场监管水平大幅提升。政府主导、多元参与、法治保障的数字经济治理格局基本形成，治理水平明显提升。与数字经济发展相适应的法律法规制度体系更加完善，数字经济安全体系进一步增强。

展望2035年，数字经济将迈向繁荣成熟期，力争形成统一公平、竞争有序、成熟完备的数字经济现代市场体系，数字经济发展基础、产业体系发展水平位居世界前列。

“十四五”数字经济发展主要指标

指标	2020年	2025年	属性
数字经济核心产业增加值占GDP比重/%	7.8	10	预期性
IPv6活跃用户数/亿户	4.6	8	预期性
千兆宽带用户数/万户	640	6000	预期性
软件和信息技术服务业规模/万亿元	8.16	14	预期性

续表

指标	2020年	2025年	属性
工业互联网平台应用普及率/%	14.7	45	预期性
全国网上零售额/万亿元	11.76	17	预期性
电子商务交易规模/万亿元	37.21	46	预期性
在线政务服务实名用户规模/亿	4	8	预期性

三、优化升级数字基础设施

（一）加快建设信息网络基础设施。建设高速泛在、天地一体、云网融合、智能敏捷、绿色低碳、安全可控的智能化综合性数字信息基础设施。有序推进骨干网扩容，协同推进千兆光纤网络和5G网络基础设施建设，推动5G商用部署和规模应用，前瞻布局第六代移动通信（6G）网络技术储备，加大6G技术研发支持力度，积极参与推动6G国际标准化工作。积极稳妥推进空间信息基础设施演进升级，加快布局卫星通信网络等，推动卫星互联网建设。提高物联网在工业制造、农业生产、公共服务、应急管理等领域的覆盖水平，增强固移融合、宽窄结合的物联接入能力。

（二）推进云网协同和算网融合发展。加快构建算力、算法、数据、应用资源协同的全国一体化大数据中心体系。在京津冀、长三角、粤港澳大湾区、成渝地区双城经济圈、贵州、内蒙古、甘肃、宁夏等地区布局全国一体化算力网络国家枢纽节点，建设数据中心集群，结合应用、产业等发展需求优化数据中心建设布局。加快实施“东数西算”工程，推进云网协同发展，提升数据中心跨网络、跨地域数据交互能力，加强面向特定场景的边缘计算能力，强化算力统筹和智能调度。按照绿色、低碳、集约、高效的原则，持续推进绿色数字中心建设，加快推进数据中心节能改造，持续提升数据中心可再生能源利用水平。推动智能计算中心有序发展，打造智能算力、通用算法和开发平台一体化的新型智能基础设施，面向政务服务、智慧城市、智能制造、自动驾驶、语言智能等重点新兴领域，提供体系化的人工智能服务。

（三）有序推进基础设施智能升级。稳步构建智能高效的融合基础设施，提升基础设施网络化、智能化、服务化、协同化水平。高效布局人工智能基础设施，提升支撑“智能＋”发展的行业赋能能力。推动农林牧渔业基础设施和生产装备智能化改造，推进机器视觉、机器学习等技术应用。建设可靠、灵活、安全的工业互联网基础设施，支撑制造资源的泛在连接、弹性供给和高效配置。加快推进能源、交通运输、水利、物流、环保等领域基础设施数字化改造。推动新型城市基础设施建设，提升市政公用设施和建筑智能化水平。构建先进普惠、智能协作的生活服务数字化融合设施。在基础设施智能升级过程中，充分满足老年人等群体的特殊需求，打造智慧共享、和睦共治的新型数字生活。

四、充分发挥数据要素作用

（一）强化高质量数据要素供给。支持市场主体依法合规开展数据采集，聚焦数据的标注、清洗、脱敏、脱密、聚合、分析等环节，提升数据资源处理能力，培育壮大数据服务产业。推动数据资源标准体系建设，提升数据管理水平和数据质量，探索面向业务应用的共享、交换、协作和开放。加快推动各领域通信协议兼容统一，打破技术和协议壁垒，努力实现互通互操作，形成完整贯通的数据链。推动数据分类分级管理，强化数据安全风险评估、监测预警和应急处置。深化政务数据跨层级、跨地域、跨部门有序共享。建立健全国家公共数据资源体系，统筹公共数据资源开发利用，推动基础公共数据安全有序开放，构建统一的国家公共数据开放平台和开发利用端口，提升公共数据开放水平，释放数据红利。

（二）加快数据要素市场化流通。加快构建数据要素市场规则，培育市场主体、完善治理体系，促进数据要素市场流通。鼓励市场主体探索数据资产定价机制，推动形成数据资产目录，逐步完善数据定价体系。规范数据交易管理，培育规范的数据交易平台和市场主体，建立健全数据资产评估、登记结算、交易撮合、争议仲裁等市场运营体系，提升数据交易效率。严厉打击数据黑市交易，营造安全有序的市场环境。

（三）创新数据要素开发利用机制。适应不同类型数据特点，以实际应用需求为导向，探索建立多样化的数据开发利用机制。鼓励市场力量挖掘商业数据价值，推动数据价值产品化、服务化，大力发展专业化、个性化数据服务，促进数据、技术、场景深度融合，满足各领域数据需求。鼓励重点行业创新数据开发利用模式，在确保数据安全、保障用户隐私的前提下，调动行业协会、科研院所、企业等多方参与数据价值开发。对具有经济和社会价值、允许加工利用的政务数据和公共数据，通过数据开放、特许开发、授权应用等方式，鼓励更多社会力量进行增值开发利用。结合新型智慧城市建设，加快城市数据融合及产业生态培育，提升城市数据运营和开发利用水平。

五、大力推进产业数字化转型

（一）加快企业数字化转型升级。引导企业强化数字化思维，提升员工数字技能和数据管理能力，全面系统推动企业研发设计、生产加工、经营管理、销售服务等业务数字化转型。支持有条件的大型企业打造一体化数字平台，全面整合企业内部信息系统，强化全流程数据贯通，加快全价值链业务协同，形成数据驱动的智能决策能力，提升企业整体运行效率和产业链上下游协同效率。实施中小企业数字化赋能专项行动，支持中小企业从数字化转型需求迫切的环节入手，加快推进线上营销、远程协作、数字化办公、智能生产线等应用，由点及面向全业务全流程数字化转型延伸拓展。鼓励和支持互联网平台、行业龙头企业等立足自身优势，开放数字化资源和能力，帮助传统企业和中小企业实现数字化转型。推行普惠性“上云用数赋智”服务，推动企业上云、上平台，降低技术和资金壁垒，加快企业数字化转型。

（二）全面深化重点产业数字化转型。立足不同产业特点和差异化需求，推动传统产业全方位、全链条数字化转型，提高全要素生产率。大力提升农业数字化水平，推进“三农”综合信息服务，创新发展智慧农业，提升农业生产、加工、销售、物流等各环节数字化水平。纵深推进工业数字化转型，加快推动研发设计、生产制造、经营管理、市场服务等全生命周期数字化转型，加快培育一批“专精特新”中小企业和制造业单项冠军企业。深入实施智能制造工程，大力推动装备数字化，开展智能制造试点示范专项行动，完善国家智能制造标准体系。培育推广个性化定制、网络化协同等新模式。大力发展数字商务，全面加快商贸、物流、金融等服务业数字化转型，优化管理体系和服务模式，提高服务业的品质与效益。促进数字技术在全过程工程咨询领域的深度应用，引领咨询服务和工程建设模式转型升级。加快推动智慧能源建设应用，促进能源生产、运输、消费等各环节智能化升级，推动能源行业低碳转型。加快推进国土空间基础信息平台建设应用。推动产业互联网融通应用，培育供应链金融、服务型制造等融通发展模式，以数字技术促进产业融合发展。

（三）推动产业园区和产业集群数字化转型。引导产业园区加快数字基础设施建设，利用数字技术提升园区管理和服务能力。积极探索平台企业与产业园区联合运营模式，丰富技术、数据、平台、供应链等服务供给，提升线上线下相结合的资源共享水平，引导各类要素加快向园区集聚。围绕共性转型需求，推动共享制造平台在产业集群落地和规模化发展。探索发展跨越物理边界的“虚拟”产业园区和产业集群，加快产业资源虚拟化集聚、平台化运营和网络化协同，构建虚实结合的产业数字化新生态。依托京津冀、长三角、粤港澳大湾区、成渝地区双城经济圈等重点区域，统筹推进数字基础设施建设，探索建立各类产业集群跨区域、跨平台协同新机制，促进创新要素整合共享，构建创新协同、错位互补、供需联动的区域数字化发展生态，提升产业链供应链协同配套能力。

（四）培育转型支撑服务生态。建立市场化服务与公共服务双轮驱动，技术、资本、人才、数据等多要素支撑的数字化转型服务生态，解决企业“不会转”“不能转”“不敢转”的难题。面向重点行业和企业转型需求，培育推广一批数字化解决方案。聚焦转型咨询、标准制定、测试评估等方向，培育一批第三方专业化服务机构，提升数字化转型服务市场规模和活力。支持高校、龙头企业、行业协会等加强协同，建设综合测试验证环境，加强产业共性解决方案供给。建设数字化转型促进中心，衔接集聚各类资源条件，提供数字化转型公共服务，打造区域产业数字化创新综合体，带动传统产业数字化转型。

六、加快推动数字产业化

（一）增强关键技术创新能力。瞄准传感器、量子信息、网络通信、集成电路、关键软件、大数据、人工智能、区块链、新材料等战略性前瞻性领域，发挥我国社会主义制度优势、新型举国体制优势、超大规模市场优势，提高数字技术基础研发能力。以数字技术与各领域融合应用为导向，推动行业企业、平台企业和数字技术服务企业跨界创新，优化创新成果快速转化机制，加快创新技术的工程化、产业化。鼓励发展新型研发机构、企业创新联合体等新型创新主体，打造多元化参与、网络化协同、市场化运作的创新生态体系。支持具有自主核心技术的开源社区、开源平台、开源项目发展，推动创新资源共建共享，促进创新模式开放化演进。

（二）提升核心产业竞争力。着力提升基础软硬件、核心电子元器件、关键基础材料和生产装备的供给水平，强化关键产品自给保障能力。实施产业链强链补链行动，加强面向多元化应用场景的技术融合和产品创新，提升产业链关键环节竞争力，完善5G、集成电路、新能源汽车、人工智能、工业互联网等重点产业供应链体系。深化新一代信息技术集成创新和融合应用，加快平台化、定制化、轻量化服务模式创新，打造新兴数字产业新优势。协同推进信息技术软硬件产品产业化、规模化应用，加快集成适配和迭代优化，推动软件产业做大做强，提升关键软硬件技术创新和供给能力。

（三）加快培育新业态新模式。推动平台经济健康发展，引导支持平台企业加强数据、产品、内容等资源整合共享，扩大协同办公、互联网医疗等在线服务覆盖面。深化共享经济在生活服务领域的应用，拓展创新、生产、供应链等资源共享新空间。发展基于数字技术的智能经济，加快优化智能化产品和服务运营，培育智慧销售、无人配送、智能制造、反向定制等新增长点。完善多元价值传递和贡献分配体系，有序引导多样化社交、短视频、知识分享等新型就业创业平台发展。

（四）营造繁荣有序的产业创新生态。发挥数字经济领军企业的引领带动作用，加强资源共享和数据开放，推动线上线下相结合的创新协同、产能共享、供应链互通。鼓励开源社区、开发者平台等新型协作平台发展，培育大中小企业和社会开发者开放协作的数字产业创新生态，带动创新型企业快速壮大。以园区、行业、区域为整体推进产业创新服务平台建设，强化技术研发、标准制修订、测试评估、应用培训、创业孵化等优势资源汇聚，提升产业创新服务支撑水平。

七、持续提升公共服务数字化水平

（一）提高“互联网+政务服务”效能。全面提升全国一体化政务服务平台功能，加快推进政务服务标准化、规范化、便利化，持续提升政务服务数字化、智能化水平，实现利企便民高频服务事项“一网通办”。建立健全政务数据共享协调机制，加快数字身份统一认证和电子证照、电子签章、电子公文等互信互认，推进发票电子化改革，促进政务数据共享、流程优化和业务协同。推动政务服务线上线下整体联动、全流程在线、向基层深度拓展，提升服务便利化、共享化水平。开展政务数据与业务、服务深度融合创新，增强基于大数据的事项办理需求预测能力，打造主动式、多层次创新服务场景。聚焦公共卫生、社会安全、应急管理等领域，深化数字技术应用，实现重大突发公共事件的快速响应和联动处置。

（二）提升社会服务数字化普惠水平。加快推动文化教育、医疗健康、会展旅游、体育健身等领域公共服务资源数字化供给和网络化服务，促进优质资源共享复用。充分运用新型数字技术，强化就业、养老、儿童福利、托育、家政等民生领域供需对接，进一步优化资源配置。发展智慧广电网络，加快推进全国有线电视网络整合和升级改造。深入开展电信普遍服务试点，提升农村及偏远地区网络覆盖水平。加强面向革命老区、民族地区、边疆地区、脱贫地区的远程服务，拓展教育、医疗、社保、对口帮扶等服务内容，助力基本公共服务均等化。加强信息无障碍建设，提升面向特殊群体的数字化社会服务能力。促进社会服务和数字平台深度融合，探索多领域跨界合作，推动医养结合、文教结合、体医结合、文旅融合。

（三）推动数字城乡融合发展。统筹推动新型智慧城市和数字乡村建设，协同优化城乡公共服务。深化新型智慧城市建设，推动城市数据整合共享和业务协同，提升城市综合管理服务能力，完善城市信息模型平台和运行管理服务平台，因地制宜构建数字孪生城市。加快城市智能设施向乡村延伸覆盖，完善农村地区信息化服务供给，推进城乡要素双向自由流动，合理配置公共资源，形成以城带乡、共建共享的数字城乡融合发展格局。构建城乡常住人口动态统计发布机制，利用数字化手段助力提升城乡基本公共服务水平。

（四）打造智慧共享的新型数字生活。加快既有住宅和社区设施数字化改造，鼓励新建小区同步规划建设智能系统，打造智能楼宇、智能停车场、智能充电桩、智能垃圾箱等公共设施。引导智能家居产品互联互通，促进家居产品与家居环境智能互动，丰富“一键控制”、“一声响应”的数字家庭生活应用。加强超高清电视普及应用，发展互动视频、沉浸式视频、云游戏等新业态。创新发展“云生活”服务，深化人工智能、虚拟现实、8K 高清视频等技术的融合，拓展社交、购物、娱乐、展览等领域的应用，促进生活消费品质升级。鼓励建设智慧社区和智慧服务生活圈，推动公共服务资源整合，提升专业化、市场化服务水平。支持实体消费场所建设数字化消费新场景，推广智慧导览、智能导流、虚实交互体验、非接触式服务等应用，提升场景消费体验。培育一批新型消费示范城市和领先企业，打造数字产品服务展示交流和技能培训中心，培养全民数字消费意识和习惯。

八、健全完善数字经济治理体系

（一）强化协同治理和监管机制。规范数字经济发展，坚持发展和监管两手抓。探索建立与数字经济持续健康发展相适应的治理方式，制定更加灵活有效的政策措施，创新协同治理模式。明晰主管部门、监管机构职责，强化跨部门、跨层级、跨区域协同监管，明确监管范围和统一规则，加强分工合作与协调配合。深化“放管服”改革，优化营商环境，分类清理规范不适应数字经济发展需要的行政许可、资质资格等事项，进一步释放市场主体创新活力和内生动力。鼓励和督促企业诚信经营，强化以信用为基础的数字经济市场监管，建立完善信用档案，推进政企联动、行业联动的信用共享共治。加强征信建设，提升征信服务供给能力。加快建立全方位、多层次、立体化监管体系，实现事前事中事后全链条全领域监管，完善协同会商机制，有效打击数字经济领域违法犯罪行为。加强跨部门、跨区域分工协作，推动监管数据采集和共享利用，提升监管的开放、透明、法治水平。探索开展跨场景跨业务跨部门联合监管试点，创新基于新技术手段的监管模式，建立健全触发式监管机制。加强税收监管和税务稽查。

（二）增强政府数字化治理能力。加大政务信息化建设统筹力度，强化政府数字化治理和服务能力建设，有效发挥对规范市场、鼓励创新、保护消费者权益的支撑作用。建立完善基于大数据、人工智能、区块链等新技术的统计监测和决策分析体系，提升数字经济治理的精准性、协调性和有效性。推进完善风险应急响应处置流程和机制，强化重大问题研判和风险预警，提升系统性风险防范水平。探索建立适应平台经济特点的监管机制，推动线上线下监管有效衔接，强化对平台经营者及其行为的监管。

（三）完善多元共治新格局。建立完善政府、平台、企业、行业组织和社会公众多元参与、有效协同的数字经济治理新格局，形成治理合力，鼓励良性竞争，维护公平有效市场。加快健全市场准入制度、公平竞争审查机制，完善数字经济公平竞争监管制度，预防和制止滥用行政权力排除限制竞争。进一步明确平台企业主体责任和义务，推进行业服务标准建设和行业自律，保护平台从业人员和消费者合法权益。开展社会监督、媒体监督、公众监督，培育多元治理、协调发展新生态。鼓励建立争议在线解决机制和渠道，制定并公示争议解决规则。引导社会各界积极参与推动数字经济治理，加强和改进反垄断执法，畅通多元主体诉求表达、权益保障渠道，及时化解矛盾纠纷，维护公众利益和社会稳定。

九、着力强化数字经济安全体系

（一）增强网络安全防护能力。强化落实网络安全技术措施同步规划、同步建设、同步使用的要求，确保重要系统和设施安全有序运行。加强网络安全基础设施建设，强化跨领域网络安全信息共享和工作协同，健全完善网络安全应急事件预警通报机制，提升网络安全态势感知、威胁发现、应急指挥、协同处置和攻击溯源能力。提升网络安全应急处置能力，加强电信、金融、能源、交通运输、水利等重要行业领域关键信息基础设施网络安全防护能力，支持开展常态化安全风险评估，加强网络安全等级保护和密码应用安全性评估。支持网络安全保护技术和产品研发应用，推广使用安全可靠的信息产品、服务和解决方案。强化针对新技术、新应用的安全研究管理，为新产业新业态新模式健康发展提供保障。加快发展网络安全产业体系，促进拟态防御、数据加密等网络安全技术应用。加强网络安全宣传教育和人才培养，支持发展社会化网络安全服务。

（二）提升数据安全保障水平。建立健全数据安全治理体系，研究完善行业数据安全管理政策。建立数据分类分级保护制度，研究推进数据安全标准体系建设，规范数据采集、传输、存储、处理、共享、销毁全生命周期管理，推动数据使用者落实数据安全保护责任。依法依规加强政务数据安全保护，做好政务数据开放和社会化利用的安全管理。依法依规做好网络安全审查、云计算服务安全评估等，有效防范国家安全风险。健全完善数据跨境流动安全管理相关制度规范。推动提升重要设施设备的安全可靠水平，增强重点行业数据安全保障能力。进一步强化个人信息保护，规范身份信息、隐私信息、生物特征信息的采集、传输和使用，加强对收集使用个人信息的安全监管能力。

（三）切实有效防范各类风险。强化数字经济安全风险综合研判，防范各类风险叠加可能引发的经济风险、技术风险和社会稳定问题。引导社会资本投向原创性、引领性创新领域，避免低水平重复、同质化竞争、盲目跟风炒作等，支持可持续发展的业态和模式创新。坚持金融活动全部纳入金融监管，加强动态监测，规范数字金融有序创新，严防衍生业务风险。推动关键产品多元化供给，着力提高产业链供应链韧性，增强产业体系抗冲击能力。引导企业在法律合规、数据管理、新技术应用等领域完善自律机制，防范数字技术应用风险。健全失业保险、社会救助制度，完善灵活就业的工伤保险制度。健全灵活就业人员参加社会保险制度和劳动者权益保障制度，推进灵活就业人员参加住房公积金制度试点。探索建立新业态企业劳动保障信用评价、守信激励和失信惩戒等制度。着力推动数字经济普惠共享发展，健全完善针对未成年人、老年人等各类特殊群体的网络保护机制。

十、有效拓展数字经济国际合作

（一）加快贸易数字化发展。以数字化驱动贸易主体转型和贸易方式变革，营造贸易数字化良好环境。完善数字贸易促进政策，加强制度供给和法律保障。加大服务业开放力度，探索放宽数字经济新业态准入，引进全球服务业跨国公司在华设立运营总部、研发设计中心、采购物流中心、结算中心，积极引进优质外资企业和创业团队，加强国际创新资源“引进来”。依托自由贸易试验区、数字服务出口基地和海南自由贸易港，针对跨境寄递物流、跨境支付和供应链管理等典型场景，构建安全便利的国际互联网数据专用通道和国际化数据信息专用通道。大力发展跨境电商，扎实推进跨境电商综合试验区建设，积极鼓励各业务环节探索创新，培育壮大一批跨境电商龙头企业、海外仓领军企业和优秀产业园区，打造跨境电商产业链和生态圈。

（二）推动“数字丝绸之路”深入发展。加强统筹谋划，高质量推动中国—东盟智慧城市合作、中国—中东欧数字经济合作。围绕多双边经贸合作协定，构建贸易投资开放新格局，拓展与东盟、欧盟的数字经济合作伙伴关系，与非盟和非洲国家研究开展数字经济领域合作。统筹开展境外数字基础设施合作，结合当地需求和条件，与共建“一带一路”国家开展跨境光缆建设合作，保障网络基础设施互联互通。构建基于区块链的可信服务网络和应用支撑平台，为广泛开展数字经济合作提供基础保障。推动数据存储、智能计算等新兴服务能力全球化发展。加大金融、物流、电子商务等领域的合作模式创新，支持我国数字经济企业“走出去”，积极参与国际合作。

（三）积极构建良好国际合作环境。倡导构建和平、安全、开放、合作、有序的网络空间命运共同体，积极维护网络空间主权，加强网络空间国际合作。加快研究制定符合我国国情的数字经济相关标准和治理规则。依托双边和多边合作机制，开展数字经济标准国际协调和数字经济治理合作。积极借鉴国际规则和经验，围绕数据跨境流动、市场准入、反垄断、数字人民币、数据隐私保护等重大问题探索建立治理规则。深化政府间数字经济政策交流对话，建立多边数字经济合作伙伴关系，主动参与国际组织数字经济议题谈判，拓展前沿领域合作。构建商事协调、法律顾问、知识产权等专业化中介服务机制和公共服务平台，防范各类涉外经贸法律风险，为出海企业保驾护航。

十一、保障措施

（一）加强统筹协调和组织实施。建立数字经济发展部际协调机制，加强形势研判，协调解决重大问题，务实推进规划的贯彻实施。各地方要立足本地区实际，健全工作推进协调机制，增强发展数字经济本领，推动数字经济更好地服务和融入新发展格局。进一步加强对数字经济发展政策的解读与宣传，深化数字经济理论和实践研究，完善统计测度和评价体系。各部门要充分整合现有资源，加强跨部门协调沟通，有效调动各方面的积极性。

（二）加大资金支持力度。加大对数字经济薄弱环节的投入，突破制约数字经济发展的短板与瓶颈，建立推动数字经济发展的长效机制。拓展多元投融资渠道，鼓励企业开展技术创新。鼓励引导社会资本设立市场化运作的数字经济细分领域基金，支持符合条件的数字经济企业进入多层次资本市场进行融资，鼓励银行业金融机构创新产品和服务，加大对数字经济核心产业的支持力度。加强对各类资金的统筹引导，提升投资质量和效益。

（三）提升全民数字素养和技能。实施全民数字素养与技能提升计划，扩大优质数字资源供给，鼓励公共数字资源更大范围向社会开放。推进中小学信息技术课程建设，加强职业院校（含技工院校）数字技术技能类人才培养，深化数字经济领域新工科、新文科建设，支持企业与院校共建一批现代产业学院、联合实验室、实习基地等，发展订单制、现代学徒制等多元化人才培养模式。制定实施数字技能提升专项培训计划，提高老年人、残障人士等运用数字技术的能力，切实解决老年人、残障人士面临的困难。提高公民网络文明素养，强化数字社会道德规范。鼓励将数字经济领域人才纳入各类人才计划支持范围，积极探索高效灵活的人才引进、培养、评价及激励政策。

（四）实施试点示范。统筹推动数字经济试点示范，完善创新资源高效配置机制，构建引领性数字经济产业集聚高地。鼓励各地区、各部门积极探索适应数字经济发展趋势的改革举措，采取有效方式和管用措施，形成一批可复制推广的经验做法和制度性成果。支持各地区结合本地区实际情况，综合采取产业、财政、科研、人才等政策手段，不断完善与数字经济发展相适应的政策法规体系、公共服务体系、产业生态体系和技术创新体系。鼓励跨区域交流合作，适时总结推广各类示范区经验，加强标杆示范引领，形成以点带面的良好局面。

（五）强化监测评估。各地区、各部门要结合本地区、本行业实际，抓紧制定出台相关配套政策并推动落地。要加强对规划落实情况的跟踪监测和成效分析，抓好重大任务推进实施，及时总结工作进展。国家发展改革委、中央网信办、工业和信息化部要会同有关部门加强调查研究和督促指导，适时组织开展评估，推动各项任务落实到位，重大事项及时向国务院报告。

资料来源：中国政府网　　公开发布日期：2022 年 1 月 12 日

本章小结

自动识别技术是指通过非人工手段获取被识别对象所包含的标识信息或特征信息，并且不使用键盘即可实现数据实时输入计算机或其他微处理器控制设备的技术。

自动识别技术是以传感器技术、计算机技术和通信技术为基础的一门综合性科学技术，是集数据编码、数据采集、数据标识、数据管理、数据传输于一体的信息数据自动识读、自动输入计算机的重要方法和手段，是一种高度自动化的信息或者数据采集与处理技术。

自动识别技术包括条码识别技术、射频识别技术、磁卡识别技术、IC 卡识别技术、图像图形识别技术、光学字符识别技术、生物特征识别技术（指纹识别、人脸识别、虹膜识别、语音识别）等多种自动识别技术方法和手段。

自动识别技术根据识别对象的特征、识别原理和方式，可以分为两大类，分别是数据采集技术（定义识别）和特征提取技术（模式识别）。

定义识别是为被识别对象赋予一个 ID 代码，并将 ID 代码载体（条码、射频标签、磁卡、IC 卡等）放在要被识别的对象上进行标识，通过对载体的自动识读获得原 ID 代码，然后通过计算机实现对对象的自动识别。主要研究对象为条码识别、射频识别、磁识别、IC 卡识别等载体、编码方法和识别技术。

模式识别是指对表征事物或现象的各种形式的（数值的、文字的和逻辑关系的）信息进行处理和分析，以对事物或现象进行描述、辨认、分类和解释的过程，即通过采集被识别对象的特征数据，并通过与计算机存储的原特征数据进行特征比对，实现对对象的自动识别，是信息科学和人工智能的重要组成部分。主要涉及图像识别、光符识别、生物特征识别（如指纹识别、人脸识别、虹膜识别、语音识别）等。

因此，定义识别的方式主要是采用数据采集方式进行识别，而特征识别的方式主要是采用特征信息采集方式进行识别。定义识别的复杂度与信息存储量和特征识别相比低得多。

自动识别技术与计算机技术、软件技术、互联网技术、通信技术、半导体技术的发展紧密相关，正在成为我国数字经济核心产业的重要组成部分，而物联网及大数据技术的兴起和蓬勃发展，给自动识别技术带来前所未有的发展机遇。

在经济全球化、贸易国际化、信息网络化的推动下，自动识别技术已经广泛地应用于商业流通、物流、邮政、交通运输、医疗卫生、航空、图书管理、电子商务、电子政务、工业制造等多个领域，并成为物联网的主要支撑技术之一。自动识别技术产业的发展及技术应用的推广，将在我国的经济社会建设中发挥举足轻重的作用。

本章内容结构

- 绪论
  - 自动识别技术的内涵
    - 综合技术
    - 应用设备
    - 技术系统
    - 自动采集
    - 多种技术
  - 自动识别技术分类
    - 数据采集技术（定义识别）
      - 光存储器：条码、光卡、OCR等
      - 磁存储器：磁条
      - 电存储器：IC卡(接触、非接触)
    - 特征提取技术（模式识别）
      - 身体特征：指纹、人脸、虹膜等
      - 行为特征：声音、签名等
  - 一般性工作原理
    - 定义识别：译码
    - 模式识别
      - 预处理
      - 特征提取与选择
      - 分类决策
  - 在经济社会发展中的作用
    - 数字中国建设的重要基础和技术支撑
    - 数字经济核心产业的有机组成部分
    - 提升企业供应链的整体效率
  - 发展现状
  - 发展趋势
    - 设备向多功能化、便携化方向发展
    - 多种识别技术的集成化应用方向及发展
    - 与无线通信相结合
    - 应用于自动控制领域，使智能化水平不断提高
    - 相关技术促进自动识别行业技术水平提升
    - 应用领域将继续拓宽，并向纵深方向发展
    - 健全完善标准体系成为规范行业发展重点
    - 政策合力促进自动识别产业繁荣发展

综合练习

一、名词解释

自动识别技术　模式识别　定义识别　物联网

二、简述题

1. 简述自动识别技术的内涵。
2. 简述自动识别技术的分类。
3. 简述自动识别技术的一般性工作原理。
4. 简述自动识别技术在经济社会发展中的作用。
5. 简述自动识别技术的发展现状。
6. 简述自动识别技术的发展趋势。

三、思考题

1．说明定义识别（数据采集技术）与模式识别（特征提取技术）的区别与联系。

2．说明物联网与互联网的区别与联系。

四、实际观察题

列举你身边应用自动识别技术的例子。你觉得带来了哪些便利？还存在什么不足？

参考书目及相关网站

[1] 新华社.中共中央 国务院印发《数字中国建设整体布局规划》[EB/OL].(2023-02-27). http://www.gov.cn/zhengce/2023-02/27/content_5743484.htm.

[2] 国家互联网信息办公室.数字中国发展报告（2022 年）[EB/OL].(2023-05-23). http://www.cac.gov.cn.

[3] 中国自动识别技术协会. 我国自动识别技术发展现状与趋势分析[J]. 中国自动识别技术，2023(1): 1-3.

[4] 中国信息通信研究院.全球数字经济白皮书（2023 年）[EB/OL]. (2023-07-05). https://baike.baidu.com.

[5] 华经产业研究院.2022 年自动识别与数据采集行业现状[EB/OL]. (2023-02-25). https://baijiahao.baidu.com/s?id=1758766973026777033&wfr=spider&for=pc.

[6] IEEE 发布三项生物识别领域国际标准，蚂蚁安全实验室联合行业制定[EB/OL]. (2023-09-28). https://baijiahao.baidu.com/s?id=1778264734941643499&wfr=spider&for=pc.

[7] 新华社.中共中央 国务院关于构建数据基础制度更好发挥数据要素作用的意见[EB/OL].(2022-12-19). https://www.gov.cn/zhengce/2022-12/19/content_5732695.htm.

[8] 习近平.高举中国特色社会主义伟大旗帜 为全面建设社会主义现代化国家而团结奋斗[N]. 人民日报，2022-10-26(1).

[9] 国务院."十四五"数字经济发展规划[EB/OL].(2022-01-12). http://www.gov.cn/zhengce/content/2022-01/12/content_5667817.htm.

[10] 规划司. "十四五"大数据产业发展规划[EB/OL]. (2022-07-06). https://www.miit.gov.cn/jgsj/ghs/zlygh/art/2022/art_5051b9be5d4740daad48e3b1ad8f728b.html.

[11] 工业和信息化部网站.关于印发《物联网新型基础设施建设三年行动计划（2021—2023 年）》的通知[EB/OL].(2021-09-10). https://www.gov.cn/zhengce/zhengceku/2021-09/29/content_5640204.htm.

[12] 新华社.中华人民共和国国民经济和社会发展第十四个五年规划和 2035 年远景目标纲要[EB/OL].(2021-03-13). http://www.gov.cn/xinwen/2021-03/13/content_5592681.htm.

[13] 规划司.关于印发大数据产业发展规划（2016—2020 年）的通知[EB/OL].(2017-01-17). https://www.miit.gov.cn/zwgk/zcwj/wjfb/zh/art/2020/art_a4ea057ae84a47069933feb5bb9ba8ae.html.

[14] 吕本富，刘颖.飞轮效应：数据驱动的企业[M].北京：电子工业出版社，2015：18，55.

[15] 国务院. 国务院关于推进物联网有序健康发展的指导意见[EB/OL]. (2013-02-17). https://www.gov.cn/zhuanti/2013-02/17/content_2624393.htm.

[16] 国务院公报.国家中长期科学和技术发展规划纲要（2006—2020 年）[EB/OL].(2006-02-09). https://www.gov.cn/jrzg/2006-02/09/content_183787.htm.

[17] 胡锦涛.坚定不移沿着中国特色社会主义道路前进 为全面建成小康社会而奋斗[EB/OL].(2012-11-17).

http://www.xinhuanet.com//18cpcnc/2012-11/17/c_113711665.htm.

[18] 江泽民.全面建设小康社会，开创中国特色社会主义事业新局面[EB/OL].(2002-11-08). https://www.gov.cn/test/2008-08/01/content_1061490.htm.

[19] 中国物品编码中心，中国自动识别技术协会．自动识别技术导论[M]．武汉：武汉大学出版社，2007.

[20] 卢瑞文．自动识别技术导论[M]．北京：化学工业出版社，2005.

[21] 张铎．自动识别技术产品与应用[M]．武汉：武汉大学出版社，2009.

[22] 国家统计局.中华人民共和国 2023 年国民经济和社会发展统计公报[EB/OL].[2024-02-29]. https://www.stats.gov.cn/sj/zxfb/202402/t20240228_1947915.html.

第二章

条码识别技术

内容提要

条码技术起源于20世纪20年代，是迄今为止最经济、最实用的一种自动识别技术，它通过条码符号保存相关数据，并通过条码识读设备实现数据的自动采集。本章主要讲述条码技术的发展历程、应用现状、技术基础和主要设备。

学习目标与重点

◆ 了解条码识别技术的发展历程。

◆ 重点掌握条码识别技术的应用现状和典型应用案例。

◆ 初步掌握条码识别系统的基本构成、工作原理和技术特点。

◆ 掌握各类条码打印设备、条码识读设备的主要特性和用途。

关键术语

条码识别技术、条码打印机、条码识读器、条码标签

【引入案例】　“黑白条空”带来的技术变革

手工录入文字最快的速度是多少？约为300字符/min。按此速度计算，录入如图2-1所示的13位图书数据，1 min可以录入23组。

如果用专用的设备录入呢？使用一个普通的专用扫描设备，扫描速度可达40字符/s，即2400字符/min，且误码率仅为$1/10^6$。那么，1 min可以录入184组，效率是前者的8倍。

ISBN 7-88497-523-8

9 787884 975235 >

图2-1　一本书籍的条码

通过上述比较我们可以看出，在进行数据信息录入时使用自动采集装置和设备，效率和准确率要明显优于传统的手工录入方式。本案例中所使用的自动采集技术就是条码扫描技术。

条码又称条形码，即如图2-1所示的“黑白条”，是将宽度不等的多个黑条和空白按照一定的编码规则排列，用以表达一组信息的图形标识符。常见的条码是由反射率相差很大的黑条（简称条）和白条（简称空）排成的平行线图案。

条码可以标出物品的生产国、制造厂家、商品名称、生产日期、图书分类号、邮件起止地点、类别、日期等许多信息，因此，在商品流通、图书管理、邮政管理、银行系

统等许多领域得到了广泛的应用。

在经济全球化、信息网络化、生活国际化的资讯社会到来之际，起源于 20 世纪 20 年代、应用于 70 年代、普及于 80 年代的条码与条码技术引起了世界流通领域的大变革。90 年代的国际流通领域将条码誉为商品进入国际市场的“身份证”，使得全世界都对它刮目相看。

第一节　条码识别技术的发展历程

一、条码识别技术的起源

条码技术最早产生于 20 世纪 20 年代，诞生于威斯汀·豪斯（Westing House）的实验室里。一位名叫约翰·科芒德（John Kermode）的性格古怪的发明家，“异想天开”地想对邮政单据实现自动分拣。在那个年代，对电子技术应用方面的每一个设想都会使人感到非常新奇。

他的想法是在信封上做条码标记，条码中的信息是收信人的地址，这类似于现在使用的邮政编码，为此，科芒德发明了最早的条码标识。设计方案非常简单，即 1 个“条”表示数字“1”，2 个“条”表示数字“2”，并以此类推。随后，他又发明了由基本的元件组成的条码识读设备——一个扫描器（能够发射光并接收反射光）、测定反射信号“条”和“空”的装置（即边缘定位线圈）和使用测定结果的装置（即译码器）。

科芒德的扫描器使用当时新发明的光电池来收集反射光，“空”反射回来的是强信号，“条”反射回来的是弱信号。与当今高速度的电子元器件应用不同的是，科芒德利用磁性线圈来测定“条”和“空”，这就像一个小孩将电线与电池连接，再绕在一颗钉子上来夹纸一样。科芒德用一个带铁芯的线圈，在接收到“空”信号的时候，吸引一个开关；在接收到“条”信号的时候，释放开关并接通电路。因此，使用最早的条码阅读器会发出很大的噪声。开关由一系列的继电器控制，“开”和“关”由打印在信封上“条”的数量来决定。通过这种方法，实现对信件的分拣。

此后不久，科芒德的合作者道格拉斯·杨（Douglas Young）在科芒德码的基础上作了些改进。科芒德码所包含的信息量相当低，并且很难编出 10 个以上的不同代码。杨码使用更少的条，但是利用条之间空的尺寸变化，就像今天的 UPC 条码符号使用 4 个不同的条、空尺寸一样。对于同样大小的空间，杨码可以对 100 个不同的地区进行编码，而科芒德码只能对 10 个不同的地区进行编码。

20 世纪 40 年代，美国的乔·伍德兰德（Joe Woodland）和伯尼·西尔沃（Berny Silver）两位工程师开始研究用代码表示食品项目及相应的自动识别设备，并于 1949 年获得了美国专利。至此，专利文献中才有了关于全方位条码符号的记载，在这之前的专利文献中始终没有条码技术的记录，也没有投入实际应用的先例。这种代码的图案如图 2-2 所示。

该图案很像微型射箭靶，被称为“公牛眼”代码，靶式的同心圆是由圆条和空绘成的圆环形。在原理上，“公牛眼”代码与后来的条码很相近，遗憾的是，限于当时的工艺和商品经济水平，还没有能力印制出这种码。然而，10 年后，乔·伍德兰德作为 IBM 公司的工程师，成为北美统一代码——UPC 码的奠基人。以杰拉德·费伊塞尔（Girard Fessel）为代表的几名发明家于 1959 年申请了一项专利，描述了数字 0～9 中的每个数字可由 7 段平行条组成，但机器难以识读这种码，人们读起来也不方便。不过，这一构想的确促进了后来条码的产生与发展。

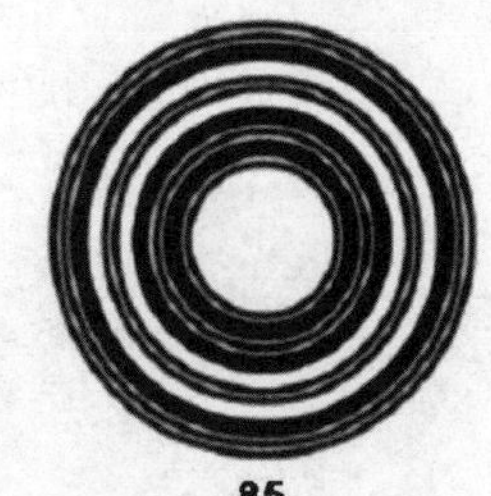

图 2-2 公牛眼条码[1]

不久，E.F.布宁克（E. F. Brinker）申请了另一项专利，该专利是将条码标识在有轨电车上。20 世纪 60 年代，西尔沃尼亚（Sylvania）发明的一个系统被北美铁路系统采纳。这两项可以说是条码技术最早期的应用。

虽然条码专利最早出现在 20 世纪 40 年代，但得到实际应用和发展却是在 70 年代左右。现在，世界上的各个国家和地区都已普遍使用条码技术，其应用领域越来越广泛，并逐步渗透到许多技术领域。

如今，印刷在商品外包装上的条码像一条条经济信息的纽带，将世界各地的生产制造商、出口商、批发商、零售商和顾客有机地联系在一起。这一条条纽带一经与 EDI 系统相连便形成多项、多元的信息网，各种商品的相关信息犹如投入了一个无形的、永不停息的自动导向传送机构，流向世界各地。

【知识链接 2-1】　　商品条码 50 年

商品条码作为目前全球范围内应用最广泛的物品编码标识，是商品在市场流通的“身份证”和“通行证”，被英国广播公司（BBC）称为“影响现代经济发展的 50 件重要事物”之一。2023 年 4 月 3 日是商品条码在国际范围内应用 50 周年纪念日。自 1973 年创建以来，这个简单而功能强大的标识符号已经出现在超过 10 亿种商品上，结账柜台前的“哔哔”声回响在各国零售商超之间。

商品条码永远地改变了我们的消费模式。所有的商品条码虽然外观相似，但却蕴含了不同的含义。借助于 GS1 全球统一编码标识系统，简单地扫描就能将实物商品与数字信息联系起来，并在整个供应链中无缝链接。从农场到超市，商品条码及其背后庞大的商品数据库提升了整个供应链的灵活性与透明度。

条码技术在经过 50 年发展的经验基础之上，正逐步进入下一阶段。二维码——作为新一代的商品条码技术，提供了更为可靠的商品数据信息，有望再次改变我们的消费生活，消费者、企业乃至整个社会经济发展都将从中获益。这些新的条码符号能够为政府、企业、消费者提供比商品简介更为可靠的数据信息。

新的条码符号可以讲述商品的“故事”：商品具体来自哪里、是否含有导致过敏的成分、是否有机、如何被回收，以及可能对环境产生的影响等。这种新的信息交互模式将帮助消费者购买和使用商品时做出更加明智的决定。

1 图片来源：元富科技有限公司网站。

二、条码识别技术在国外的发展情况

1970 年，美国超级市场 Ad Hoc 委员会制定了通用商品代码——UPC[1]，与此同时，许多团体也提出了各种条码符号方案，如图 2-3 所示。UPC 首先在杂货零售业中试用，这为以后条码的统一和广泛采用奠定了基础。次年，布莱西公司研制出布莱西码及相应的自动识别系统，用于库存盘点，这是条码技术第一次在仓库管理系统中的实际应用。1972 年，蒙那奇·马金（Monarch Marking）等人研制出库德巴码（code bar），至此，美国的条码技术进入新的发展阶段。

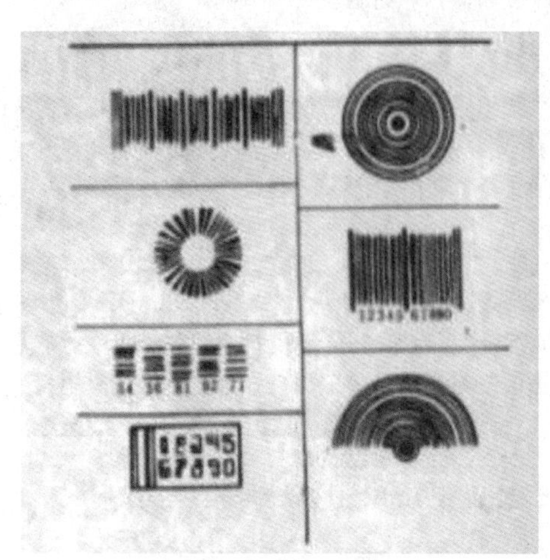

图 2-3　早期的条码符号[2]

1973 年，美国统一代码委员会（简称 UCC）建立了 UPC 系统，实现了该码制的标准化。同年，食品杂货业把 UPC 作为该行业的通用标准码制，为条码技术在商业流通销售领域里的广泛应用起到了积极的推动作用。1974 年，美国易腾迈（Intermec）公司的戴维·阿利尔（Davide Allair）博士研制出 39 码，该码制很快就被美国国防部采纳，作为军用条码码制。39 码是第一个字母、数字相结合的条码，后来广泛地应用于工业领域。

1976 年，在美国和加拿大的超级市场中，UPC 的成功应用给人们以很大的鼓舞，尤其是欧洲人对此也产生了极大的兴趣。次年，欧洲共同体在 UPC-A 的基础上制定欧洲物品编码 EAN-13 和 EAN-8，签署了《欧洲物品编码协议备忘录》，并正式成立了欧洲物品编码协会（简称 EAN）。到了 1981 年，由于 EAN 已经发展成为一个国际性组织，故改名为“国际物品编码协会”，简称为 IAN。但由于历史原因和习惯，仍称为 EAN（后改为 EAN International）。2005 年 2 月，随着美国统一代码委员会（UCC）和加拿大电子商务委员会（ECCC）相继加入国际物品编码协会，EAN International 正式向全球发布了更名信息，将组织名称正式变更为 GS1。

【知识链接 2-2】　国际物品编码协会

国际物品编码组织（GS1）是一个中立的、非营利性国际组织，制定、管理和维护应用最为广泛的全球统一标识系统（简称 GS1 系统），有效促进全球商贸流通和供应链效率提升。GS1 总部设在比利时布鲁塞尔，其成员是 GS1 会员组织。

目前，全球 150 多个国家和地区的 116 个编码组织加入了 GS1，200 多万家企业注册使用 GS1 的厂商识别代码。GS1 系统在快消、零售、制造、物流、电子商务、食品安全追溯、医疗卫生、建材等 30 多个行业和领域得到广泛应用，已成为全球通用的商务语言。在过去的 50 年里，国际物品编码组织的工作重点已经从“标准制定”发展为“标准

1　UPC（Universal Product Code）是美国统一代码委员会制定的一种商品用条码。

2　图片来源：中国物品编码中心网站。

制定+技术服务”，意味着 GS1 从单一的条码技术向更全面、系统的技术领域及服务体系发展。

经过不断完善和发展，GS1 已拥有一套全球跨行业的产品、运输单元、资产、位置和服务的标识标准体系和信息交换标准体系，使产品在全世界都能够扫描和识读；GS1 的全球数据同步网络（GDSN）确保全球贸易伙伴都使用正确的产品信息；GS1 通过电子产品代码（EPC）、射频识别（RFID）技术标准提供更高的供应链运营效率；GS1 可追溯解决方案，帮助企业遵守欧盟和美国食品安全法规，实现食品消费安全。从条码到新一代技术，GS1 正在通过一个全球系统来引领未来的商业发展。

GS1 是国际物品编码组织的英文名称，它同时包含了四个含义：

（1）全球系统（global system）；

（2）全球标准（global standards）；

（3）全球解决方案（global solutions）；

（4）全球服务体系（global service）。

应用 GS1 全球统一编码标识系统这一国际通用的商务语言，可以帮助各种规模的企业完善它们的数字化转型之旅，助推全球化发展进程，最终使消费者受益。

日本从 1974 年开始着手建立 POS（point of sales，销售终端）系统，研究标准化以及信息输入方式、印制技术等，并在 EAN 基础上于 1978 年制定出日本物品编码——JAN。同年加入了国际物品编码协会，开始进行厂家登记注册，并全面转入条码技术及其系列产品的开发工作，10 年后成为 EAN 最大的用户。

从 20 世纪 80 年代初，人们围绕如何提高条码符号的信息密度开展了多项研究，128 码和 93 码就是其中的研究成果。128 码于 1981 年被推荐使用，93 码于 1982 年开始使用。这两种码的优点是它们的条码符号密度比 39 码高出近 30%。随着条码技术的发展，条码码制种类不断增加，因此，标准化问题显得很突出。为此先后制定了军用标准 1189，交叉 25 码、39 码和库德巴码 ANSI 标准 MH10.8M 等。

同时，一些行业也开始建立行业标准，以适应发展的需要。此后，戴维 • 阿利尔又研制出 49 码，这是一种非传统的条码符号，它比以往的条码符号具有更高的密度（即二维条码的雏形）。接着，特德 • 威廉斯（Ted Williams）推出 16K 码，这是一种适用于激光扫描的码制。到目前为止，已知的世界上正在使用的条码码制就有 250 种之多，与其相应的自动识别设备和印刷技术也得到了长足的发展。

华经产业研究院《2022 年全球及中国条码扫描设备（条码识读设备）行业现状分析》数据显示，从全球条码扫描设备市场竞争格局看，得利捷（Datalogic，2005 年收购全球最大的平台式条码扫描器制造商美国 PSC 公司）、讯宝科技（Symbol Technologies，2005 被摩托罗拉（Motorola）收购，2014 年被斑马技术（Zebra Technologies）从摩托罗拉收购）、霍尼韦尔（Honeywell，2007 年、2008 年相继收购了韦林（Hand Held Products）和码捷（Metrologic），2012 年又收购了易腾迈（Intermec））这三家公司占比约 60%，是全球条码设备市场的主要提供商。

三、条码识别技术在国内的发展情况

条码技术作为一种很重要的信息标识和信息采集应用技术，目前在全球范围内得到了急速发展。而在我国，以条码技术为代表的自动识别技术更是应用于国民经济各行业。自全球统一的物品编码技术引入我国以来，该技术一直与我国的国民经济发展呈“正相关”，条码技术已经成为信息化建设中的一个重要部分，是建设大市场、搞活大流通、实现国民经济现代化、促进企业参与国际经济大循环、增强国际竞争力不可或缺的技术工具和手段。

国外发达国家条码的应用大致分为三个阶段，第一阶段是自动结算，第二阶段是应用于企业的内部管理，第三阶段是应用于整个供应链管理、物流配送、连锁经营和电子商务。

我国对条码技术的应用目前也已处于第三阶段，虽然在 40 多年的时间里条码技术的应用已取得了长足进展，但与国外发达国家相比还存在一定的差距。

我国条码技术的推广和应用是从 20 世纪 80 年代开始的，目前已从商业零售领域向运输、物流、电子商务和产品追溯、消费支付、工业制造等多领域拓展，带动了条码产业的形成和发展。

商品编码作为商品流通的“身份证”和国际贸易的“通行证”，有效促进了国内国际双循环和经济社会高质量发展。要适应中国式现代化建设需要，以物品编码打通从“物”到“数”的入口，推动数字经济和实体经济深度融合。目前，我国商品条码系统成员数量已跃居全球第一，商品数据资源建设和电子商务应用走在世界前列。

条码技术的应用必须以信息分类编码为基础，而当前我国的物品编码体系很不完善，除了正在应用的商品条码的代码体系外，其他编码系统大都拓展性差、互不兼容、缺乏通用交换平台，从而影响行业、企业间的信息交换。为加强我国物品编码标准的统一归口管理，完善我国物品编码标准体系建设，在中国物品编码中心的积极推动下，2006 年 7 月 6 日，全国物品编码标准化技术委员会（编号为 SAC/TC 287）成立大会在北京召开。该委员会致力于建立我国物品编码体系，对推动我国信息化的建设起到了很好的促进作用。

当前我国的物品编码技术已经从一维条码向二维码不断变迁。随着移动通信、移动商务的热潮席卷全球，二维码作为一种信息容量大、应用方便的数据载体受到人们的广泛关注。二维码支付、二维码追溯、二维码营销等应用迅速进入千家万户的日常生活，政府、企业、消费者真切地体验到了信息技术带来的便捷，《商品二维码》等相关国家标准也相继制定发布，这一切都标志着我国二维码技术的高度成熟，该技术的发展持续为国民经济提供持续发展的原动力。

【知识链接 2-3】　全球二维码迁移计划

2020 年底，国际物品编码组织发起了一项全球倡议，与零售行业的龙头企业一起从传统商品条码过渡到二维码等新一代条码符号。目前此项计划已在中国、美国、澳大利亚和巴西等 20 多个国家和地区成功试点。2021 年，中国物品编码中心大力推广商品二维码及其相关应用，包括浙江在内的 20 多个主要分支机构已经加入该项目。

50 年前，商品条码的使用改变了人们购买和销售产品的方式。今天，随着新业务的发展和消费者需求的升级，也将给商品条码提出新的要求。因此，国际物品编码组织顺应需求发起了全球二维码迁移计划（Global Migration to 2D，GM2D），旨在通过一维商品条码向二维码的过渡引领世界各地行业发展。

国际物品编码组织总裁兼CEO Miguel A. Lopera表示，商品条码作为几乎用于所有产品的一维条形符号，每天被扫描超过60亿次，支持了当今全球复杂的商业贸易，简化了众多供应链流程，确保了数据在众多领域快速、高效和安全流动。然而，随着消费者、企业和监管机构对产品更多更好信息的需求，需要提升条码水平。开展全球二维码迁移计划对全世界来说至关重要，将使数以百万计的消费者和商业伙伴从中受益。

我国的零售业是条码识别技术应用最成熟的领域，商品条码的用户已达近百万家，全国有上亿种商品印有商品条码。大型超市和连锁便利店都采用了可读条码的POS机，大大促进了中国零售业产值的提高，同时也使物流业得到了飞速发展。

条码识别技术作为物流信息化的核心技术，在我国的应用实现了快速发展。近20年来，条码技术除了在商品零售、物流、电商、医疗卫生、食品追溯等领域被广泛应用外，在政府采购、企业生活资料和工业设备采购管理、工业化建造等领域逐步完善并得到应用。

目前，条码识别技术从商超等传统应用场景逐渐渗透到工业4.0等自动化的应用场景。传统条码扫描主要应用于商场、POS机、快递物流等，随着生产自动化的推进，条码扫描开始在工业4.0等自动化场景中扮演重要角色。在自动化生产中，工业条码扫描解决了人工数据输入的速度慢、误码率高、劳动强度大、工作简单重复性高等问题，为计算机信息处理提供了快速、准确的数据采集的有效手段。

当前，食品安全问题日益受到民众和政府部门的关注。2023年2月6日，中共中央、国务院印发的《质量强国建设纲要》强调，严格落实食品安全“四个最严”要求，实行全主体、全品种、全链条监管，确保人民群众“舌尖上的安全”。

条码技术在食品安全溯源方面的应用大有可为。中国物品编码中心协同相关部门，建立基于条码技术应用的我国食品安全与溯源体系。该体系以“农田到餐桌”的食品供应链过程为对象，以食品安全溯源中的信息编码、标签标识、信息交换用电子单证的内容及格式等为关键技术，提供一个完善的、物流与信息流同步的食品安全溯源方案，通过对食品的生产、加工、包装、储存、运输、销售等环节进行有效标识，保障消费者的健康和安全。

随着应用的深入，条码技术装备也朝着多功能、远距离、小型化、软硬件并举、安全可靠、经济适用的方向发展，出现了许多新型技术装备。具体表现为：条码识读设备向小型化与常规通用设备的集成化、复合化方向发展；条码数据采集终端设备向多功能、便携式、集成多种现代通信技术和网络技术的设备一体化方向发展；条码生成设备向专用和小批量印制方向发展。

目前，世界上从事自动识别技术及其系列产品的开发、生产和经营的厂商多达一万多家，开发经营的产品可达数万种，成为具有相当规模的高新技术产业。而我国条码产业经过近40年的发展，从无到有，从小到大，至今已具雏形。目前，我国从事条码识别技术的企业和科研院所已超过千余家，部分企业还开发出了具有自主知识产权的条码识别技术设备，并在利用国外先进技术和对产品进行二次开发和集成应用等方面也取得了重要的进展。随着国家经济发展和对工业自动化的需求，扫描设备识别行业市场规模持续提升。

华经产业研究院《2022年全球及中国条码扫描设备（条码识读设备）行业现状分析》

数据显示，2021 年全球条码扫描设备市场规模达到 23.44 亿美元，同比增长 7.72%。预计 2026 年全球条码扫描设备市场规模为 31.91 亿美元，2021—2026 年年均复合增长率为 6.36%。

国内条码扫描器市场快速发展，行业规模不断扩大。数据显示，2021 年国内条码扫描设备市场规模为 4.28 亿美元，同比增长 10.31%。预计 2026 年条码扫描设备市场规模将达 7.08 亿美元，2021—2026 年年均复合增长率为 8.95%，高于全球市场的年均增长率。

未来，条码识别技术行业发展趋势主要体现在四个方面——发展速度高、技术更新快、产业应用深化以及与物联网相结合。从市场发展程度看，条码技术的创新将推动市场继续保持高增长；从技术发展程度看，二维码作为数字经济发展中线上线下融合的关键入口，让商业成本更低廉，增值通道更畅通，将成为未来经济社会数字化转型的重要赋能技术之一；从产业应用深化方面看，条码识别技术与物联网相结合，实质是将 IT 技术充分运用在各行各业，将信息化进行到底，其大规模应用能有效促进工业化和信息化“两化融合”，促进传统产业的转型升级。因此，我国条码技术的发展和应用，在未来仍具有广阔和美好的前景。

【知识链接 2-4】　条码技术发展过程中的主要事件

- 1949 年，美国的 Woodland 申请了环形条码专利。
- 1960 年，美国提出铁路货车上用的条码识别标记方案。
- 1963 年，《控制工程》杂志 10 月号上发表了描述各种条码技术的文章。
- 1967 年，美国辛辛那提的一家超市首先使用条码扫描器。
- 1969 年，比利时邮政业采用荧光条码表示信函投递点的邮政编码。
- 1970 年，美国成立 UCC；美国邮政局采用长短形条码表示信函的邮政编码。
- 1971 年，第一个由英国 Plesssy 公司推出的欧洲码制——Plessey 码发布，该码制及系统最初是为国防部的文件处理系统而设计的，后来在图书管理中得到应用。
- 1972 年，美国提出库德巴码、交叉 25 码和 UPC 码。
- 1974 年，美国易腾迈（Intermec）公司提出 39 码。
- 1977 年，欧洲物品编码协会（European Article Numbering Association）正式成立，简称 EAN。欧洲建立了自己的欧洲物品编码系统（European Article Numbering System），简称 EAN 条码系统。
- 1978 年，第一台注册专利的条码检测仪 Lasercheck 2701 由美国的讯宝（Symbol）公司推出。
- 20 世纪 80 年代，日本推出第一台热转印 UPC 条码打印机。
- 1980 年，美国军事部门采纳 39 码作为其物品编码。
- 1981 年，国际物品编码协会成立；128 码被推荐使用。
- 1982 年，手持式激光条码扫描器实用化；美国军用标准 Military 标准 1189 被采纳；93 码开始使用。
- 1983 年，美国制定了 ANSI 标准 MH10.8M，包括交叉 25 码、39 码和 Codebar 码。
- 1984 年，美国制定医疗保健业用的条码标准。

- 1986 年，中国邮政确定采用条码信函分拣体制。
- 1987 年，美国的 David Allairs 博士提出 49 码。
- 1988 年，可见激光二极管研制成功；美国的 Ted Willians 提出适合激光系统识读的新颖码制——16K 码。
- 1988 年底，中国成立“中国物品编码中心”。
- 1990 年，美国国家标准 ANSI X 3.182《条码印制质量》颁布。同年，讯宝公司推出 PDF 417 二维条码。
- 1991 年 4 月，“中国物品编码中心”代表中国加入“国际物品编码协会”。
- 1991 年，中国研究制定了《三九条码》（GB/T 12908—1991）。2002 年，发布了新版本（GB/T 12908—2002），替代了 1991 年的版本。
- 1994 年，QR（quick response，快速响应）二维码由日本 Denso-Wave 公司发明，QR 码的标准 JIS X 0510 在 1999 年 1 月发布，而其对应的 ISO 国际标准 ISO/IEC 18004 则在 2000 年 6 月获得批准。根据 Denso Wave 公司的网站资料，QR 码属于开放式的标准，QR 码的规格公开。
- 1997 年，我国研究制定了《交叉二五条码》（GB/T 16829—1997）。
- 2005 年 2 月，随着美国统一代码委员会（UCC）和加拿大电子商务委员会（ECCC）相继加入国际物品编码协会，EAN International 正式向全球发布了更名信息，将组织名称正式变更为 GS1。
- 2007 年，具有我国自主知识产权的、特别适用于以汉字作为信息交换重要手段的新型二维码——汉信码的国家标准《汉信码》（GB/T 21049—2007）于 8 月 23 日由国家质检总局和国家标准化管理委员会发布。
- 2010 年，中国企业研制出全球首个二维码解码芯片。
- 2011 年 9 月，《汉信码》获得国际 AIM 标准化组织的批准，由国家标准上升为国际标准。
- 2020 年，国际物品编码组织顺应需求发起了全球二维码迁移计划（Global Migration to 2D，GM2D）。

第二节　条码识别技术的应用及现状

一、条码识别技术的优点

条码技术具有以下几个方面的优点。

（1）输入速度快。与键盘输入相比，条码输入的速度是键盘输入的 5 倍以上，并能实现“即时数据输入”。

（2）可靠性高。键盘输入数据的出错率为 1/300，利用光学字符识别技术的出错率为 $1/10^4$，而采用条码技术的误码率低于 $1/10^6$。

（3）采集信息量大。利用传统的一维条码一次可采集几十位字符的信息，二维条码则可以携带数千个字符的信息，并具有一定的自动纠错能力。

（4）灵活实用。条码标识既可以作为一种识别手段单独使用，也可以和有关识别设备组成一个系统来实现自动化识别，还可以和其他控制设备连接起来实现自动化管理。

此外，条码标签易于制作，对设备和材料没有特殊要求，识别设备操作容易，不需要特殊培训，而且设备也相对便宜。鉴于以上优点，条码识别技术被广泛地应用于各个领域。

在商业零售中的应用：POS 系统是商业销售点实时系统，该系统以条码为手段、计算机为中心，可以实现对商店的进、销、存的管理，快速反馈进、销、存各个环节的信息，为经营决策提供信息。

在仓储管理中的应用：立体仓库是现代工业生产中的一个重要组成部分，利用条码技术可以完成仓库货物的导向、定位、入格操作，提高识别速度，减少人为差错，从而提高仓库管理的水平。

条码技术还广泛地应用于交通管理、金融文件管理、商业文件管理、病历管理、血库血液管理以及各种分类技术方面。条码技术作为数据标识和数据自动输入的一种手段，已被人们广泛利用，渗透到计算机管理的各个领域。

条码标识基本上覆盖了所有产品。目前，世界各国正在把条码技术的发展重点向着生产自动化、交通运输现代化、金融贸易国际化、票证单据数字化、安全防盗防伪保密化等领域推进。除大力推行 13 位商品条码外，还重点推广应用 UCC/EAN-128 码、EAN • UCC 系统位置码、EAN • UCC 系统应用标识符、二维条码等。在介质种类上，除大多印刷在纸质介质外，还研究开发出金属条码、纤维织物条码、隐形条码等，这扩大了条码的应用领域，并保证了条码标识在各个领域、各种工作环境中的应用。

许多国家和地区已经投入大量资金，建立起地区或行业、国内或国际联通的电子数据交换系统，以提高现代化管理水平和在国际贸易中的竞争能力。随着条码技术不断向深度和广度发展，条码自动识别技术装备也正向着多功能、远距离、小型化，软件、硬件并举，信息传递快速、安全可靠，经济适用等方向发展，出现了许多新型的技术装备。

二、条码识别技术的典型应用

案例一：条码技术在无线仓储管理中的应用

随着制造业信息化技术的发展及应用的深入，大多数企业都建立了以产品数据管理（PDM[1]）及企业资源计划（enterprise resource planning，ERP）为核心的综合信息化管理系统。但是，在仓储管理的环节，由于缺少管理的现场化及精细化的技术手段，往往会造成信息数据与实物数据不一致的现象。

工程机械制造业仓储管理的基本要求为：

（1）实现先进先出、批次管理；

（2）入库、出库、配送数据准确、快速；

（3）库间转移、库位更改方便准确；

（4）现场实时动态的实物管理；

---

1 PDM：产品数据管理（product data management），是指以产品为中心，通过计算机网络和数据库技术，把企业生产过程中所有与产品相关的信息和过程集成起来进行管理的技术。

（5）方便的库存结构统计分析；

（6）与 ERP 紧密集成；

（7）确保账物相符。

ERP 仓储管理的物品编码原则一般为种类管理，即 1 种物品对应 1 个编码，从而无法实现对物品的批次管理。尽管有的 ERP 具备批次管理功能，但是由于缺少确保实物与数据一一对应的实物现场管理的有效手段，往往会出现账物不符的严重问题。引入条码技术及无线仓储管理系统是解决上述问题的有效途径，示意图如图 2-4 所示。

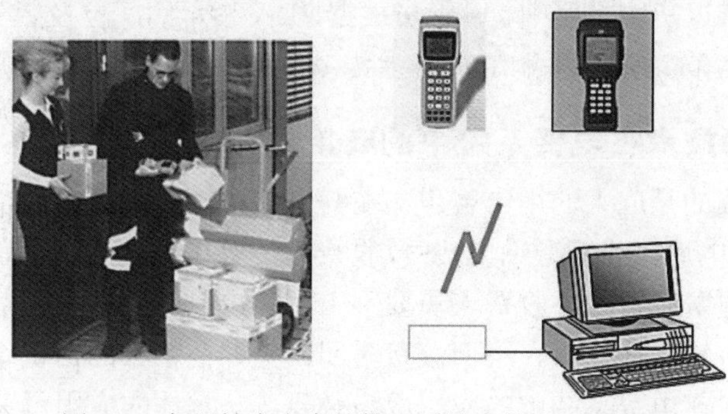

图 2-4　条码技术在仓储管理系统中的应用示意图

无线条码仓储管理系统对仓储管理的主要业务流程，包括采购入库、配送出库、销售退库、采购退货以及盘点。

1．采购入库

首先，仓库管理系统（warehouse management system，WMS）通过 ERP 接口服务接收 ERP 检验合格的收料单，并由检验部门依据合格数量打印并粘贴条码。然后，PDA[1]通过 PDA 接口服务自动获取待入库物品明细，库管员用 PDA 扫描物品条码，扫描库位，物品上架。最后，PDA 自动生成入库单并上传 WMS 和 ERP，完成入库流程。

2．配送出库

首先，WMS 通过 ERP 接口服务获得 ERP 发货通知单，WMS 根据发货仓库、客户、配送地点，按照先进先出的原则，组合或分解发货通知单，制作初次配送指示单。如果由于库存不足，使得部分物品没有制作配送指示时，可以待库存充足后制作补充配送指示单，进行补充配送。

然后，PDA 通过 PDA 接口服务自动获得待配送物品明细，库管员根据 PDA 指示的出库物品库位及数量用 PDA 扫描物品条码，物品下架。

最后，物品进入配送过程。配送到指定地点后，客户和配送人员进行现场收货，并在 PDA 上进行收料确认。如果确认数量与出库数量一致，PDA 自动生成出库单并上传 WMS 及 ERP；如果数量不一致，WMS 系统可以制作差异配送指示单，进行差异出库配送。

3．销售退库

销售退库（类似入库）可分两种方式，一种是使用退库物品原有条码，另一种是重新生成条码，两种方式的区别在于是 ERP 主导还是 WMS 主导。本系统采用退库重新生成打

1　PDA：个人数字助理（personal digital assistant），这是一种集中了计算机、电话、传真和网络等多种功能的手持设备。

印条码的方式，以 ERP 为主导，WMS 辅助执行。

首先，WMS 通过 ERP 接口服务接收 ERP 销售退库指示单，由检验部打印并粘贴物品条码。然后，PDA 通过 PDA 接口服务自动获得待退库的物品明细，库管员用 PDA 扫描物品条码，扫描库位，物品上架。最后，PDA 自动生成销售退库单上传 WMS 和 ERP，完成销售退库流程。

4. 采购退货

首先，由 WMS 通过 ERP 接口服务接收 ERP 采购退货指示单。然后，PDA 通过 PDA 接口服务自动获得待退货物品明细，库管员根据 PDA 指示的库位及数量扫描物品条码，物品下架。最后，PDA 自动生成采购退货单上传 WMS 和 ERP，完成采购退货流程。

案例二：条码技术在电费系统中的应用

供电企业所面临的是广大的用电客户，尤其是在实施一户一表后，出现了大量的居民客户。这些客户到供电局营业厅缴纳电费时，收费人员要在大量的电费票据当中手工查找，若不是当月电费则更费时费力。收费人员要手工将客户电费票据上的信息（如户号、电费日期、电费金额等）输入计算机，不但浪费时间，更存在很大的错误率。因此，方便、快捷、准确的条码技术在电费系统中的应用成为必要，其具体的应用示意图如图 2-5 所示。

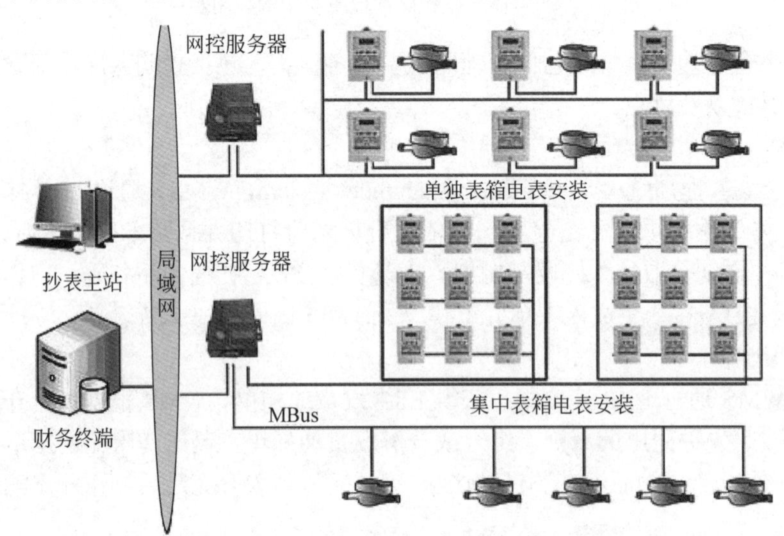

图 2-5　条码技术在电费系统中的应用示意图[1]

应用条码由条码符号设计、制作及自动识别系统的扫描阅读三步完成。在这三个步骤中，只有条码制作，即带有条码的电费票据的打印存在一定的困难。条码的具体生成和打印大致有以下几种方式：

- 应用专用条码打印机；
- 利用条码打印控件通过编程实现；
- 将条码作为图形，完全通过程序输出到普通打印机；
- 利用条码字体实现。

1　图片来源：中国自动识别网。

电费收据上的条码，应在数据完整的基础上力求简单。

第一，对电费收据上的信息进行归纳整理。其中，电费发生日期、客户户号及电费应收金额为收费系统所必需，同时也满足收费的需要。

第二，确定编码原则。在编码上，电费收费系统采用可表示数字和字母、并在管理领域应用最为广泛的39码，其中前4位为日期段，由年份的后两位和两位的月份组成；第5～12位为户号段，即客户的实际户号；第13～17位为金额段，由电费应收金额扩大100倍后形成，不足5位的前面补零。这样，就形成了共17位的条码，再在条码的前后各加一个“*”标识符，即可组成标准的39码。在条码的数字组成中，可以根据实际情况调整各个数字段的数据源和数字格式，以满足不同情况的需要。

第三，条码打印。条码编制好后，即可在票据打印的程序设计中实现。首先，按照上述原则形成条码字段，然后在报表设计中将条码字段的内容设置成合适的条码字体，再对字号等略加调整即可。需要指出的是，条码打印应尽量清晰，颜色也要鲜明，这样将大大提高条码的识别率。

按照上述方法，进行了相应的程序设计，调整了票据打印和收费系统，实现了条码在电费收费系统中的应用，并在实际应用中大大提高了收费人员的工作效率，取得了预期的效果。

案例三：条码技术在医院信息系统（HIS）中的应用

现代医学要求医疗机构收集、保存、加工、监督和管理大量的检验、治疗信息，而医院传统的手工抄写、热敏纸报告等方式形成的记录已远远跟不上现代检验医学的发展。即使是中文单机报告和实验室内部的联网，也只是将计算机单纯作为科室或部门接收、储存、打印或发送数据的处理器，没有充分利用计算机网络的资源优势，使计算机管理仅停留于单向网或科内网的状态。

条码技术在医院信息系统中的应用以浙江大学医学院附属邵逸夫医院为例进行说明。

浙江大学医学院附属邵逸夫医院成立于1994年，是香港知名实业家——邵逸夫爵士捐资、浙江省人民政府配套、美国罗马琳达大学医学中心协助管理的一所具有国内示范水准的现代化、综合性、研究型的三级甲类医院。

一流的医院需要一流的信息系统来提高整个医院的运作效率，邵逸夫医院将自动识别技术应用到检验科室，大大提高了医院的信息化管理水平。

1. 数据流程

该医院的检验数据主要集中在护士站和实验室之间（见图2-6）。护士站工作流程，即一份检验医嘱产生的过程包括：医嘱申请→核对后标签打印→样本采样→签字（工号、时间）→送检。

实验室工作流程，即一份检验医嘱在实验室内部流动的过程包括：样本接收→确认自动收费→分发至各小组→任务清单形成→上机测定→结果审核→相应护士站定时打印。

实验室维护和质控流程包括：维护操作（如，清洗仪器、擦洗工作台、记录温度、准备清洁剂、仪器定标等）→质控上机测定→核收质控结果。

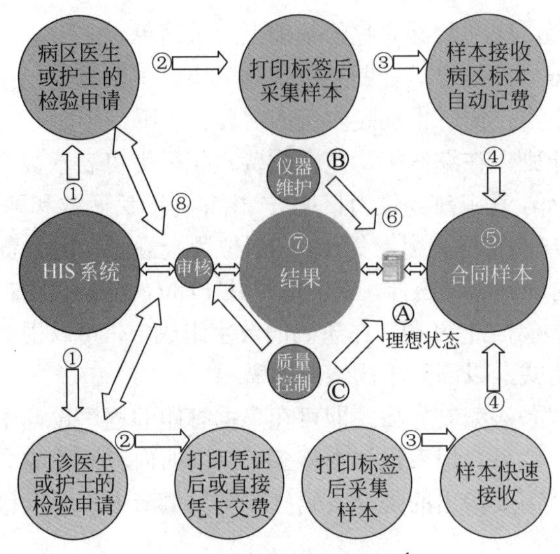

图 2-6　医院数据流程图[1]

2. 实施方案

实验室日常工作中常用到医嘱号和标本号。医嘱号是申请者开出的检验医嘱，是在实验室管理信息系统（LIS）执行时生成的流水号，它对应检验医嘱执行表中的一条记录。标本号是操作者在分析标本时编的号码。医嘱号与标本号是一对一关系，医嘱号或是标本号采用条码技术，分析仪、设备可以自动识别标本，结合 LIS，提高了实验室的自动化程度。在实验室常用一维条码，条码贴在圆形的试管上，以保证识别率。条码标签由专门厂家定做，选用厚度薄、黏性好、防静电处理的材料。由于信息是动态的，条码只能用专用条码打印机现场打印。条码打印采用工业条码打印机打印，条码清楚，既代替原来需手工写的申请单，又代替采样后贴在试管或容器上的标签，便于检验仪器识别。条码须竖贴，倾斜角度不得超过 15°。

条码标签采用二联或三联，一联贴在试管或容器上，另外一联留底或是给患者，减少了手工登记。而且采用取单证标签方式，患者可以清楚地知道报告时间和取单地点。

门诊服务台配置条码阅读器，患者可以扫描取单凭证标签，自动打印单据。

检验科工作站配备手持条形码阅读器，用于快速、准确读取条码。LIS 可以根据条码，查询标本信息、分析仪上的状态等所有与标本有关的信息。

为了区分如急诊、住院和门诊的标本，可以采用不同颜色碳带的方式，如急诊室的打印机全部用红色碳带，条码为绿色，标本送到检验科后，很容易区分，便于尽快处理急诊标本。不过由于非黑色碳带价格相对较高（是黑色的 5～10 倍），目前采用较少。

3. 设备选型

根据浙江大学医学院附属邵逸夫医院的实际情况以及数据流程和方案的特点，系统集成商对该项目的设备进行了选择。

服务器操作系统选用 Windows 2000 Advance Server、UNIX、Linux 等；数据库软件以 Microsoft SQL Server 2000、Oracle、Access 等为主；工作站操作系统则选用 Windows 98、

1　图片来源：RFID 世界网。

Windows 2000/XP 等；程序开发工具为 PowerBuilder、Delphi、VB 等。

服务器、工作站、打印机及用卡硬件设备指标根据医院规模做相应配置。

对条码相关设备及耗材，本着合理高效的原则进行采购。条码打印机选择 Zebra TLP2844，该机具有打印速度快、操作简单，内存可扩充，适用于各种一维条码及 MaX i Code、PDF417、Datamatrix 二维条码等特点，并充分考虑了系统的可扩展性。此外，该机 LAN/Ethernet via EPL PrintServer 可选，具备独特简便的 EPC2 编程语言。该项目对所需要的条码阅读器、碳带、标签等也都进行了配套选型。

自动识别技术在浙江大学医学院附属邵逸夫医院的应用取得了明显的应用效果。

（1）实现了真正的全自动操作。将条码技术成功地移植到检验分析的过程中，使得仪器能够识别标本的有关信息，自动按条码信息或是主机发送的信息执行各种操作，去除了人工在仪器上输入各种检测指令的过程，简化了工作程序，使全自动分析成为现实。

（2）减少了人为误差。条码的应用，使得抽血的原始试管贴上条码经过离心后，即可以直接放入仪器，进行测试。这就避免了分离血清时可能出现的搞错标本、不同标本间的相互污染等人为误差，提高了结果的准确度。

（3）增加了操作的灵活性。计算机和 HOST 之间的实时双向通信使得操作更加灵活。必要时，在其中的任意一台计算机上都可以发出一定的指令，如令仪器复查某个项目等。

（4）减轻工作量，提高工作效率和检验质量。在标本采集时贴上条码，根据条码来完成标本分类、传送资料、分析仪双向通信、审核结果、查询报告、保存标本等实验室常规操作。条码是实验室操作中的唯一识别信息。与分析仪双向通信，简化了实验室的工作流程。

条码技术在检验科中的应用，有效地提高了工作效率、结果的可靠性及自动化程度，是实验室未来发展的方向。

案例四：条码在制造业中的应用

1．应用背景

制造执行系统（manufacturing execution system，MES）是连接企业顶层计划系统与底层设备的桥梁，及时准确的生产现场数据是支撑整个 MES 运转的基本保证。由于产品生产过程中对生产进度的反馈和控制困难，生产管理者难以及时掌握生产能力和生产状况，难以控制生产进度，直接造成了产品交付拖期、设备利用率和生产效益降低、成本难以控制等问题。生产现场的数据采集能否及时且准确，已经成为制约 MES 在国内企业推广的瓶颈。

2．功能分析与设计

对车间生产业务流程和企业管理层对生产信息的需求进行分析，得出本设计的条码系统，主要包括 3 个功能模块：条码制作、现场数据采集、信息查询统计，一些功能模块又分为若干个子模块。系统的功能模块示意图如图 2-7 所示。

1）条码制作

（1）条码信息维护。目的是对所选的条码所表征的实体对象的基本信息进行及时维护及按预定的编码规则对条码所表征的对象进行编码。其中，基本信息包括人员、设备、零件和零件批次。由于生产现场信息是动态变化的，因此要求基本信息维护的实时性非常强。

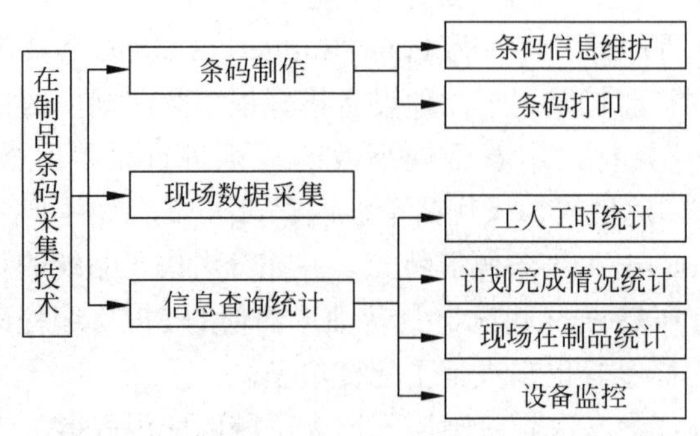

图 2-7　在制品条码采集系统的功能模块示意图

为了保证信息的准确，必须及时响应实体对象所包含的基本信息发生的变化，数据要及时维护，防止由于基本信息维护不及时导致的信息采集滞后和失真。

（2）条码打印。用户可选择自己开发条码标签的打印程序，运用普通打印机打印条码标签；也可采用专用条码打印机。专用条码标签打印机具有打印条码标签速度快、质量高，打印质量稳定，程序开发简单的优势。虽然专用条码打印机前期投资较大，但后期打印条码标签的成本相对低廉，与普通打印机墨盒的消耗量大形成鲜明对比。所以，本系统选择专用条码打印机，在现场按实际需要，实时印制不干胶条码标签。

2）现场数据采集

现场数据采集模块实现了系统人机接口功能，要求生产现场的工人每天根据自己的工作内容将零件加工信息、设备信息、工作状况信息等如实输入 MES 系统。根据生产现场的工人素质参差不齐、操作系统时间有限的实际情况，要求现场数据采集具有操作流程简单、操作方法简单易学、需要手工录入的信息尽可能少、人机对话界面友好、系统数据的安全性高等特点。同时，系统要有数据验证功能，以实现对录入数据的实时校验，防止错误数据进入系统，杜绝出现一个加工内容重复录入而造成的现场在制品统计不准确和工时统计不准确等现象，保证工人在完成繁重的加工任务的同时，将生产数据及时准确地输入 MES。

3）信息查询统计

（1）工人工时统计。根据工人加工零件的合格数量和零件工艺信息，统计工人实际加工所得工时；根据工人节假日和平时加班以及工人停工、缺勤、多人协作情况，调整工人所得工时。在此基础上，根据不同的时间跨度和部门编制，统计不同时间范围内的各级部门及个人的加工工时总量。

（2）计划完成情况统计。根据工人每天实际加工数量与计划派工数量的对比，统计每个工人的计划完成情况和各班组、工段的总计划完成情况。

（3）现场在制品统计。根据实时统计的零件加工信息，统计出现场生产零件的在制品信息，包括零件在制品总数、在各加工工序的分布情况、零件各生产批次的加工进度等。

（4）设备监控。根据加工零件使用设备和加工零件所用的时间，统计每台设备的使用情况、利用率和负荷。

案例五：条码在票务系统中的应用

条码票务管理系统将条码制作识别技术和计算机票务信息管理相结合，使传统手工售票工作电子化，同时使票务管理工作走向全面自动化、规范化，能够从根本上解决票据查询难、售票劳动强度大的现状，提高票据管理效率和对客户的服务质量。如图 2-8 所示为印有一维条码的旧火车票和印有二维条码的新火车票。如图 2-9 所示为票务系统应用流程示意图。

图 2-8　新旧火车票对比图

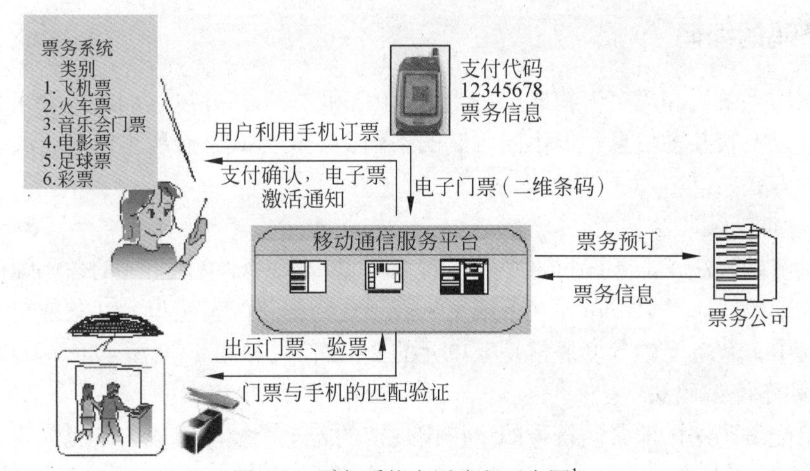

图 2-9　票务系统应用流程示意图[1]

条码票务管理系统的主要功能如下所述。

（1）售票管理。可以根据不同场次、不同票种，售出不同的门票，输出门票时，自动打印条码。可提供相关售票信息的查询，以辅助售票工作的开展，方便售票员进行查询统计。

（2）检票、退票管理。提供入口处的检票功能，实现实时与批处理检票，提供相关检票信息的提示，以辅助检票员的接待工作，或方便观众有疑问需要服务时进行查询。对于退票进行严格的校验，对非法的票据予以杜绝。

1　图片来源：中国自动识别网。

（3）售票实时监控。为控制观众流量，提供售票控制功能，可设定限制一种或多种门票的出票数量，实时判断达到出票限量时，提示售票员并锁定该票种的售票。

（4）票务结算。提供票务收银报表。当每一个售票员当班结束后，将票款交至财务部时，财务部即可从计算机中查看票务销售明细表。可按场次及日期输出各经营部门售票员的票务收银明细表、日营业收入报表和出票情况汇总表。能够统计已销售且已入场的门票情况。可汇总出售数量和总金额，包括按票种、售票窗等分别统计，统计结果可打印。提供按团体统计的票务结算报表，财务部可从计算机中输出所有团体的票务结算汇总表及明细表。

（5）票务综合查询。实时查询门票出售数量和收入情况，包括分售票窗、门票种类等不同情况的查询。实时查询观众的入场情况等。

（6）决策分析。条码票务系统提供对票务数据直观的图形分析能力，如直方图、折线图、圆饼图及二维或三维的图形，使管理者能够更加形象地对数据加以分析、对比。

第三节　条码识别技术基础

一、条码的符号表示

1．条码的编码

条码利用“条”和“空”构成二进制的“0”和“1”，并以它们的组合来表示某个数字或字符，以反映某种信息。但不同码制的条码在编码方式上有所不同，一般有以下两种不同的编码方式。

1）宽度调节编码法

宽度调节编码法，即条码符号中的条和空由宽、窄两种单元组成的条码编码方法。按照这种方式编码时，是以窄单元（条或空）表示逻辑值“0”，宽单元（条或空）表示逻辑值“1”，其中，宽单元的宽度通常是窄单元的2～3倍，如图2-10所示。

2）模块组配编码法

模块组配编码法，即条码符号的字符由规定的若干个模块组成的条码编码方法。按照这种方式编码，条与空是由模块组合而成的，一个模块宽度的“条”模块表示二进制的“1”，一个模块宽度的“空”模块表示二进制的“0”，如图2-11所示。

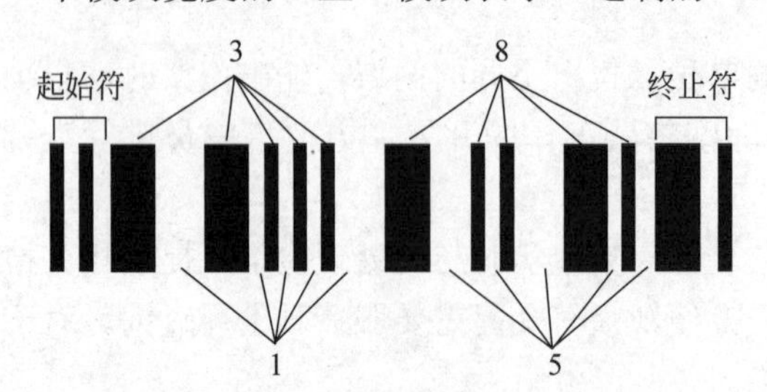

图2-10　宽度调节编码法条码符号结构[1]

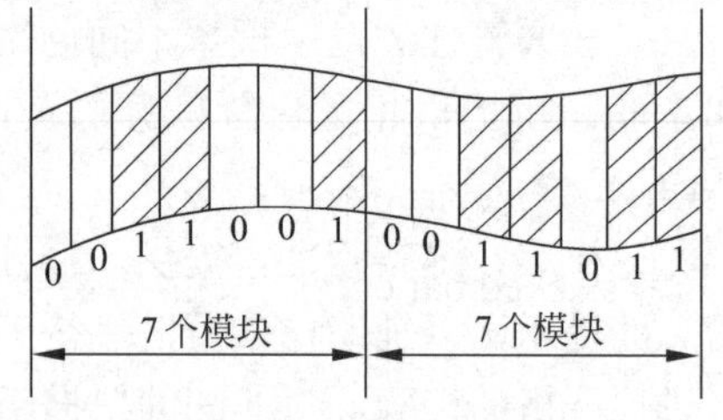

图2-11　模块组配编码法条码符号结构

1　图片来源：中国物品编码中心网站。

2. 条码的符号结构

条码符号通常由左右侧空白区、起始字符、数据字符、校验字符、终止字符等构成，具体结构如图 2-12 所示。

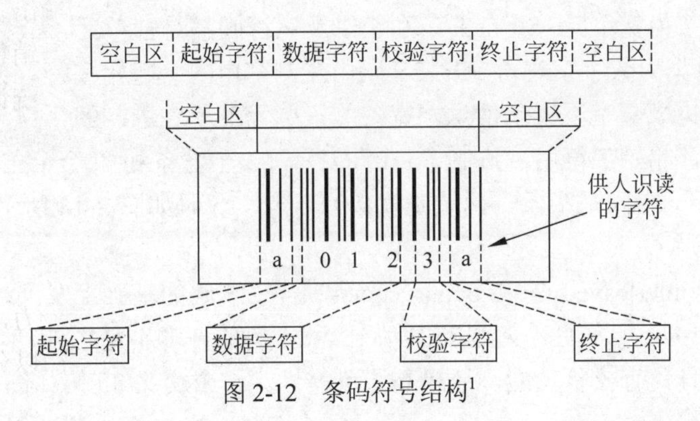

图 2-12　条码符号结构[1]

- 左侧空白区：位于条码左侧无任何符号的空白区域，主要用于提示扫描器准备开始扫描。
- 起始字符：条码字符的第一位字符，用于标识一个条码符号的开始，扫描器确认此字符存在后，开始处理扫描脉冲。
- 数据字符：位于起始字符后的字符，用来标识一个条码符号的具体数值，允许双向扫描。
- 校验字符：用来判定此次扫描是否有效的字符，通常是一种算法运算的结果。扫描器读入条码进行解码时，对读入的各字符进行运算，如果运算结果与校验码相同，则判定此次识读有效。
- 终止字符：位于条码符号右侧，表示信息结束的特殊符号。
- 右侧空白区：在终止字符之外的无印刷符号的空白区域。

二、条码的种类及主要码制介绍

条码可分为一维条码和二维条码。一维条码必须与计算机的数据库联系起来应用；二维条码具有比一维条码更多的信息容量，自身可以携带文字信息，如商品的制造厂家、名称、生产日期、图书分类号、邮件起止地点、类别、日期等，它不需要与计算机数据库联系就能翻译出条码的含义。

一维条码是通常我们所说的传统条码，按其应用可分为商品条码和物流条码。商品条码包括 EAN 码和 UPC 码，物流条码包括 128 码、ITF 码、39 码、库德巴码等。

二维条码根据其构成原理、结构形状的差异，可分为两大类型：一类是行排式二维条码（2D stacked bar code）；另一类是矩阵式二维条码（2D matrix bar code）。

1　图片来源：中国物品编码中心网站。

1. 一维条码

1）25 码

25 码是一种只用条表示信息的非连续型条码，每一个条码字符由规则排列的 5 个条组成，其中有两个条为宽单元，其余的条和空以及字符间隔是窄单元，故称之为“25 码”。

25 码的字符集为数字字符 0～9。25 码由左侧空白区、起始字符、数据字符、终止字符及右侧空白区构成。空不表示信息，宽条的条单元表示二进制的“1”，窄条的条单元表示二进制的“0”，起始字符用二进制“110”表示（2 个宽条和 1 个窄条），终止字符用二进制“101”表示（中间是窄条，两边是宽条）。一个 25 码如图 2-13 所示。

2）交叉 25 码

交叉 25 码（interleaved 2 of 5 bar code）是在 25 码的基础上发展起来的，由美国的 Intermec 公司于 1972 年发明。交叉 25 码弥补了 25 码的许多不足之处，不仅增大了信息容量，而且由于自身具有校验功能，还提高了可靠性。一个交叉 25 码如图 2-14 所示。

图 2-13　25 码举例

图 2-14　交叉 25 码举例

交叉 25 码起初广泛地应用于仓储及重工业领域，1987 年，开始用于运输包装领域。1987 年日本引入了交叉 25 码，用于储运单元的识别与管理。1997 年，我国也研究制定了交叉 25 码的国家标准（GB/T 16829—1997），主要应用于运输、仓储、工业生产线、图书情报等领域的自动识别管理。目前，该标准已作废，被 GB/T 16829—2003 取代。

3）39 码

39 码（code 39）是 1975 年由美国的 Intermec 公司研制的一种条码，它能够对数字、英文字母及其他字符等 44 个字符进行编码。由于具有自检功能，39 码具有误读率低等优点，首先在美国国防部得到应用。一个 39 码如图 2-15 所示。

图 2-15　39 码举例

目前，39 码广泛应用在汽车、材料管理、经济管理、医疗卫生和邮政、储运等领域。我国于 1991 年研究制定了 39 码的国家标准（GB/T 12908—1991），2002 年发布了新版本（GB/T 12908—2002），替代了 1991 年的版本，推荐在运输、仓储、工业生产线、图书情报、医疗卫生等领域应用 39 码。

39 码的每 1 个条码字符由 9 个单元组成（5 个条单元和 4 个空单元），其中 3 个单元是宽单元（用二进制“1”表示），其余是窄单元（用二进制“0”表示），故称之为“39 码”。

4）库德巴码

库德巴码是于 1972 年研制出来的，广泛地应用于医疗卫生和图书馆行业，也用于邮政快件上。美国输血协会还将库德巴码规定为血袋标识的代码，以确保操作准确，保护人类的生命安全。

一个库德巴码如图 2-16 所示，由左侧空白区、起始字符、数据字符、终止字符及右侧空白区构成。它的每一个字符由 7 个单元组成（4 个条单元和 3 个空单元），其中 2 个或 3 个是宽单元（用二进制“1”表示），其余是窄单元（用二进制“0”表示）。

库德巴码字符集中的字母 A、B、C、D 只用于起始字符和终止字符，其选择可任意组合。

5）商品条码

商品标识代码（identification code for commodity）是由国际物品编码协会（EAN）和美国统一代码委员会（UCC）规定的、用于标识商品的一组数字，包括 EAN/UCC-13 码、EAN/UCC-8 码和 UCC-12 码。

（1）EAN/UCC-13 码

EAN/UCC-13 码的标准码共 13 位数，由“国家代码”、“厂商代码”、“产品代码”以及“校正码”组成，具体结构说明见表 2-1 和表 2-2。EAN/UCC-13 码主要应用于超级市场和其他零售业，因此，这种码是我们平时比较常见的，随便拿起身边的一个从超市买来的商品都可以从包装上看到。比如：中华人民共和国可用的国家代码为 690～695，如图 2-17 所示。

图 2-16 库德巴码符号结构[1]

图 2-17 EAN13 商品条码举例

表 2-1 EAN/UCC-13 码的结构构成

结构种类	厂商识别代码	商品项目代码	校验码
结构一	×13 ×12 ×11 ×10 ×9 ×8 ×7	×6 ×5 ×4 ×3 ×2	×1
结构二	×13 ×12 ×11 ×10 ×9 ×8 ×7 ×6	×5 ×4 ×3 ×2	×1
结构三	×13 ×12 ×11 ×10 ×9 ×8 ×7 ×6 ×5	×4 ×3 ×2	×1

表 2-2 EAN/UCC-13 码的结构说明

名称	描　述	备　注
国家代码（前缀码）	由 2～3 位数字（×13×12 或×13×12×11）组成	EAN 已将 690～695 分配给中国使用
厂商代码	由 7～9 位数字组成	由中国物品编码中心负责分配和管理，统一分配、注册，因此，编码中心有责任确保每个厂商的识别代码在全球范围内是唯一的
产品代码	由 3～5 位数字组成	由厂商负责编制，由 3 位数字组成的商品项目代码为 000～999，共有 1000 个编码容量，可标识 1000 种商品；同理，由 4 位数字组成的商品项目代码可标识 1 万种商品；由 5 位数字组成的商品项目代码可标识 10 万种商品
校正码（校验位）	根据编码规则计算得出	

（2）EAN/UCC-8 码

EAN/UCC-8 码是用于标识小型商品的，由 8 位数字组成，其中，×8×7×6 为前缀码，结构说明见表 2-3。计算校验码时只需在 EAN/UCC-8 码前添加 5 个“0”，然后按照

1 图片来源：21 世纪电子商务网校网站。

EAN/UCC-13 码中的校验位计算即可。值得注意的是，EAN/UCC-8 码用于商品编码的容量很有限，应慎重使用。

表 2-3　EAN/UCC-8 码的结构

商品项目识别代码	校　验　码
×8 ×7 ×6 ×5 ×4 ×3 ×2	×1

（3）UCC-12 码

UCC-12 码可以用 UPC-A 码和 UPC-E 码的符号表示。

UPC-A 码的代码结构说明见表 2-4。

厂商识别代码：由左起 6～10 位数字组成，其中×12 为系统字符。

商品项目代码：由 1～5 位数字组成。

校验码：校验码为 1 位数字，计算方法同 EAN/UCC-13 码。

表 2-4　UPC-A 码的结构

厂商识别代码和商品项目代码	校　验　码
×12 ×11 ×10 ×9 ×8 ×7 ×6 ×5 ×4 ×3 ×2	×1

UPC-E 码所表示的 UCC-12 码由 8 位数字（×8～×1）组成，是将系统字符为“0”的 UCC-12 码进行消零压缩所得。其中，×8～×2 为商品项目识别代码；×8 为系统字符，取值为 0；×1 为校验码，校验码为消零压缩前 UPC-A 码的校验码。

6）标识代码 GTIN

GTIN 是全球贸易项目代码（global trade item number），是编码系统中应用最广泛的标识代码。贸易项目是指一项产品或服务。GTIN 是为全球贸易项目提供唯一标识的一种代码（称代码结构）。GTIN 有四种不同的代码结构：GTIN-13、GTIN-14、GTIN-8 和 GTIN-12。这 4 种结构可以对不同包装形态的商品进行唯一编码。

标识代码无论应用在哪个领域的贸易项目上，每一个标识代码必须以整体方式使用。完整的标识代码可以保证在相关的应用领域内全球唯一。对贸易项目进行编码和符号表示，能够实现商品零售（POS）、进货、存补货、销售分析及其他业务运作的自动化。

GTIN 这种编码为 EAN/UCC-14 代码结构，对应 ITF-14 条码。它的编码规则是单品的 EAN/UCC-13 代码加包装指示符。具体解释如下：假如产品的 UPC 码是 8 12751 00850 7，要先变成 EAN-13 代码，方法是直接在前面加一位数字 0，产品的 EAN 代码就是 0 812751 008507。同种产品不同的包装形式，其外箱条码即可在 EAN-13 的基础上，前面加一位包装指示符，既可以区别不同的包装级别（大箱套小箱），也可以区别不同的包装类型（纸箱、塑料箱），还可以区别不同的包装数量（20 件一箱、40 件一箱），包装指示的数字为 1～8。

【知识链接 2-5】　一维条码识别技术的特点

（1）简单。条码符号制作容易，扫描操作简单易行。

（2）信息采集速度快。扫描录入信息的速度是键盘录入速度的 20 倍。

（3）可靠性高。采用条码扫描录入比键盘录入的误码率低。

（4）灵活、实用。例如超市中生鲜食品可以使用店内码，而且在自动识别设备不能识别条码或扫描设备有故障时，也可以通过手工键盘输入实现销售。

（5）自由度大。一维条码上所表示的信息完全相同并且连续，这样，即使标签有部分欠缺，仍能实现正确的信息输入。

（6）成本低。条码自动识别系统与射频自动识别系统相比，其识别符号成本以及设备成本都非常低，一个条码符号成本通常在几分钱之内，大批量印刷就更加经济，这使得条码技术在某些应用领域有着无可比拟的优势。

2. 二维条码

二维条码技术是在一维条码无法满足实际应用需求的前提下产生的。由于受信息容量的限制，一维条码通常是对物品的标识，而不是对物品的描述。

二维码（2-dimensional bar code）是用某种特定的几何图形按一定规律在平面（二维方向上）分布的黑白相间的图形来记录数据符号信息的；在代码编制上，巧妙地利用构成计算机内部逻辑基础的“0”“1”比特流的概念，使用若干个与二进制相对应的几何形体来表示文字数值信息，通过图像输入设备或光电扫描设备自动识读来实现信息的自动处理。二维条码能够在横向和纵向两个方位同时表达信息，因此，能在很小的面积内表达大量的信息。

国外对二维条码技术的研究始于 20 世纪 80 年代末。在二维条码符号表示技术研究方面，已研制出多种码制，常见的有 PDF417、QR Code、Code 49、Code 16K、Code One 等。这些二维条码的密度都比传统的一维条码有了较大的提高，如 PDF417 的信息密度是一维条码 39 码的 20 多倍。美国、日本等国的设备制造商生产的识读设备、符号生成设备，已广泛地应用于各类二维条码应用系统。

在我国，二维码由于具有方便、安全、可传递信息量大的特点，在现代生活中扮演着越来越重要的角色。移动支付已经成为消费者的生活习惯，名片、产品包装、书籍、展示牌、门票等各个生活领域都可以看到二维码的应用。除此之外，二维码还在我国的汽车行业的自动化生产线、医疗急救服务卡、涉外专利案件收费、火车票、珠宝玉石饰品管理及银行汇票上得到了广泛应用。

我国香港特别行政区已将二维条码应用在特别行政区的护照上。

1）二维条码简介

二维条码通过水平和垂直两个方向表示信息，可以承载大量数据。一维条码与二维条码的对比如图 2-18 所示。如图 2-19 所示为一些典型的二维码。

2）二维条码的特点

二维条码除了左右（条宽）的粗细及黑白线条有意义外，上下的条高也有意义。与一维条码相比，由于左右（条宽）、上下（条高）的线条皆有意义，故可存放的信息量比较大。

二维条码的主要特点是信息容量大、安全性高、读取率高、错误纠正能力强等。

对于行排式二维条码可用线扫描器多次扫描识读，而对于矩阵条码仅能用图像扫描器识读。一维条码通常是对物品的标识，而二维条码是对物品的描述。

一维条码
表示信息
不表示信息
二维条码
表示信息
表示信息
表示信息
表示信息

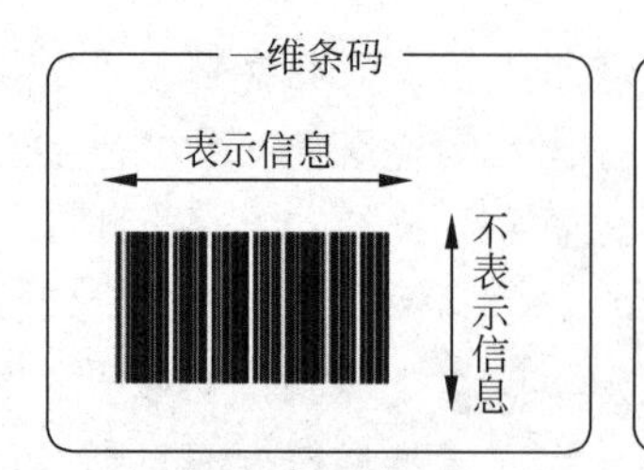

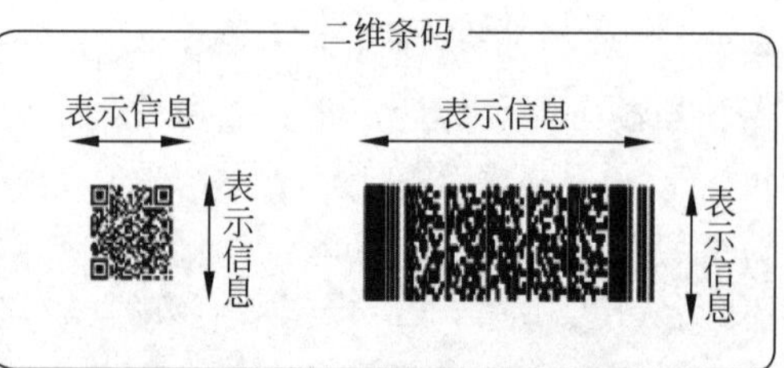

符号类型	一维条码	二维条码
数据类型	文字和数字	文字、数字、二进制
数据容量	大约20字符	大约2000字符
数据密度	1	20~100
数据修复能力	无	有

图 2-18　一维条码与二维条码的对比

Data Matrix码
Maxi码
Aztec码
QR码
Veri码
PDF417码
Ultra码
49码
16K码

图 2-19　典型的二维条码

3）二维条码的分类

二维条码通常分为以下两种类型：行排式二维条码和矩阵式二维条码。

（1）行排式二维条码

行排式二维条码（又称堆积式二维条码或层排式二维条码），其编码原理是在一维条码基础上，按其需要堆积成二行或多行的。

它在编码设计、校验原理、识读方式等方面继承了一维条码的一些特点，识读设备与条码印刷与一维条码技术兼容。但由于行数的增加，需要对行进行判定，其译码算法与软件也不完全同于一维条码。有代表性的行排式二维条码有 PDF417 码（见图 2-20（a））、49 码（见图 2-20（b））、16K 码（见图 2-20（c））等。

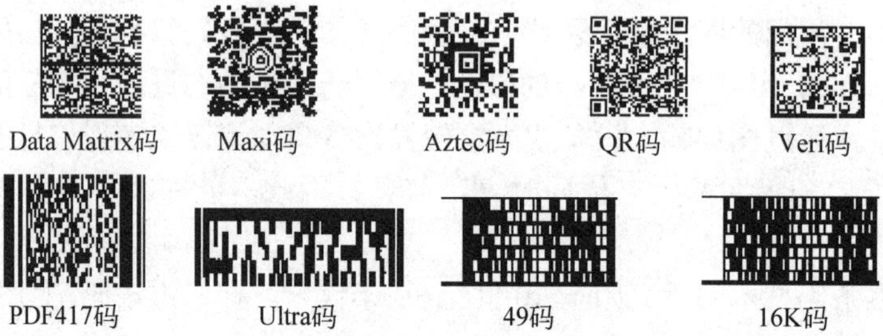

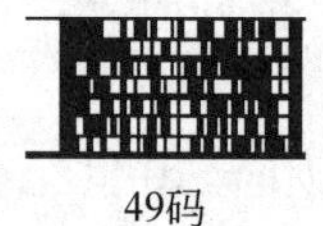

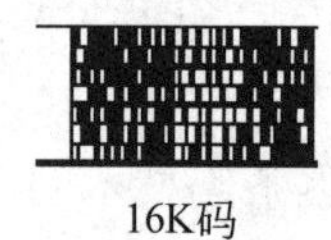

(a)
(b)
(c)

图 2-20　常见的行排式二维条码

（2）矩阵式二维条码

矩阵式二维条码（又称棋盘式二维条码）是在一个矩形空间内，通过黑、白像素在矩阵中的不同分布进行编码的。

在矩阵相应元素位置上，用点（方点、圆点或其他形状）的出现表示二进制的“1”，点的不出现表示二进制的“0”，点的排列组合确定了矩阵式二维条码所代表的意义。矩阵式二维条码是建立在计算机图像处理技术、组合编码原理等基础上的一种新型图形符号自动识读处理码制。具有代表性的矩阵式二维条码有：QR码（见图2-21（a））、Data Matrix码（见图2-21（b））、Maxi码（见图2-21（c））、One码等。

(a)

(b)

(c)

图2-21　常见的矩阵式二维条码

4）常用的二维条码举例

（1）PDF417码

PDF417码是由留美华人王寅敬（音）博士发明的。PDF取自英文Portable Data File三个单词的首字母，意为“便携式数据文件”。因为组成条码的每一符号字符都由4个条和4个空共17个模块构成，故称为PDF417码。

PDF417码是一种多层、可变长度、具有高容量和纠错能力的二维条码。每一个PDF417码符号可以表示1100B，或1800个ASCII字符，或2700个数字的信息。

（2）QR码

QR码由日本Denso-Wave公司在1994年研制。2000年6月，QR码的国际标准《自动识别与数据采集技术—条码符号技术规范—QR码》（ISO/IEC 18004：2000）获得批准发布。QR码属于开放式的标准，QR码的规格公开。支付宝、微信等支付码采用的就是QR码。

QR码能实现超高速识读（是PDF417码的10倍）和全方位识读，能够有效表示中国汉字和日本汉字（1817字符），数字型字符（0～9），字母数字型数据（数字0～9、大写字母A～Z），9个其他字符（Space、$、%、*、＋、－、.、/、：），21×21模块～177×177模块，可用1～16个QR码连接，扩大信息表示规模，具有极强的纠错能力。一个QR码如图2-22所示。

图2-22　QR码在售后零件标签上的应用

（3）RSS-14系列码

RSS-14系列码对应用标识符AI（01）单元数据串进行编码。

RSS-14系列码有4种版本：RSS-14码（见图2-23（a））、截短式RSS-14码（见图2-23（b））、层排式RSS-14码（见图2-23（c））和全方位层排式RSS-14码（见图2-23（d）），所有4种版本采用同样的方式进行编码。层排式RSS-14码是RSS-14码的一个变体，在应用中当RSS-14码太宽时，可以进行两行堆叠。它有两个版本：适宜于小项目标识的截短版本和适用于全方位扫描器识别的高级版本。

另有限定式RSS码（见图2-23（e））和扩展式RSS系列码。

限定式RSS码也是对应用标识符AI（01）单元数据串进行编码。这个单元数据串是建立在UCC-12码、EAN/UCC-8码、EAN/UCC-13码或EAN/UCC-14码的数据结构基础上的。然而，当使用EAN/UCC-13码或EAN/UCC-14码数据结构时，只允许指示符的值为1。当指示符数值大于1时，必须使用RSS-14系列码来表示EAN/UCC-14码的数据结构。

扩展式RSS系列码是长度可以变化的线形码制，能够对74个数字字符或41个字母字符的AI单元数据串数据进行编码。扩展式RSS码主要是为POS系统和其他应用系统中项目的主要数据和补充数据进行编码而设计的。它除了可以被全方位槽式扫描器扫描外，还具有和UCC/EAN-128码相同的作用。扩展式RSS码主要是为重量可变的商品、易变质的商品、可跟踪的零售商品和代金券设计的。

图2-23　RSS-14系列码

【知识链接2-6】　　汉信码简介

汉信码是一种全新的二维矩阵码，由中国物品编码中心牵头组织相关单位合作开发，具有完全的自主知识产权。2007年成为国家标准，2011年上升为国际标准。2022年国家标准化委员会发布《汉信码》国家标准GB/T 21049—2022代替GB/T 21049—2007，该修订是按照《标准化工作导则 第1部分：标准化文件的结构和起草规则》（GB/T 1.1—2020）对2007年首次发布的《汉信码》国家标准的第一次修订。

和国际上其他二维条码相比，汉信码更适合汉字信息的表示，而且可以容纳更多的信息。它的主要技术特色如下所述。

（1）具有高度的汉字表示能力和汉字压缩效率。汉信码支持GB 18030—2022中规定的160万个汉字信息字符，并且采用12B的压缩比率，每个符号可表示12～2174个汉字字符。

（2）信息容量大。在打印精度支持的情况下，每平方英寸[1]最多可表示7829个数字字符、2174个汉字字符或4350个英文字母字符。

（3）编码范围广。汉信码可以将照片、指纹、掌纹、签字、声音、文字等凡可数字化的信息进行编码。

1　1英寸（in）=25.4mm。

（4）支持加密技术。汉信码是第一种在码制中预留加密接口的条码，它可以与各种加密算法和密码协议进行集成，因此具有极强的保密防伪性能。

（5）抗污损和畸变能力强。汉信码具有很强的抗污损和畸变能力，可以被附着在平面或桶状物品上，并且可以在缺失两个定位标的情况下进行识读。

（6）纠错能力强。汉信码采用世界先进的数学纠错理论，采用太空信息传输中常采用的 Reed-Solomon 纠错算法，纠错能力可以达到 30%。

（7）可供用户选择的纠错能力。汉信码提供 4 种纠错等级，使得用户可以根据自己的需要，在 8%、15%、23%和 30%的 4 种纠错等级上进行选择，从而具有高度的适应能力。

（8）易制作且成本低。利用现有的点阵、激光、喷墨、热敏/热转印、制卡机等打印技术，即可在纸张、卡片、PVC 甚至金属表面上打印出汉信码。由此所增加的费用仅是油墨的成本，可以真正称得上一种“零成本”技术。

（9）条码符号的形状可变。汉信码支持 84 个版本，可以由用户自主进行选择，最小码仅有指甲大小。

（10）外形美观。汉信码在设计之初就考虑到人的视觉接受能力，所以较之现有国际上的二维条码技术，汉信码在视觉感官上具有突出的特点。

摘编自：百度百科。

3. 一维条码和二维条码的比较

一维条码和二维条码的比较见表 2-5。

表 2-5　一维条码和二维条码的比较

项目	一 维 条 码	二 维 条 码
外观	由纵向黑条和白条组成，黑白相间，且条纹的粗细也不同，通常条纹下还会有英文字母或阿拉伯数字	通常为方形结构，不单由横向和纵向的条码组成，而且码区内还会有多边形的图案，纹理为黑白相间，粗细不同。二维条码是点阵形式
作用	可以识别商品的基本信息，例如商品代码、价格等，但不能提供更详细的信息。如果要调用更多的信息，需要计算机数据库的进一步配合	不但具备识别功能，而且可显示更详细的商品内容（例如一件衣服的二维条码，不但可以显示衣服的名称和价格，还可以显示采用的材料，每种材料占的百分比，衣服尺寸的大小，适合身高多少的人穿着，以及一些洗涤注意事项等），无须计算机数据库的配合，简单方便
优、缺点	技术成熟，使用广泛，信息量少，只支持英文或数字。 设备成本低廉，需与计算机数据库结合	点阵图形，信息密度高，数据量大，具备纠错能力。编码有专利权、需支付费用。 生成后不可更改，安全性高。 支持多种文字，包括英文、中文、数字等
容量	密度低、容量小	密度高、容量大
纠错能力	可以通过检验码进行错误侦测，但没有错误纠正能力	有错误检验及错误纠正能力，并可根据实际应用来设置不同的安全等级
方向性	不储存资料，垂直方向的高度是为了识读方便，并弥补印刷缺陷或局部损坏	携带资料，对印刷缺陷或局部损坏等问题可以通过错误纠正机制来恢复资料

续表

项目	一 维 条 码	二 维 条 码
用途	主要用于对物品的标识	用于对物品的描述
依赖性	多数场合须依赖资料库及通信网路的存在	可不依赖资料库及通信网络的存在而单独应用
识读设备	用线性扫描器识读，如光笔、线性 CCD、激光枪等	对于堆叠式可用线性扫描器的多次扫描来识读，或可用图像扫描仪识读。对矩阵式仅能用图像扫描仪识读

虽然一维条码和二维条码的原理都是用符号来携带资料，达成资料的自动辨识，但是从应用的观点来看，一维条码偏重“标识”商品，二维条码则偏重“描述”商品。

因此，相较于一维条码，二维条码不仅只保存关键值，还可将商品的基本资料编入二维条码中，达到资料库随着产品走的效果，进一步提供了许多一维条码无法达成的应用。例如：一维条码必须搭配计算机资料库才能读取产品的详细资讯，若为新产品，则必须重新登录，这对产品特性为多样少量的行业易构成应用上的困扰。此外，一维条码稍有磨损即会影响条码的阅读效果，故较不适用于工厂型行业。二维条码可有效地解决许多一维条码所面临的问题，让企业充分享受资料自动输入、无键输入的好处，为企业与整体产业带来不错的利益，也拓宽了条码的应用领域。

三、条码的印刷、识读与检测

1. 条码的印刷

条码印刷与一般图文印刷的区别在于，其印刷必须符合条码国家标准中有关光学特性和尺寸精度的要求，这样才能使条码符号被正确地识别。条码印刷一般分为现场印刷和非现场印刷两种。

1）现场印刷

现场印刷是指由专用设备在需要使用条码标识的地方即时生成所需的条码标识，一般采用图文打印机和专用条码打印机来打印条码符号。

图文打印机常用的有点阵打印机、激光打印机和喷墨打印机。这几种打印机可在计算机条码生成程序的控制下，方便、灵活地印刷出小批量的或条码号连续的条码标识。专用条码打印机因其用途的单一性，设计结构简单、体积小、制码功能强，在条码技术的各个应用领域都有普遍使用。

现场印刷适合于印刷数量少、标识种类多或应急用的条码标识，例如店内码采用的就是现场印刷的方式。

2）非现场印刷

非现场印刷作业主要是在专业印刷厂进行的，是指预先印刷好条码标识以供企业以后使用。此种方法往往用于需要大批量使用的、代码结构稳定的、标识相同的或标记变化有规律的（如序列流水号等）条码标识的印刷。如香烟、酒、食品、药品等，都是采用非现场印刷的方法印刷条码标识在商品包装上。非现场印刷方法成本较低，印刷的质量有可靠的保障，使用企业不需要掌握相应的印刷技术、从而为大多数企业所采用。

传统使用的非现场印刷按照制版形式，可分为凸版印刷、平版印刷、凹版印刷和孔版印刷 4 大类。其中，平版印刷和凹版印刷的稳定性好、尺寸精度高，是印刷条码标识的优选方法。详细内容参见本章第四节。

【知识链接 2-7】　条码是否一定是黑白颜色的？

平常大家看到的条码多以黑色的条印在白色的底上，那么是不是必须使用黑白色印刷条码呢？那倒未必。

条码是靠条与空对光的反射率的不同来识读的，因此，条与空的反射率的差别（对比度）越大，越容易识别。显而易见，黑色、白色对光的反射率差别最大，因此，是最安全的颜色搭配。俗话说得好，“黑白搭配，扫描不累”。

但实际上并不是只有黑、白两色才可以用来印刷条码。一般来说，深色调的颜色对光的反射率较低，如黑色、蓝色、深绿色等，适合做条的颜色；浅色调的颜色对光的反射率较高，如白色、黄色、橙色等，适合做空的颜色。

经大量试验证明，以下几种颜色印刷的条码均可以正确识读。可以做条的颜色有黑色、蓝色、深绿色、深棕色；可以做空的颜色有白色、黄色、橙色、红色。这里的红色是比较特殊的颜色，表面上看起来它并不是浅色调的，但是为什么可以用来做空的颜色呢？原来，各类可见光扫描枪所使用的光源均是波长在 630～670nm 之间的红光，而红色对红光具有较强的反射作用，类似于白色的阳光照到白纸上，因此，红色可以用来做空的颜色，但绝对不能做条的颜色。

2．条码的识读

条码符号是图形化的编码符号，对条码符号的识读就是借助一定的专用设备，将条码符号中含有的编码信息转换成计算机可识别的数字信息。

条码识读系统是条码系统的组成部分，它由扫描系统、信号整形系统、译码系统三部分组成，如图 2-24 所示。

- 光学系统：产生并发出一个光点，在条码表面扫描，同时接收反射回来（有强弱、时间长短之分）的光。
- 探测器：将接收到的信号不失真地转换成电信号（完全不失真是不可能的）。
- 整形电路：将电信号放大、滤波、整形，并转换成脉冲信号。
- 译码器：将脉冲信号转换成“0”“1”码形式，之后将得到的“0”“1”码字符串信息储存到指定位置。

采集条码的方法有多种，图 2-25 所示为手持式和固定式条码识读方法示意图，图 2-26 所示为无线手持式条码识读方法及其系统的示意图。

3．条码的检测

在过去的 40 年中，条码符号的质量检验技术有了比较大的发展。最初并没有专门的条码检测设备，条码质量的评定是采用通用设备来完成的。

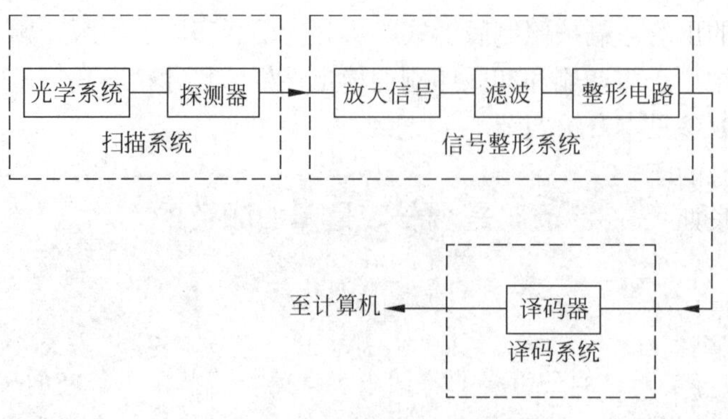

图 2-24 条码识读系统[1]

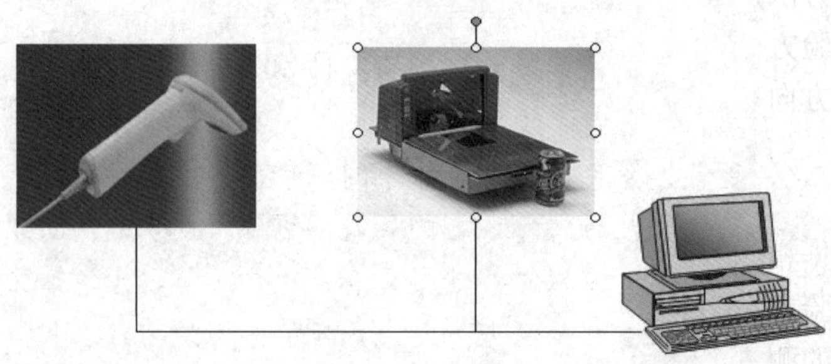

图 2-25 手持式和固定式条码识读方法示意图

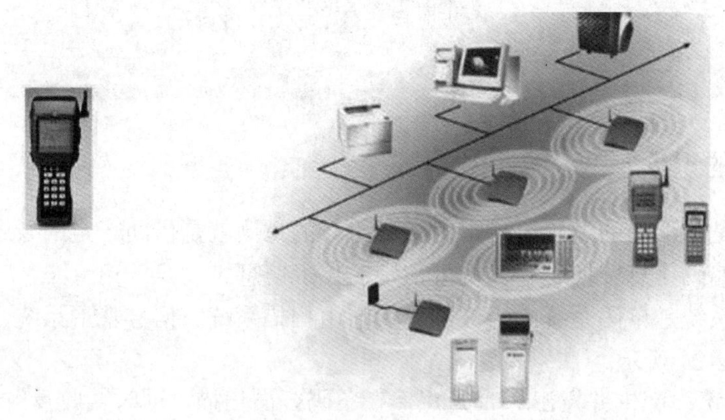

图 2-26 无线手持式条码识读方法及其系统示意图

我们知道，条码是由深色条和浅色空组合起来的图形符号，条码的质量参数可以分为两类，一类是条码的尺寸参数，另一类则为条码符号的反射率参数。这两种参数在条码技术规范中都做了详细的规定，对条码符号的这两种参数采用通用的反射率测量仪器及测长显微镜来进行测量，这是条码检测技术发展的第一个阶段。

最初，这种检测方法中所有的测量都是非自动化的，由于条码的条、空太多，测量和根据条、空来判定被测条码条空编码是否正确非常麻烦。此外，人为因素也严重影响了测量的精度和准确性。20 世纪 70 年代中期以后，对于条码符号质量的评价都是利用条码检测的专用仪器——条码检测仪来进行的，这就是人们通常所说的传统检测方法。

1 图片来源：扫描网网站。

条码检测仪的出现使得条码检测的效率大大提高，符号经过条码检测仪扫描后，马上就可以得到检验结果，性能全面的检测仪还可以打印出列有详细质量参数值的质量检测结果，这就使得印刷企业能够根据检验结果来调整印刷设备，充分发挥出印刷设备的潜能，从而提高条码符号的印制质量。

然而，经过长期实践，人们发现基于条码符号技术规范的检验方法在应用中存在以下缺陷和不足。

（1）用该质量检验方法评价一个条码符号时只有一个单一的阈值，即是否符合标准。但由于不同的条码识读设备采用不同的光学结构、译码算法，在识读条码符号时也具有不同的识读能力，单一的判定与多种识读设备和识读环境之间存在着不一致的情况，也就是说，有些被传统方法判定为不合格的条码，却能够被正确识读。

（2）在该检验方法中，条码的质量判定仅基于一次条码扫描所测出的质量参数。由于条码符号在高度方向存在信息的冗余，基于一个位置的一次扫描得出的数据并不能够全面地反映出条码符号的整体质量。

（3）对商品条码或 128 条码等来说，测量条码中条的尺寸意义并不是很大，因为这些条码的译码是根据相似边的尺寸来进行的，条的整体增宽或减小对相似边的尺寸没有影响。

（4）这种检验方法对条码的反射率要求方面存在疏漏，如它没有规定条码中条的反射率和空的反射率的测量位置，这就会导致不同仪器测出的结果不同，从而产生了许多条码质量判定方面的商业纠纷。

上述因素导致用该种方法检验的结果和扫描识读性能不能完全保持一致，并由此导致顾客退货的现象增多。为此，20 世纪 80 年代后，人们开始设法对条码的检验方法进行改进。

从事条码技术和应用行业的专家对各类条码识读系统进行了大量的识读测试，最后得出了一个评价条码符号综合质量等级的方法——反射率曲线分析法，也称条码综合质量等级法。

该方法能够更好地反映条码符号在识读过程中的性能，并能够克服使用传统方法所产生的缺陷。1990 年，美国首先用该方法评价条码质量，并制定了相应的美国国家标准《条码印制质量指南》（ANSI X 3.182—1990）。综合质量等级法根据对条码进行扫描所得出的“扫描反射率曲线”分析条码的各个质量参数，并按实际识读的要求来综合评定条码的质量和等级。

随着条码技术的发展，条码综合质量等级法得到了较为广泛的应用。欧洲标准化委员会（CEN）于 1997 年批准的欧洲标准——《条码检测规范》（EN 1635—1997）、国际标准化组织和国际电工委员会于 2000 年批准的有关条码印制质量检测规范——ISO/IEC 15416—2000 中，都采用了条码综合质量等级法。

目前，国际标准化组织已经开始研究与条码质量相关的其他标准，如条码制版软件技术规范、条码检测仪测试规范、条码识读设备性能测试规范等。主要的几种条码符号（如 39 码、UCC/EAN-128 码等）标准中，也纷纷采用综合分级检验的质量分析和评价方法。

在我国适用于所有一维条码符号检验的新修订的国家标准——《信息技术　自动识别与数据采集技术条码符号印制质量的检验》（GB/T 14258—2003）和适用于商品条码符号检验的国家标准——《商品条码符号印制质量的检验》（GB/T 18348—2022）都采用了综合质量等级检验方法。

条码常用的检测方式有以下几种。

通用检测：直接给出上述检测内容的检测结果，由检测人员查询检测标准，对比检测结果，判断检测的条码质量。

ANSI 检测：将上述检测内容经过检测计算，转换为质量等级 A～F，一般 A 级质量最好，F 级为不合格。出口美国的产品通常都要有 ANSI 检测结果。

原版胶片检测：除了进行上述检测外，原版胶片还要检查每一条、空的尺寸精度，按国家标准精度应达±0.005mm。同时还要检测条宽的缩减量（BWR）。

条码试印样检测：对试印样品进行技术检验，检测由经过培训的专门人员按照国家标准要求进行（不具检测能力的企业应将试印样品送至法定条码质检机构进行检验），并形成检测报告，检验合格后方可批量印刷。

第四节　条码设备概述

一、条码印刷（打印）设备

1．条码预印刷设备

1）凸版印刷机

凸版印刷机可分为平压平型凸版印刷机、圆压平型凸版印刷机、圆压圆型凸版印刷机三种。使用凸版进行印刷的机器，印版图文部分凸起，高于非图文的空白部分（如活字版、铅版等）。印刷时，将印版装在印版滚筒或版台上，在版面的图文部分涂以印墨，然后过纸、加压，使印墨转移到纸面上，最后经收纸装置将印张堆集好。凸版印刷机如图 2-27 所示。

2）凹版印刷机

使用凹版印刷机进行印刷的机器，印版的图文部分凹下，而空白部分与印版滚筒的外圆在同一平面上。印刷时，印版滚筒全版面着墨，以刮墨刀将版面上空白部分的油墨刮清，留下图文部分的油墨，然后过纸，由压印滚筒在纸的背面压印，使凹下部分的油墨直接转移到纸面上，最后经收纸装置将印张堆集或复卷好。凹版印刷机如图 2-28 所示。

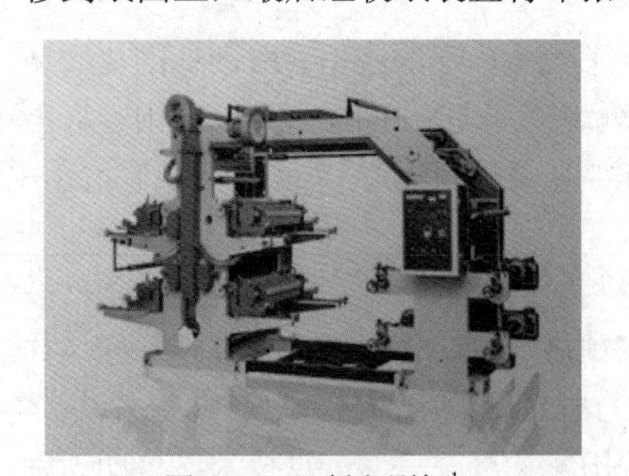

图 2-27　凸版印刷机[1]

图 2-28　凹版印刷机[2]

1、2　图片来源：必胜网网站。

3）平版印刷机

平版印刷机是由早期石版印刷技术发展而来并由此命名的，早期石版印刷的版材使用磨平后的石块，之后改良为金属锌版或铝版，但其原理是相同的。

凡是印刷部分与非印刷部分均没有高低差别，即是平面的，它是利用水油不相混合的原理，使印纹部分保持一层富有油脂的油膜，而非印纹部分上的版面则可以吸收适当的水分，设想在版面涂上油墨以后，印纹部分便会排斥水分而吸收油墨，而非印纹部分则吸收水分而形成抗墨作用，利用这种技术印刷的方法称为“平版印刷”。平板印刷机如图 2-29 所示。

图 2-29 平版印刷机[1]

平版印刷技术由早期的石印技术发展而来，因其制版及印刷有着独特的方式，同时在操作上亦极为简单，且成本低廉，一直以来被专家们不断地研究与改进，是现今印刷产业使用最为广泛的技术。

4）孔版印刷机

孔版印刷（stencil printing）的版面为网状或具有一定弹性的薄层，图文部分通透。孔版印刷的原理就是在刮板的作用下，丝网框中的丝印油墨从丝网的网孔（图文部分）中漏到承印物上，由于印版非图文部分的油墨被丝网网孔堵塞，油墨不能漏下，从而完成印刷品的印刷。

凡是印刷品上墨层有立体感的，如瓶罐、曲面及一般电路板印刷，多采用孔版印刷。

孔版印刷技术是与平版、凸版、凹版三大印刷技术并列的第四种印刷技术。但习惯上，仍有人把它划归在特种印刷的范畴。

表 2-6 列出了不同类型印刷技术的特点和应用，并对它们做了比较。

表 2-6 不同类型印刷技术的特点和应用

印刷类型	特　点	典 型 应 用
凸版印刷	印版上的图文部分凸起，空白部分凹下。特点：印刷品的纸背会有轻微的印痕凸起，线条或网点边缘部分整齐，并且印墨在中心部分显得浅淡，凸起的印纹边缘受压较重，因而有轻微的印痕凸起	商标、包装装潢、报纸印刷等
凹版印刷	印版上的图文部分凹下，空白部分凸起。优点：油墨表现力约为 90%，色调丰富。颜色再现力强。印刷数量大。可应用的纸张范围广泛，纸张以外的材料也可印刷。缺点：制版费、印刷费昂贵，制版工作较为复杂，对于小数量的印件不适合	凹版印刷因其线条精美，且不易假冒，故均被利用在印制有价证券方面，如钞票、股票、礼券、邮票，以及具有商业性信誉的凭证或文具等
平版印刷	优点：制版工作简便，成本低廉；套色装版准确，印刷版复制容易；可承印大数量的印刷。缺点：因为受印刷时水胶影响，色调再现力低，鲜艳度缺乏；版面油墨稀薄，只能表现 70%的能力，所以，平版印刷的灯箱海报必须经过双面印刷才能达到色泽的要求；在特殊印刷方面，应用有限	海报、简介、说明书、报纸、包装、书籍、杂志、月历、其他有关的彩色印刷品，以及大批量印刷

1 图片来源：必胜网网站。

续表

印刷类型	特　点	典 型 应 用
孔版印刷	优点：油墨浓厚，色调鲜丽，可应用于任何材料的印刷，并使得曲面印刷成为可能。缺点：印刷速度慢，生产量低，彩色印刷表现困难，不适用于大批量印刷	一些特殊材料上的印刷，如玻璃、塑胶、金属、布匹，或立体印刷等

2. 条码现场印刷（打印）设备

条码的现场印刷可用条码标签打印程序控制普通打印机（针式打印机、喷墨打印机、激光打印机等）来打印条码标签，也可采用专用条码打印机进行打印，这里主要介绍专用条码打印机。目前多采用以热敏机型和热转印机型为主流的条码打印输出设备。

1）热敏式打印机

（1）原理

热敏式打印机的原理是在淡色材料上（通常是纸）覆上一层透明膜，膜被加热后会变成深色（一般为黑色，也可为蓝色），从而实现打印。经加热后，膜中发生化学反应，生成图像。这种遇热变色的反应须在一定的温度下进行，高温会加快化学反应速度。当温度低于60℃时，膜需要经过相当长，甚至长达几年的时间才能变成深色；而当温度为200℃时，反应会在几微秒内完成。

热敏打印机有选择地在热敏纸的确定位置上加热，由此就产生了相应的图形。热源是与热敏材料相接触的、打印头上的一个小电子加热器。加热器排成方点或条的形式，由打印机进行逻辑控制，当它被驱动与热敏纸接触时，就在热敏纸上形成一个与加热元素相应的图形。控制加热器的同一逻辑电路，也同时控制进纸，从而在整个标签或纸张上印出图形。

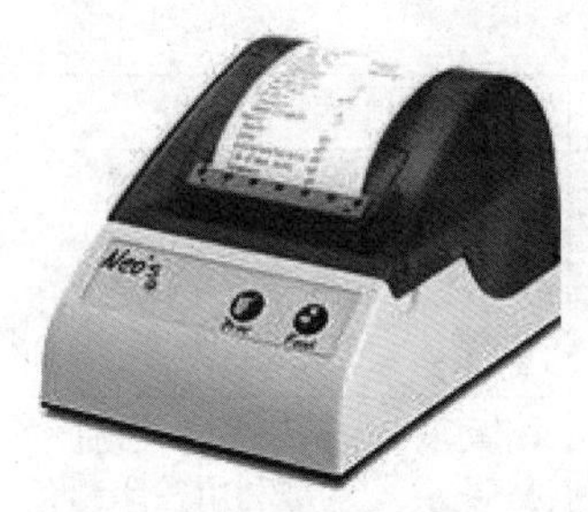

图 2-30　热敏式条码打印机

最常用的热敏打印机使用一种带加热点阵的固定打印头，打印头上设有 320 个方点，每一个点的尺寸为 0.25mm×0.25mm。利用这种点阵，打印机可以把点打印在热敏纸的任意位置上。目前，这种技术已用于纸张打印机和标签打印机上。热敏式条码打印机如图 2-30 所示。

（2）应用

热敏打印机只能使用专用的热敏纸，热敏纸上涂有一层遇热就会发生化学反应而变色的涂层，这类似于感光胶片，不过这层涂层遇热后会变色。利用热敏涂层的这种特性，人们研发了热敏打印技术。热敏打印技术最早的使用是在传真机上，其基本原理是将传真机接收到的数据转换成点阵信号来控制热敏单元的加热，把热敏纸上的热敏涂层加热显影。目前，热敏打印机已在 POS 终端系统、银行系统、医疗仪器等领域得到广泛应用。

（3）分类

热敏打印机根据其热敏元件的排列方式，可分为行式热敏（thermal line dot system）打印机和列式热敏（thermal serial dot system）打印机。列式热敏打印机属于早期产品，目前主要应用在一些对打印速度要求不高的场合。行式热敏打印机是 20 世纪 90 年代产生的新技术，打印速度比列式热敏打印机快得多，目前最快的速度可达 250mm/s。要实现高速热敏打印，除了须选取高速热敏打印头外，还必须有相应的控制板与之配合。

（4）优缺点

相对于针式打印机，热敏打印机具有速度快、噪声低、打印清晰、使用方便等优点。但热敏打印机不能直接打印双联，打印出来的单据不能永久保存，即使用最好的热敏纸也只能保存10年。而针式打印机可以打印双联，而且如果用好的色带，打印单据可以保存很久；但针式打印机打印速度慢、噪声大、打印字迹粗糙，需要经常更换色带。如果用户需要打印发票，建议使用针式打印机，打印其他单据可以使用热敏打印机。

2）热转印打印机

（1）简介

一般人所认识的打印机通常是针式、喷墨或激光打印机。但是只要稍加注意就会发现，在我们周围的环境中，几乎所有商品都使用热转印技术打印出来的标签，譬如，打开手机壳，即可看到其内部密密麻麻带有条码的标签，高级包装箱都有用热转印打印机打印出来的通常带有条码的产品标示贴纸。此外，服装上的吊牌通常也是采用热转印打印方式来印刷的，火车票和机场的登机牌、行李牌等也都是利用热转印技术打印出来的，特别是几乎所有的电器后面都有利用热转印技术打印的标识标签，如笔记本电脑后面就贴有不止一张。

（2）热转印技术

日常生活中对标签的要求是能够经得起时间考验、长期不变形，上面打印的文字能够长期保存、不褪色，对溶剂有抗磨损性，不会因为温度升高而变形变色等，因此，有必要采用特殊材质的打印介质及打印材料。这些对印刷技术的要求，一般的喷墨打印技术无法达到，激光打印也无法达成，而针打的效果与原始设计也不能符合要求，于是就出现了热转印技术。

热转印技术，简单地说，就是利用专门的碳带，采用类似传真机打印头的工作原理，将碳带上的碳粉涂层经过加热的方式转印到纸张或其他种类的材质上。由于碳带上的涂层物质可以根据需要来选择，能够产生较强的附着力，再加上选择特定的打印介质，更能保证打印出来的字迹不受外界的影响。这个加热的过程可以由计算机来控制。如图2-31所示为热转印式条码打印机。

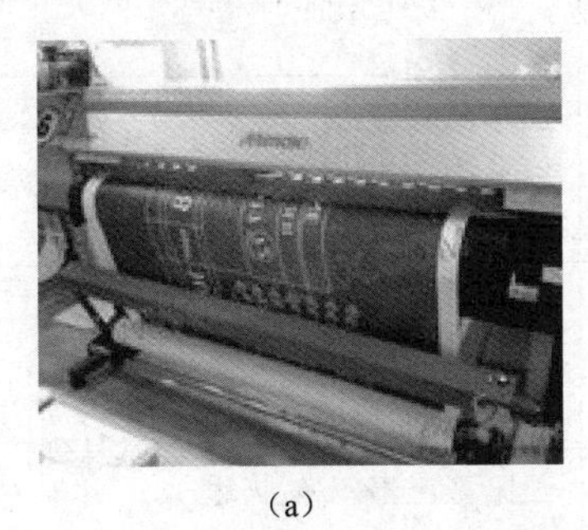

（a）

（b）

图2-31　热转印式条码打印机

很多人还不知道，随着技术的成熟和普及，热转印打印机的价格已经降到普通大众都可以接受的程度，再加上打印耗材的降价，直接打印实际上比印刷的成本还要低廉。

【概念辨析 2-1】　条码打印机和普通打印机的区别

条码打印机和普通打印机的最大区别是：条码打印机是以热为基础，以碳带为打印介质（或直接使用热敏纸）进行打印的。这种打印方式相比于普通打印方式的最大优点在于可以在无人看管的情况下，实现连续高速的打印。

条码打印机最重要的部件是打印头，打印头是由热敏电阻构成的，打印的过程就是热敏电阻发热，将碳带上的碳粉转移到纸上的过程。所以，在选购条码打印机时，打印头是一个值得特别注意的部件，它和碳带的配合是整个打印过程的灵魂。目前，国内市场上常见的打印机使用的打印头有以下两种形式。

一种是平压式印头，打印时，整个打印头压在碳带上。平压式印头可以适应各种碳带，具有广泛的用户群，因此是市面上最常见的，广泛地应用于各种品牌的条码打印机。

另一种是悬浮式印头，这是一种新型的打印头模式，打印时，印头只是尖端压在碳带上。悬浮式印头虽然对碳带的要求比较高，但它能够节省碳带，因此被一些技术力量雄厚的大公司广泛采用。

3. 国内外条码打印机及厂商信息

国内外常见的条码打印机及厂商信息见表2-7（排名不分先后）。

表2-7　国内外常见的条码打印机及厂商信息

商　　标	主要标志性产品
ZEBRA TECHNOLOGIES	美国斑马 工业级（为主）、商业级 热敏、热转印打印机
ARGOX Empower the Barcode	台湾立象 工业级、商业级 热敏、热转印打印机
SNBC	山东新北洋 商业级 双面、热敏打印机
GoDEX	台湾科诚 工业级、商业级 热敏、热转印打印机
Honeywell	美国霍尼韦尔/易腾迈 工业级 热转印打印机
TSC The Smarter Choice.	天津国聚科技 商业级 热敏、热转印打印机

续表

商　标	主要标志性产品
POSTEK	深圳博思得科技 商业级 热敏、热转印打印机
TOSHIBA TOSHIBA（东芝）条码打印机	日本 工业级、商业级 热敏、热转印打印机

二、条码识读设备

1. 手持式条码扫描器

光笔是最早出现的一种手持接触式条码扫描器，曾是最为经济的一种条码扫描器。使用时，操作者须将光笔接触到条码表面，匀速划过。光笔的优点是重量轻，条码长度不受限制。但对操作人员要求较高，对条码容易产生损坏，首读成功率低、误码率较高。

后来发明了手持式 CCD（电子耦合器件）条码扫描器（见图 2-32（a）），比较适合近距离识读条码，价格也比手持式激光条码扫描器便宜，而且内部没有移动器件，可靠性高。但手持式 CCD 条码扫描器受阅读景深和宽度的限制，对条码尺寸和密度有限制，并且在识读弧形表面的条码时会有一定困难。

激光扫描器是各种扫描器中价格相对较高的，但它能提供的各项功能指标最高，并可以远距离识读条码，在阅读距离超过 30cm 时，激光扫描器是唯一的选择，因此，目前在各应用领域被广泛采用。如图 2-32（b）所示为手持式激光条码扫描器。激光条码扫描器首读识别率高，识别速度快，误码率极低，对条码质量要求不高，但产品价格较贵。

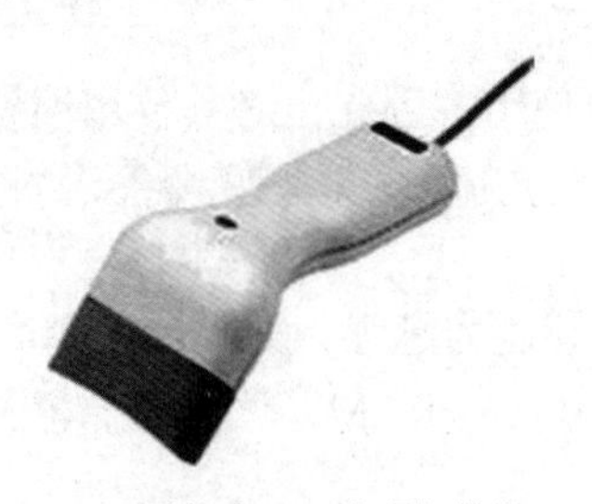

（a）手持式 CCD 条码扫描器

（b）手持式激光条码扫描器

图 2-32　手持式 CCD 和激光条码扫描器

2. 固定式条码扫描器

固定式条码扫描器又称平板式条码扫描器、台式条码扫描器。目前在商场使用的大部分是固定式条码扫描器，再配以手持式 CCD 或激光条码扫描器。这类条码扫描器的光学分辨率在 300～8000dpi 之间，色彩位数为 24～48b，扫描幅面一般为 A3 或 A4。常见的固定式条码扫描器如图 2-33 所示。

图 2-33　固定式条码扫描器

平板式固定条码扫描器的优点在于使用起来像使用复印机一样，只要把条码扫描器的上盖打开，不管是书本、报纸、杂志或照片底片，都可以放上去扫描，相当方便，而且扫描出的效果也是所有常见类型条码扫描器中最好的。

3．条码数据采集器

把条码识读器和具有数据存储、处理、通信传输功能的手持数据终端设备结合在一起，就组成条码数据采集器，它是手持式扫描器和掌上电脑功能的结合体。按照是否实时通信来分，可分为在线式数据采集器和批处理（离线）式数据采集器（见图 2-34）两类；按功能来分，可分为手持终端、无线型手持终端（见图 2-35）、无线掌上电脑、无线网络设备 4 类。

图 2-34　批处理式数据采集器

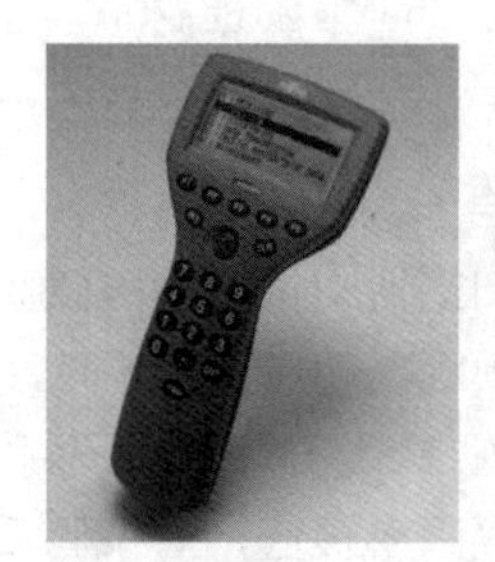
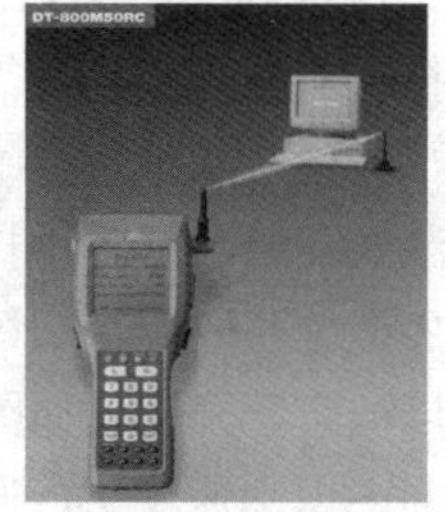

图 2-35　无线型手持终端

由于要求条码数据采集器能够在不同环境中使用，因此，对其使用温度、湿度、抗震性、抗摔性都有较高的要求。条码数据采集器可以分为数据采集型设备、数据管理型设备。

无线数据采集器具有如下特点。

- CPU：采用 32 位，且主频越高，数据处理能力越强、处理速度越高。
- 内存：FLASH（闪存）存储操作系统，BIOS、RAM（读写存储器）存储数据。
- 能源：普通电池、充电电池。
- 输入形式：扫描输入、键盘输入。
- 条码输入：CCD、LASER（激光）、CMOS 扫描器。CMOS 扫描器具有图像扫描功能。
- 输出显示：液晶显示。
- 通信能力：具有串口、红外线通信口。
- 外设驱动能力：可像计算机一样驱动所有外部设备。
- 数据实时传输：直接连接数据库，信息无限延伸，支持文本文件、数据查询、数据检索、数据校验、数据存储。
- 掌上电脑型数据终端：WINCE、PALM OS 多种数据接口可扩展卡槽。

【知识链接 2-8】 条码扫描器的选择标准

（1）与条码符号相匹配（条码密度、长度）。若条码符号是彩色的，最好选用波长为633nm的红光，以免对比度不足。

（2）首读率。对一些无人操作的工作环境，首读率显得尤为重要。

（3）工作空间。工作空间决定着工作距离和扫描景深。一些特殊场合，如仓库、车站、物流系统，对空间的要求比较高。

应考虑以上指标，综合选择扫描器。

4．国内外条码扫描设备及厂商信息

国内外常见的条码扫描设备及厂商信息见表2-8（排名不分先后）。

表 2-8 国内外条码扫描设备及厂商信息

商 标	主要标志性产品
ZEBRA TECHNOLOGIES	美国斑马/讯宝（Symbol） 数据采集器、条码扫描器 一维、二维
Honeywell	美国霍尼韦尔/易腾迈（Intermec）/码捷（Metrologic） 数据采集器、条码扫描器 一维、二维
DATALOGIC EMPOWER YOUR VISION	得利捷/美国 PSC 数据采集器、条码扫描器 一维、二维
CIPHERLAB Smarter 中国	台湾新技公司 条码扫描器 一维、二维
CASIO	卡西欧 数据采集器、条码扫描器 一维、二维
MINDEO	深圳民德电子 数据采集器、条码扫描器 一维、二维
CNPP 新大陆 Newland	福建新大陆科技集团 数据采集器、条码扫描器 一维、二维
Zonerich 中崎	广东中琦 条码扫描器 一维、二维
NCR	美国 NCR 扫描平台 一维、二维

三、条码检测设备

选择 CCD 扫描器时，主要考虑以下两个指标。

（1）景深。由于 CCD 的成像原理类似于照相机，如果要加大景深，则相应地需要加大透镜，从而使 CCD 体积过大，不便操作。性能优良的 CCD 扫描器应满足无须紧贴条码即可识读，并且体积适中、操作舒适的要求。

（2）分辨率。如果要提高检测仪的分辨率，必须增加成像处光敏元件的单位元素。低价 HHP（Hand Held Products 公司的简称）产品，识读 EAN、UPC 等商业码已经足够，但对于别的码制识读就会困难一些。中档 CCD 以 1024pixel（像素）为多，有的甚至达到 2048pixe1，能分辨最窄单位元素为 0.1mm 的条码。

激光手持式扫描器是利用激光二极管作为光源的单线式扫描器，它主要有转镜式和颤镜式两种。转镜式的代表品牌是 Honeywell QC890，它是采用高速马达带动一个棱镜组旋转，使得二极管发出的单点激光变成线形。颤镜式的制作成本低于转镜式，但这种扫描器不易提高扫描速度，一般为 33 次/s。个别型号，如 POTICON 可以达到 100 次/s。其代表品牌为 Symbol、PSC 和 POTICON。

商业企业在选择激光扫描器时，主要考虑扫描速度和分辨率两个参数，而对景深并不十分在意。因为当景深加大时，分辨率会大大降低。性能优良的手持激光扫描器应当具有高的扫描速度，固定景深范围内有很高的分辨率。

对于条码检测仪，建议不要盲目地要求具有高扫描速度和高分辨率，因为不同品牌、不同型号的条码检测仪扫描同一个条码时，得出的结果很大可能是不一样的；从专业的角度来讲，选择条码检测仪时，尽量选择跟对方使用的检测仪的品牌、型号一样，才是最佳选择。

1．霍尼韦尔 HHP Quick Check®（QC）800 条码检测仪

QC800 条码检测仪系列能够采用传统和美标两种方式进行检测。除可接光笔、鼠标型扫描器外，QC800 系列还可接手持非接触式扫描仪。其外形如图 2-36 所示。

检测码制：UPC/EAN（带附加码）、39 码（1～49 个字符）、I 2 of 5（2～78 个字符）、库德巴码、128 码（1～70 个字符）、MSI（1～50 个字符）、16K 码、49 码、93 码、11 码、Discrete/Industrial 2 of 5、IATA 2 of 5。

阅读分辨率：鼠标型扫描器，3、5、6、10、20mil；光笔，5、6、10mil；线性图像扫描器，5mil[1]。

2．霍尼韦尔 QC890 条码检测仪

霍尼韦尔 QC890 条码检测仪（见图 2-37），使用采用最新技术设计的全新条码检测解决方案，能检测一维条码及 PDF417 码，具有 RS-232、Bluetooth®、USB 接口方式，可接入 Windows 98/2000/NT/XP 以及 Pocket PC 操作平台，支持中文及图形化的操作界面，使用更加灵活高效。

1　1mil=0.0254mm。

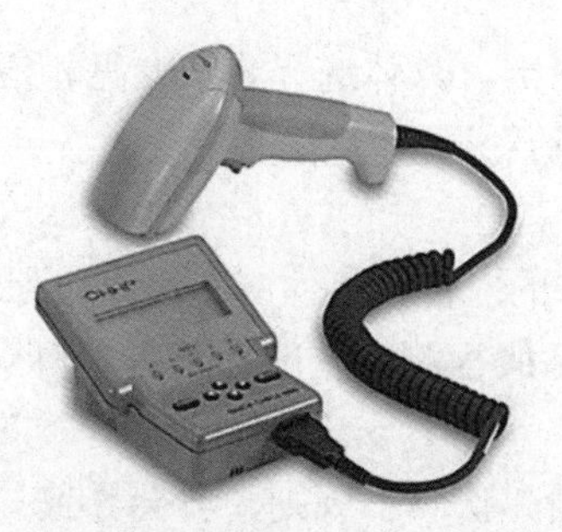

图 2-36　霍尼韦尔 HHP Quick Check®（QC）800 条码检测仪

图 2-37　霍尼韦尔 QC890 条码检测仪

QC890 条码检测仪支持更多的条码种类和自由式扫描，可消除用户的操作难度，提高可重复性读取能力，提供本地语言支持。

QC890 条码检测仪可基于多种主机平台进行操作，可使用 PC、PDA/PDT、MAC 等操作，包含 RS-232、USB、蓝牙 3 种通信方式。用户可手持或固定安装，多接口选项增加了灵活性。

QC890 条码检测仪遵循线性条码打印质量试验的全部标准要求：ISO/IEC 15416 与 15426-1 全部支持；对于 2 维条码，支持 RSS 系列、PDF 系列的检验。

3．条码检测仪的正确使用方法

通常在使用条码检测仪前，要按照说明书，用所提供的校准标板对设备进行校准——在不用时，要保证校准标板的洁净与不受损害。在使用仪器前，应把校准作为其中的一个使用环节向用户提示。有些设备需要根据参考反射率标板手工调节仪器。大多数的检测仪则是自动校准的。

在任何条件下检测条码符号，条码符号通常应为其最终的状态。如果需要制样，可采取以下措施：首先把要检测的条码符号放在平整的黑色表面上检测，然后再把它放在明亮的表面上重复检测，取结果中较差的那组作为测量结果。如果已经知道符号背底所衬的材料类型，检验时，条码背底的衬垫状态应尽量与之一致。

如果需要手工扫描，就要手持光学扫描头，从左到右或从右到左穿过符号，尽量以平稳的方式和不变的速度进行扫描，扫描速度居中，不能太快，也不能太慢。如果想要进行多重扫描，就要在符号高度范围内平均放置这些光头，而且不要超出符号的顶端或底端。

1）检测仪的校准

条码检测参数值都是依据扫描反射率曲线计算得出的，因此，检测仪须能精确地测量反射率。所以，确保设备的正确校准是非常重要的工作，校正是保证测量结果的正确性和一致性及可重复性的前提条件。不正确的校准会影响设备的正常运行或导致测量结果错误。

2）孔径/光源的选择

光源应与实际所用的扫描光相匹配，测量孔径应与所检测的符号的 X 尺寸（指单元或模块尺寸的标称值）范围相匹配。如果光源选择错误，特别是当其峰值波长偏离标准所要求的峰值波长时，符号反差的测量值就可能会出现错误（如果条码的颜色不是黑条白空）。在检验 EAN/UPC 条码时，使用 670nm 的可见红光为峰值波长，这是因为这个波长接近于使用激光二极管的激光扫描器或使用发光二极管的 CCD 扫描器的扫描光束的波长。

测量孔径则要根据具体应用的条码符号的尺寸而定，具体选择方法参见相应的应用标准与规范。

3）条码检测仪的使用

对于光笔式检测仪，扫描时笔头应放在条码符号的左侧，笔体应和垂直线保持 15° 的倾角（或按照仪器说明书做一定角度的倾斜）。这种条码检测仪一般都带有塑料支撑块，使之在扫描时保持扫描角度的恒定。

此外，应确保条码符号表面的平整性，如果表面起伏或不规则，就会导致扫描操作不稳定，最终导致条码检测的结果不正确。光笔式条码检测仪应该以适当的速度平滑地扫过条码符号表面。扫描次数可以多至 10 次，每次应扫过符号的不同位置。检验者通过练习就能掌握扫描条码的最佳速度，如果扫描得太快或太慢，仪器都不能成功译码，有的仪器还会对扫描速度不当做出提示。

对于使用移动光束（一般为激光）或电机驱动扫描头的条码检测仪，应该使其扫描光束的起始点位于条码符号的空白区之外，并使其扫描路径完全穿过条码符号。通过将扫描头在条码高度方向上下移动，可以在不同位置对条码符号进行 10 次扫描，有的仪器可以自动完成此项操作。

【阅读文章 2-1】

国家物品编码体系[1]

物品信息与“人”（主体）、“财”信息并列为社会经济运行的三大基础信息。与“人”“财”信息相比，“物”的品种繁杂、属性多样，管理主体众多，运行过程复杂。如何真正建立起“物”的信息资源系统，实现全社会的信息交换、资源共享，一直是各界关注的焦点，也是未解的难题。

物品编码是数字化的“物”信息，是现代化、信息化的基石。近年来不断出现的物联网、云计算、人工智能、大数据等新概念、新技术、新应用，究其根本，仍以物品编码以及智能传感为前提。

所谓物品，通常指各种有形或无形的实体，在不同领域可有不同的称谓。例如，产品、商品、物资、物料、资产等，是需要进行信息交换的客体。物品编码是指按一定规则对物品赋予易于计算机和人识别、处理的代码。物品编码系统则是指以物品编码为关键字（或索引字）的物品数字化信息系统，而物品编码体系是指由物品编码系统构成的相互联系的有机整体。

随着大数据时代的到来，各应用系统间信息交换、资源共享的需求日趋迫切。然而，由于数据结构各不相同，导致了一个个“信息孤岛”，不仅严重阻碍信息的有效利用，也造成社会资源的极大浪费。如何建立统一的物品编码体系，实现各编码系统的有机互联，进行系统间信息的交换与共享，高效、经济、快速整合各应用信息，形成统一的基础性、战略性信息资源，已成为目前数字化建设的当务之急。

早在 2012 年，国务院发布《质量发展纲要（2011—2020 年）》（国发〔2012〕9 号文），

1 资料来源：中国物品编码中心网站，编者进行了修改。

提出“搭建以物品编码管理为溯源手段的质量信用信息平台，推动行业质量信用建设”；同年8月3日，国务院下发《国务院关于深化流通体制改革 加快流通产业发展的意见》（国发〔2012〕39 号文），提出“推动商品条码在流通领域的广泛应用，健全全国统一的物品编码体系”。对建设我国统一的物品编码体系提出了明确要求。

中国物品编码中心是我国物品编码工作的专门机构，长期以来，在深入开展国家重点领域物品编码管理与推广应用工作的同时，一直致力于物品编码的基础性、前瞻性、战略性研究。国家统一物品编码体系的建立，既是对我国物品编码工作的全面统筹规划和统一布局，也是有效整合国内物品信息，建立国家物品基础资源系统，保证各应用系统的互联互通与数据共享的重要保障。

通过建立全国统一的物品编码体系，确立各信息化管理系统间物品编码的科学、有机联系，实现对全国物品编码的统一管理和维护；通过建立全国统一的物品编码体系，实现现有物品编码系统的兼容，保证各行业、各领域物品编码系统彼此协同、有序运行，并对新建的物品编码系统提供指导；通过建立全国统一的物品编码体系，统一商品流通与公共服务等公用领域的物品编码，形成统一的、通用的标准，保证贸易、流通等公共应用的高效运转。

物品编码体系框架由物品基础编码系统和物品应用编码系统两大部分构成，见图 2-38。

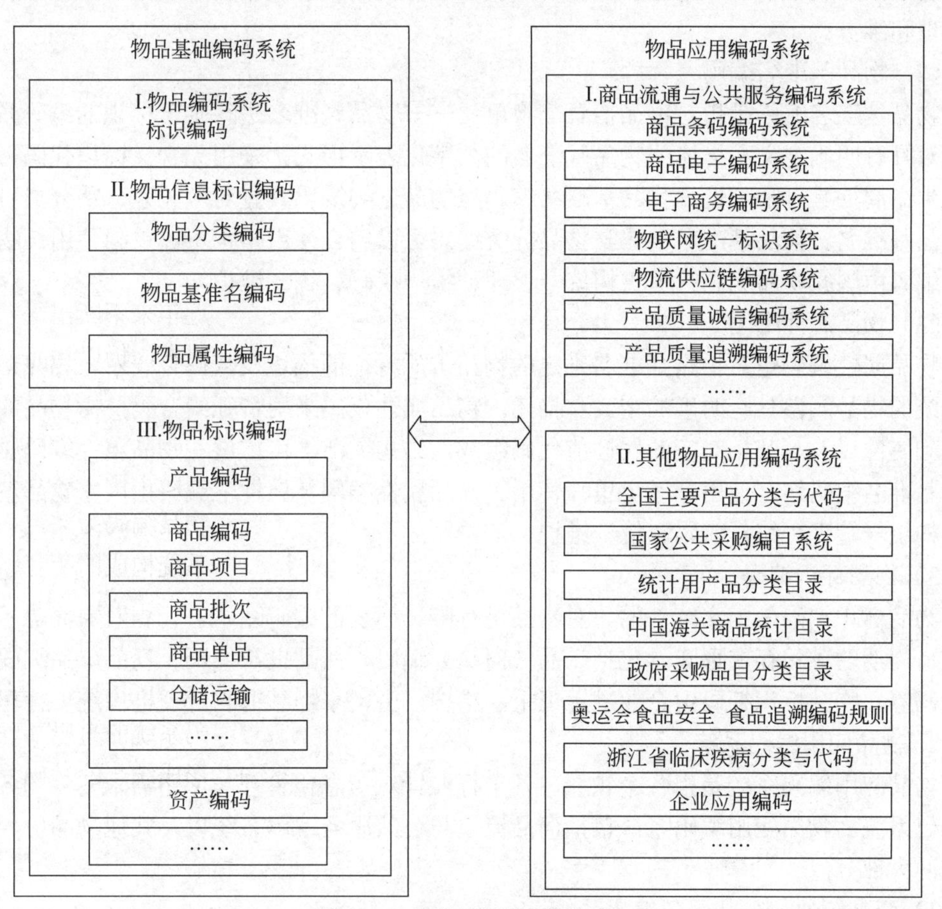

图 2-38　物品编码体系框架图

1. 物品基础编码系统

物品基础编码系统是国家物品编码体系的核心，由物品编码系统标识编码、物品信息标识编码和物品标识编码三部分组成。

1）物品编码系统标识编码

物品编码系统标识编码（numbering system identifier，NSI）是国家统一的、对全国各个物品编码系统进行唯一标识的代码，由国家物品编码管理机构统一赋码。其功能是通过对各个物品编码系统进行唯一标识，从而保证应用过程物品代码相互独立且彼此协同，是编码系统互联的基础和中央枢纽，是各编码系统解析的依据。

2）物品信息标识编码

物品信息标识编码是国家统一的、对物品信息交换单元进行分类管理与标识的编码系统，是各应用编码系统信息交换的公共映射基准。它包括物品分类编码、物品基准名编码以及物品属性编码三部分。

（1）物品分类编码

物品分类编码是按照物品通用功能和主要用途对物品进行聚类，形成的线性分类代码系统。该系统的主要功能是明确物品相互间的逻辑关系与归属关系，有利于交易、交换过程信息的搜索，它是物品信息搜索的公共引擎。物品分类编码由国家物品编码管理机构统一管理和维护。

（2）物品基准名编码

物品基准名编码是指对物品信息交换单元——物品基准名进行唯一标识的编码系统。它是对具有明确定义和描述的物品基准名的数字化表示形式，采用无含义标识代码。在物品全生命周期具有唯一性。物品基准名编码与物品分类编码具有对应关系，从分类可以找到物品基准名。物品基准名编码与物品分类编码可以结合使用，也可以单独使用。物品基准名编码由国家物品编码管理机构统一管理、统一赋码、统一维护。

（3）物品属性编码

物品属性编码是对物品基准名确定的物品本质特征的描述及代码化表示。物品信息标识系统的物品属性具有明确的定义和描述；物品属性代码采用特征组合码，由物品的若干个基础属性以及与其相对应的属性值代码组成，结构灵活，可扩展。物品属性编码必须与物品基准名编码结合使用，不可单独使用。物品属性编码及属性值编码由国家物品编码管理机构统一管理、统一赋码、统一维护。

3）物品标识编码

物品标识编码是国家统一的、对物品进行唯一标识的编码系统，标识对象涵盖了物品全生命周期的各种存在形式，包括产品（商品）编码、商品批次编码、商品单品编码、资产编码等。物品标识编码由企业进行填报、维护，由国家物品编码管理机构统一管理。

2. 物品应用编码系统

物品应用编码系统是指各个领域、各个行业针对信息化管理与应用需求建立的各类物品编码系统。物品应用编码系统包括商品流通与公共服务编码系统以及其他物品应用编码系统两大部分。

1）商品流通与公共服务编码系统

商品流通与公共服务编码系统是指多领域、多行业、多部门、多企业共同参与应用，或为社会提供公共服务的信息化系统采用的编码系统。目前已建立或正在建立的跨行业、跨领域的各类商品流通与公共服务编码系统包括商品条码编码系统、商品电子编码系统、电子商务编码系统、物联网统一标识系统、物流供应链编码系统、产品质量诚信编码系统和产品质量追溯编码系统等。商品流通与公共服务编码系统须根据物品基础编码系统确定的统一标准建立和实施。

2）其他物品应用编码系统

其他物品应用编码系统是商品流通及公共服务之外的其他各行业、领域、区域、企业等，在确定的应用环境中，按照其管理需求建立的各种信息化管理用物品编码系统，例如：国家进行国民经济统计的"全国主要产品分类与代码"、海关用于进出口关税管理的"中华人民共和国海关商品统计目录"、林业部门用于树木管理的"古树名木代码与条码"、广东省用于特种设备电子监管的"广东省特种设备信息分类编码"，等等。其他物品应用编码系统应以物品基础编码系统为映射基准建立和实施。

本章小结

条码，又称为条形码，是将宽度不等的多个黑条和空白按照一定的编码规则排列，用以表达一组信息的图形标识符。

条码技术起源于 20 世纪 20 年代，是迄今为止最经济、最实用的一种自动识别技术，它通过条码符号保存相关数据，并通过条码识读设备实现数据的自动采集。其优点如下：输入速度快，可靠性高，采集信息量大，灵活实用，条码标签易于制作，对设备和材料没有特殊要求，识别设备操作容易等。

目前，条码技术作为数据标识和自动输入的一种手段，已被人们广泛利用，渗透到计算机管理的各个领域，如商业零售、仓储管理、交通管理、金融文件管理、商业文件管理、病历管理、血库血液管理以及各种分类技术的管理方面。

条码可分为一维条码和二维条码。

（1）一维条码按照应用，可分为商品条码和物流条码。商品条码包括 EAN 码和 UPC 码，物流条码包括 128 码、ITF 码、39 码、库德巴码等。

（2）二维条码根据构成原理、结构形状的差异，可分为两大类：行排式二维条码和矩阵式二维条码。具有代表性的二维条码有：PDF417 码、49 码、16K 码、QR 码、Data Matrix 码、Maxi 码、One 码等。

条码识读设备的功能是将条码符号中含有的编码信息转换成计算机可识别的数字信息。条码识读设备常见的形式有手持式、固定式和数据采集器。其中，数据采集器是手持式扫描器和掌上电脑功能的结合体，具备条码识读、数据的存储和处理、通信传输等功能。

此外，与条码技术相关的设备还有条码印刷设备和条码检测设备。

本章内容结构

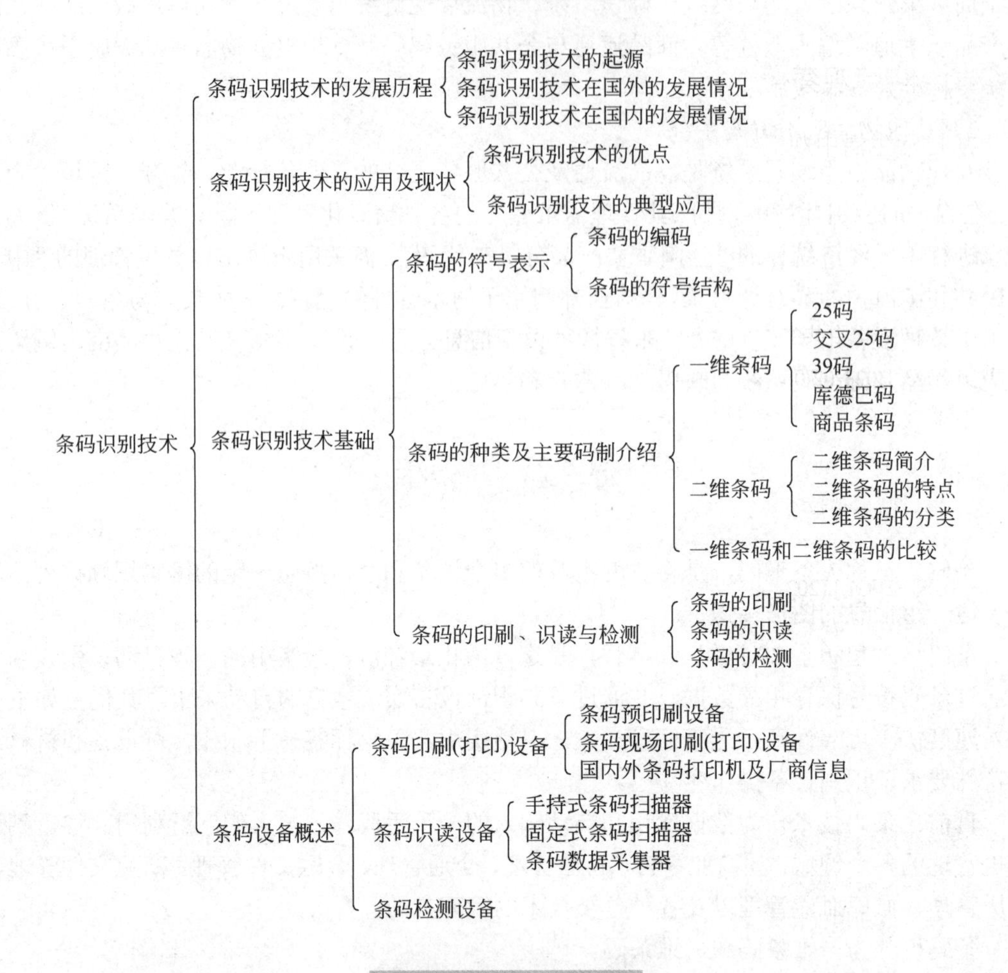

综 合 练 习

一、名词解释

条码识别技术　条码打印机　条码识读器　条码标签

二、简述题

1. 简述条码识读的基本原理。
2. 简述条码识别系统的基本组成。
3. 一维条码的种类有哪些？
4. 二维条码的种类有哪些？
5. 简述条码打印设备的工作原理。
6. 简述条码识别设备的主要类别。

三、思考题

1. 比较条码识别技术与其他自动识别技术的优缺点。
2. 比较二维条码应用系统与一维条码应用系统的区别。

四、实际观察题

从日常生活中观察条码的应用在哪些方面，并找出使用条码后对系统性能提升的例子。

参考书目及相关网站

[1] 国务院公报.中共中央、国务院印发《质量强国建设纲要》[EB/OL].(2023-02-06). https://www.gov.cn/zhengce/2023-02/06/content_5740407.htm.

[2] 华经产业研究院.2022 年全球及中国条码扫描设备（条码识读设备）行业现状分析[EB/OL]. (2023-02-22). https://baijiahao.baidu.com/s?id=1758495410414563150&wfr=spider&for=pc.

[3] 中国自动识别技术协会. 我国自动识别技术发展现状与趋势分析[J]. 中国自动识别技术，2023(1): 1-3.

[4] GTIN[EB/OL].(2023-02-06). https://baike.baidu.com/item/GTIN/8177663?fr=ge_ala.

[5] 二维码[EB/OL].(2023-02-06). https://baike.baidu.com/item/二维码?fromModule=lemma_search-box.

[6] 汉信码[EB/OL].(2023-02-06). https://baike.baidu.com/item/汉信码?fromModule=lemma_search-box.

[7] 国际物品编码协会[EB/OL].(2023-02-06). https://baike.baidu.com/item/国际物品编码协会?fromModule=lemma_search-box.

[8] 谢金龙．条码技术及应用[M]．3 版．北京：电子工业出版社，2021.

[9] 张成海，张铎．条码技术与应用（本科分册）[M]．2 版．北京：清华大学出版社，2017.

[10] 陈丹晖．条码技术与应用[M]．北京：科学工业出版社，2011.

[11] 张铎．自动识别技术产品与应用[M]．武汉：武汉大学出版社，2009.

[12] 中国物品编码中心．条码技术基础[M]．武汉：武汉大学出版社，2008.

[13] 薛红．条码技术及商业自动化[M]．北京：中国轻工业出版社，2008.

[14] 李金哲．条码技术及应用[M]．沈阳：辽宁科技出版社，1991.

[15] 中国物品编码中心．国家物品编码体系[EB/OL]. (2023-02-06). http://www.gs1cn.org/Knowledge/ANCCSystem.

第三章

射频识别技术

内容提要

射频识别（RFID）技术是从20世纪80年代开始大规模应用的一种自动识别技术，它通过射频信号自动识别目标对象并获取相关数据。本章主要介绍RFID技术的发展历程、应用现状、技术基础和主要设备。

学习目标与重点

- 了解RFID技术的发展历程。
- 重点掌握RFID技术的应用现状和典型应用案例。
- 初步掌握RFID系统的基本构成、工作原理和技术特点。
- 掌握各类射频标签和RFID设备的主要特性和用途。

关键术语

RFID技术、射频读写器、射频标签

【引入案例】　一张卡片引发的消费方式变革

从20世纪90年代中期起，一种名片大小的塑料卡片逐步走进大众的视野，并引起了极大的关注。

这种卡片有着各种各样的“身份”：可以用来考勤，代替传统的手工签名或者打卡机的纸质卡片；可以代替钥匙，打开房间的门锁；甚至可以在企事业单位、学校的食堂取代传统的饭票，进行消费结账……无论是哪种身份，操作方式都极其简便，只需在特定的设备指定区域内轻轻地刷一下，弹指间，便完成了要做的事情。更重要的是，这种卡片防水、抗污染，不像磁卡、接触式IC卡那样“娇气”，即使掉进水中，捞起来擦干净后仍可以继续使用。

由于操作简单，可以反复使用，并且携带方便，这种卡片及相关技术迅速普及。到了21世纪，这种卡片在大中城市中几乎人手一张，可以用来乘公交、地铁，终结了纸质月票满天飞的时代。于是，大众接受了这一新鲜的事物——射频卡和射频识别技术。同时，国内外越来越多的工程师涌入与射频技术相关的产品研发和项目推广领域中。在众多的应用中，“校园一卡通”是最成功、最典型的案例之一。

"校园一卡通"概括起来就是，在学校范围内，凡使用现金、票证或需要识别身份的场合，均可采用一张射频卡完成，系统涵盖了就餐、消费、考勤，以及澡堂、教室、图书馆及宿舍集中用电、用水、出入门禁等方面的管理。

"校园一卡通"的管理模式代替了传统的做法，在校内集学生证、工作证、身份证、借书证、医疗证、会员证、餐卡、钱包、电话卡、存折等于一卡，实现了"一卡在手，走遍校园""一卡通用、一卡多用"的目标。它为广大师生员工的工作、学习、生活带来了方便，使得学校的各项管理工作变得高效、便捷，既实现了对师生员工日常活动的管理，又为教学、科研和后勤服务提供了重要信息。同时，"校园一卡通"系统又是数字化校园的重要组成部分，是数字化校园中信息采集的基础工程之一，为学校提供了实时可靠的信息来源和决策依据。

第一节　RFID 技术的发展历程

射频识别（RFID）技术是 20 世纪 80 年代发展起来的一种新兴的非接触式自动识别技术，是一种利用射频信号通过空间耦合（交变磁场或电磁场）实现非接触信息传递，并通过所传递的信息达到识别目的的技术。识别工作无须人工干预，可适应各种恶劣环境。应用 RFID 技术，可识别高速运动的物体，并可同时识别多个标签，操作快捷、方便。

如图 3-1 所示为射频识别系统的工作过程。

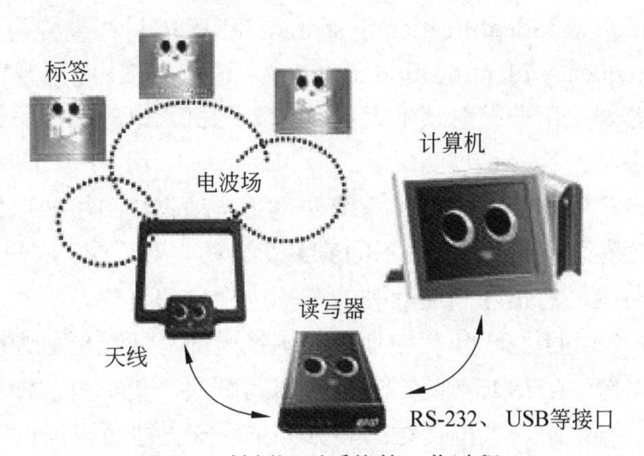

图 3-1　射频识别系统的工作过程

一、RFID 技术的发展简史

RFID 技术的发展以 10 年为一个阶段，划分如下。

1941—1950 年，雷达的改进和应用催生了 RFID 技术，目前已发展为自动识别与数据采集（auto identification and data collection，AIDC）技术。其中，1948 年，哈里·斯托克曼发表的《利用反射功率的通信》奠定了 RFID 技术的理论基础。

1951—1960 年，早期 RFID 技术的探索阶段，主要处于实验室研究状态。

1961—1970 年，RFID 技术的理论得到发展，开始了一些应用尝试。例如，用电子防盗器（EAS）来对付商场里的窃贼，该防盗器使用存储量只有 1b 的电子标签来甄别商品是否已售出，这种电子标签的价格不仅便宜，而且能有效地防止偷窃行为，是首个 RFID 技术在世界范围内的商用示例。

1971—1980 年，RFID 技术与产品研发处于一个大发展时期，各种 RFID 技术的产生和测试得到加速，在工业自动化和动物追踪方面，出现了一些最早的商业应用及标准，如工业生产自动化、动物识别、车辆跟踪等。

1981—1990 年，RFID 技术及产品进入商业应用阶段，开始较大规模的应用。但在不同的国家和地区对射频识别技术应用的侧重点不尽相同，例如，美国关注的是交通管理、人员控制，欧洲则主要关注动物识别以及在工商业中的应用。

世界上第一个开放的高速公路电子收费系统在美国俄克拉荷马州建立。车辆的 RFID 电子标签信息与检测点位置信息及车主的银行卡绑定在一起，存放在计算机的数据库里，汽车可以高速通过收费检测点，而不需要设置升降栏杆阻挡以及用照相机拍摄车牌。车辆通过高速公路的费用可以从车主的银行卡中自动扣除。

1991—2000 年，使用 RFID 技术的厂家和应用日益增多，相互之间的兼容和连接成为 RFID 技术发展的瓶颈，因此，RFID 技术的标准化问题日趋为人们所重视，希望建立全球统一的 RFID 标准，使射频识别产品得到更为广泛的应用，使其成为人们生活中的重要组成部分。

RFID 技术产品和应用在 1990 年后进入一个飞速的发展阶段，美国德州仪器（Texas Instruments，TI）开始成为 RFID 方面的推动先锋，建立了德州仪器注册和识别系统（Texas Instruments Registration and Identification Systems，TIRIS），目前被称为 TI-RFIS 系统（Texas Instruments Radio Frequency Identification System），这是 RFID 应用开发的一个主要平台。

德国汉莎航空公司采用非接触式的射频卡作为飞机票，改变了传统的机票购销方式，简化了机场安检的手续。

在中国，佛山市政府安装了 RFID 系统，用于自动收取路桥费以提高车辆通过率，缓解拥堵；上海市也安装了基于 RFID 技术的养路费自动收费系统；广州市也将 RFID 系统应用于开放的高速公路上，对正在高速行驶的车辆进行自动收费。

值得一提的是，20 世纪 90 年代中期，中国铁道部（现已更名为国家铁路局）建设的铁路车号自动识别系统（ATIS），确定 RFID 技术为解决“货车自动抄车号”问题的最佳方案。在所有区段站、编组站、大型货运站和分界站，安置地面识别设备（AEI），对运行的列车及车辆信息进行准确的识别。并在此基础上建立包含铁路列车车次、机车和货车号码、标识、属性和位置等信息的计算机自动报告采集系统，实现了铁路车辆管理系统统计的实时化、自动化，成为 RFID 技术最典型的应用之一。尤其在高速铁路列车开始运行以来，利用 RFID 技术进行自动、快速、高效的管理尤为必要，可以降低温州动车事故之类事故再次发生的概率。

1999 年，美国麻省理工学院 Auto-ID 中心正式提出产品电子代码（electronic product code，EPC）的概念。EPC 的概念、RFID 技术与互联网技术相结合，将构筑起无所不在的“物联网”，尤其是在美国总统奥巴马提出“智慧地球”之后，这个概念引起了全球的广泛关注。

【知识链接 3-1】 产品电子代码

产品电子代码（EPC）是由标头、厂商识别代码、对象分类代码、序列号等数据字段组成的一组数字。

产品电子代码是下一代的产品标识代码，它可以对供应链中的对象（包括物品、货箱、货盘、位置等）进行全球唯一的标识。EPC 存储在 RFID 标签上，这个标签包含一块硅芯片和一根天线。读取 EPC 标签时，可以与一些动态数据连接，例如该贸易项目的原产地或生产日期等。这与全球贸易项目代码（GTIN）和车辆鉴定码（VIN）十分相似，EPC 就像是一把钥匙，可以用它来解开 EPC 网络上相关产品信息这把锁。

与目前商务活动中使用的许多编码方案类似，EPC 包含用来标识制造厂商的代码以及用来标识产品类型的代码。但 EPC 使用额外的一组数字——序列号来识别单个贸易项目。EPC 所标识产品的信息保存在 EPC Global 网络中，而 EPC 则是获取这些信息的一把钥匙。

EPC-96 码包括:

（1）标头：8 位，标识 EPC 的长度、类型、结构、版本号。

（2）厂商识别代码：28 位，标识公司或企业实体。

（3）对象分类代码：24 位，类似于库存单位（SKU）。

（4）序列号：36 位，加标签的对象类的个例。

EPC-96 码的具体结构如表 3-1 所示。当前，出于成本等因素的考虑，参与 EPC 测试所使用的编码标准采用的是 64 位数据结构，未来将采用 96 位的编码结构。

表 3-1 EPC-96 码的编码结构

项目	标头	厂商识别代码	对象分类代码	序列号
EPC-96 码	8	28	24	36

EPC 具有以下特性:

（1）科学性。结构明确，易于使用、维护。

（2）兼容性。EPC 码的编码标准与目前广泛应用的 EAN、UCC 编码标准是兼容的，GTIN 是 EPC 编码结构中的重要组成部分。目前广泛使用的 GTIN、SSCC、GLN 等都可以顺利转换到 EPC 中去。

（3）全面性。可在生产、流通、存储、结算、跟踪、召回等供应链的各环节中全面应用。

（4）合理性。由 EPC Global、各国 EPC 管理机构（中国的管理机构称为 EPC Global China）、被标识物品的管理者分段进行管理，共同维护、统一应用，具有合理性。

（5）国际性。不以具体国家、企业为核心，编码标准全球协商一致，具有国际性。

（6）无歧视性。编码采用全数字形式，不受地域、语言、经济水平、政治观点的限制，是无歧视性的编码。

摘编自：百度百科。

2001—2010年，RFID技术的理论得到丰富和完善，RFID产品的种类更加丰富，有源电子标签、无源电子标签及半无源电子标签均得到发展，单芯片电子标签、多电子标签识读、无线可读可写、无源电子标签的远距离识别、适应高速移动物体的射频识别技术与产品正在成为现实并走向应用。

进入21世纪以来，RFID标签和识读设备成本不断降低，使其在全球的应用也更加广泛，应用行业的规模也随之扩大，甚至有人称之为条码的终结者。几家大型零售商和一些政府机构强行要求其供应商在物流配送中心运送产品时，产品的包装盒和货盘上必须贴有RFID标签。除上述提到的应用外，诸如医疗、电子票务、门禁管理等方面也都用到了RFID技术。

同时，RFID技术的标准化纷争促使出现了多个全球性技术标准和技术联盟，其中主要有EPC Global、AIM Global、ISO/IEC、UID、IP-X 等。这些组织主要在标签技术、频率、数据标准、传输和接口协议、网络运营和管理、行业应用等方面，试图达成全球统一的平台。目前，我国RFID技术标准主要参考EPC Global的标准。

2006年6月9日，科技部等15个部委发布《中国射频识别（RFID）技术政策白皮书》，我国射频识别行业标准开始建立，行业进入发展期。2009年8月，温家宝总理到无锡物联网产业研究院考察物联网建设工作时提出“感知中国”的概念，开启了中国物联网快速发展的按钮。RFID技术与传感器网一起构成物联网的前端数据采集平台，成为物联网技术的主要组成部分。

从2010年开始，RFID广泛地应用于各行业，如门票、食品包装应用等，行业进入快速成长期。2012年开始，我国工信部、农业部、商务部、财政部等部门都出台政策推动和规范超高频RFID行业的发展。射频识别产业成为国家优先发展的产业之一。

物联网在各行业的推广应用，也为RFID技术打开了一个新的巨大的市场。目前，RFID技术的应用领域进一步扩大，开始进入无人零售、航空、建筑和能源等领域，行业进入了高速发展期。我们有理由相信，随着RFID产品成本的不断降低和标准的统一，RFID技术将在无线传感网络、实时定位、安全防伪、个人健康、产品溯源管理等领域有更为广阔的应用前景。

【知识链接3-2】　射频识别技术的基础——电磁能

RFID技术实现的基础是电磁能。电磁能量是自然界中存在的一种能量形式。

追溯历史，早在战国时期中国先民就发现了并开始利用天然磁石，并用磁石制成指南车。到了近代，越来越多的人对电、磁、光进行深入的观察及数学基础研究，其中的代表人物是美国的本杰明·富兰克林。

1846年，英国科学家米歇尔·法拉第发现了光波与电波均属于电磁波。

1864年，苏格兰科学家詹姆士·克拉克·麦克斯韦发表了他的电磁场理论。

1887年，德国科学家亨瑞士·鲁道夫·赫兹证实了麦克斯韦的电磁场理论，并演示了电磁波以光速传播并可以被反射，具有类似光的极化特性。赫兹的实验不久后被俄国科学家亚历山大·波普重复。

1896年，马克尼成功地发出了横越大西洋的越洋电报，由此开创了利用电磁能量为人类服务的先河。

1922 年，诞生了雷达（radar）。雷达作为一种识别敌方空间飞行物（飞机）的有效兵器，在第二次世界大战中发挥了重要的作用，同时雷达技术也随之得到极大的发展。至今，雷达技术还在不断发展，人们正在研制各种用途的高性能雷达。

二、RFID 技术在国内外的发展状况

目前，RFID 技术的应用已趋成熟，在北美、欧洲、大洋洲、亚太地区及非洲南部都得到了相当广泛的应用。典型的应用领域如下所述。

（1）车辆道路交通自动收费管理（见图 3-2（a）），如北美部分收费高速公路的自动收费管理、中国部分高速公路的自动收费管理、东南亚国家部分收费公路的自动收费管理。

（2）动物识别（养牛、养羊以及赛鸽等，见图 3-2（b）），如大型养殖场、家庭牧场、赛鸽比赛。

（3）生产线产品加工过程的自动控制（见图 3-2（c）），主要应用在大型工厂的自动化流水作业线上。

（4）地铁票（见图 3-2（d））、校园卡、饭卡、高校手机一卡通、乘车卡、会员卡、城市一卡通、驾照卡、健康卡（医疗卡）等，在国内外均有很大范围的应用。

（5）集装箱、物流、仓储的自动管理（见图 3-2（e）），如大型物流、仓储企业。

（6）储气容器的自动识别管理（见图 3-2（f）），如危险品的管理。

（7）铁路车号的自动识别管理，如北美铁路、中国铁路、瑞士铁路等。

（8）旅客航空行包的自动识别、分拣、转运管理，如北美部分机场。

（9）车辆出入控制，如停车场、垃圾场、水泥场的车辆出入、称重管理等。

（a）

（b）

（c）

（d）

（e）

（f）

图 3-2　典型的 RFID 应用系统

（10）汽车遥控门锁、门禁控制、电子门票等。

（11）文档追踪、图书管理，如图书馆、档案馆。

（12）邮件/快运包裹自动管理，如北美邮局、中国邮政。

目前，国内 RFID 成功的行业应用为中国铁路的车号自动识别系统，其应用已涉及铁路红外轴温探测系统的热轴定位、轨道平衡、超偏载检测系统等。正在推广的应用项目还有电子身份证、电子车牌、铁路行包自动追踪管理等。在近距离的 RFID 应用方面，许多城市已经实现了公交射频卡作为预付费电子车票的应用，还有预付费电子饭卡等。

在 RFID 技术研究及产品开发方面，国内已具有自主开发低频、高频与微波 RFID 电子标签与读写器的技术能力及系统集成能力。与国外 RFID 先进技术之间的差距主要体现在 RFID 芯片技术方面。

经过几十年的发展，我国的无线射频技术现已初具规模。目前，射频识别产业是我国优先发展的产业之一，国内 RFID 技术的研究及应用重点已经主要聚焦在高频及超高频 RFID 上。

从技术发展程度上看，我国高频技术已经成熟。核心技术主要包括防碰撞算法、低功耗芯片设计、UHF 电子标签天线设计、测试认证等。国内企业与科研院所在超高频自动识别技术研发方面也形成了一批专利技术，从事 RFID 超高频核心技术开发且具有自主知识产权的国产厂商也持续增加，研发出了一系列相关产品。

2023 年，中国电科网络通信研究院研发的超高频射频识别芯片陆续交付用户。据悉，该款芯片是国内首款完全符合特定标准的射频识别芯片，已成功应用于标识牌系统中，为个人信息标识、相关信息存储提供安全保障。该芯片在基带、射频、存储器等方面取得大量原始技术创新成果，在灵敏度、可靠性等指标上相较于同类型产品实现较大提升。

从应用范围上看，2014 年起，RFID 的应用范围不再局限于门票、食品等行业，开始进入航空、建筑等领域。2020 年至今，随着 RFID 下游行业应用的不断拓展，对 RFID 技术的要求与日俱增，超高频 RFID 的技术开始在其他领域得到普及和应用，行业进入高速发展期。

后疫情时代，“无接触经济”推动了 RFID 在无人零售以及医药器械溯源等场景下的快速发展，线上购物的持续走高以及物资流转可视化需求的提升促进了 RFID 在仓储物流行业的普及推广，工厂的柔性化生产与数字化运营也在 RFID 的助力下实现了更加高效的数据采集以及供应链管理，也正是在多点开花的落地应用中，超高频 RFID 市场得到了长足的发展。

从产业发展上看，近年来，射频识别技术得到了社会各界前所未有的关注。国家有关宏观政策的实施为我国的自主创新、吸收引进再创新、集成创新带来了良好的发展机遇。读写器、标签的研发及制造，中间件及平台的建设也正随着市场需求的不断加大取得实质性的推进。不同领域的应用试点、成功的解决方案以及与条码识别技术的集成应用，正在应市场的需求向纵深发展。

RFID 系统包括标签及封装、读写机、软件和系统集成服务，软件包括中间件和应用系统。据中国 RFID 产业联盟数据显示，目前，我国标签及封装产品市场在 RFID 系统中所占的比重最大，未来软件和系统集成的规模会进一步提高。2020 年，标签及封装市场的比重约为 32%，系统集成服务占 31%，读写机具占 22%，软件占 15%。

自2010年中国物联网发展被正式列入国家发展战略后，中国RFID及物联网产业迎来了难得的发展机遇。2011年我国射频识别技术产业市场规模179.7亿元，比2010年增长了47.94%。2013年，我国RFID的市场规模突破300亿元，规模增速达到35.0%，随后市场平稳上升；2019年，中国整体宏观环境遇冷，下游需求受到影响，市场增速有所下降，但整体仍保持上升势头，市场规模在1100亿元左右。2020年，基于RFID技术的物联网应用不断丰富，与移动互联网的结合不断深入，应用领域不断拓展，我国RFID市场规模继续保持高速增长态势，突破1200亿元，达到1265亿元。

受新冠疫情影响，世界经济及我国经济近年来受到较大冲击。长期来看，疫情过后，我国经济整体向好的趋势将不会改变，预计RFID市场规模2021—2025年均复合增长率仍然维持在 12%左右，主要的增长动力来源于社保卡和健康卡项目、交通管理、移动支付、物流与仓储、防伪、金融IC卡迁移等细分领域。初步估算，到2026年我国RFID的市场规模将接近2500亿元。

三、相关技术标准

在RFID技术发展的前十年中，有关RFID技术的国际标准的研讨空前热烈，国际标准化组织ISO/IEC联合技术委员会JTC1[1]下的SC31下级委员会成立了RFID标准化研究工作组WG4。在1999年10月1日正式成立的、由美国麻省理工学院（MIT）发起的 Auto-ID Center是一个非营利性组织，在规范RFID应用方面所发挥的作用将越来越明显。Auto-ID Center在对RFID理论、技术及应用研究的基础上，所做出的主要贡献如下所述。

（1）提出产品电子代码（electronic product code，EPC）概念及其格式规划，为简化电子标签芯片的功能设计、降低电子标签的成本、扩大RFID的应用领域奠定了基础。

（2）提出了实物互联网的概念及构架，为EPC进入互联网搭建了桥梁。

（3）建立了开放性的国际自动识别技术应用公用技术研究平台，为推动低成本的RFID标签和读写器的标准化研究创造了条件。

目前，可供射频卡使用的几种标准有ISO 14443、ISO 15693和ISO/IEC 18000等。其中应用最多的是ISO 14443和ISO 15693，这两个标准都由物理特性、射频功率和信号接口、初始化和防冲撞以及传输协议四部分组成。ISO/IEC 18000标准体系是基于物品管理的射频识别的通用国际标准，按工作频率的不同，可分为以下7部分：

（1）全球公认的普通空中接口参数；

（2）频率低于135kHz的空中接口；

（3）频率为13.56MHz的空中接口；

（4）频率为2.45GHz的空中接口；

（5）频率为5.8GHz（注：规格化终止）的空中接口；

（6）频率为860～930MHz的空中接口；

（7）频率为433.92MHz的空中接口。

1　1987年原ISO/TC 97、IEC/TC 83 和IEC/ SC 47B 合并，共同组成 ISO/IEC JTC1（简称JTC1）。JTC1的成员是各个国家的具有代表资格的标准化团体。

第二节　RFID 技术的应用现状

下面分别介绍 RFID 技术在零售、有害材料管理、物品追踪、医疗机构、铁路交通运输、世博会门票、二代身份证等几方面的成功应用案例。[1]

一、国外应用现状

案例一：沃尔玛的“新式武器”

2003 年 6 月 19 日，在美国芝加哥召开的“零售业系统展览会”上，沃尔玛（Walmart）宣布将采用 RFID 技术，成为第一个公布正式采用该技术时间表的企业，如果供应商们在 2008 年还达不到这一要求，就可能失去为沃尔玛供货的资格。而沃尔玛的供应商大约有 70% 来自中国。

能坐上零售业的头把交椅，沃尔玛（2023 年《财富》世界 500 强排行榜位居第一；《福布斯全球企业 2000 强》全球收入排名第一）的成功宝典上写满了有关搭建高效物流体系的秘笈，以保证在竞争中的成本优势。可以看出，所有技术无一例外地是围绕着改善供应链与物流管理这个核心竞争能力展开的。

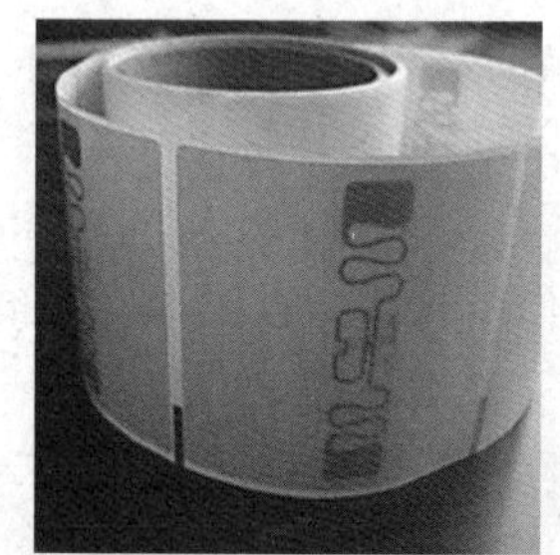

图 3-3　沃尔玛使用的纸质电子标签

沃尔玛历史上最年轻的首席信息官（CIO）凯文 • 特纳，曾说服公司创始人山姆 • 沃顿建立了全球最大的移动计算网络，并推动沃尔玛引进电子标签技术（见图 3-3）。

如果 RFID 计划实施成功，沃尔玛闻名于世的供应链管理将又朝前领先一大步。一方面，可以即时获得准确的信息流，完善物流过程中的监控，减少物流过程中不必要的环节及损失，降低在供应链各个环节上的安全存货量和运营资本；另一方面，通过对最终销售实现的监控，可以及时报告消费者的消费偏好，帮助沃尔玛调整优化商品结构，进而获得更高的顾客满意度和忠诚度。

【知识链接 3-3】　是什么让零售商如此推崇 RFID？

据 Sanford C. Bernstein 公司的零售业分析师估计，通过采用 RFID，沃尔玛每年可以节省约 83.5 亿美元，其中大部分是因为不需要人工查看进货的条码而节省的劳动力成本。尽管另外一些分析师认为 80 亿美元这个数字过于乐观，但毫无疑问，RFID 有助于解决零售业两个最大的难题：商品断货和损耗（因盗窃和供应链被搅乱而损失的产品）。现在单是盗窃一项，沃尔玛一年的损失就差不多有 20 亿美元，如果一家合法企业的营业额能达到这个数字，就可以在美国 1000 家最大企业排行榜中名列第 694 位。研究机构估计，这种 RFID 技术能够帮助把失窃和存货水平降低 25%。

1　案例摘编自：百度文库。

案例二：NASA 下属机构用 RFID 系统管理有害材料

NASA[1]下属机构正在执行 Chem Secure 项目，此项目是在美国国防部基于 Web 的有害材料管理系统（HMMS）数据库上，集成了无线射频识别和传感器技术，自动、实时地管理有害材料，如有害材料的使用、运送、跟踪和储存。

NASA 的 Dryden 飞行研究中心在与美国国防部和 Oracle、Intermec 科技、EnvironMax、Patlite（美国）等领先公司的紧密合作下开发了 Chem Secure 项目，这是同类项目中的第一个。

Chem Secure 项目是在有害材料容器上放置 RFID 标签，采用 Oracle 传感器服务（Oracle sensor-based services）软件捕获、管理和分析任何材料的移动或化学变化，并对移动或变化做出响应。NASA Dryden 根据 HMMS 数据库中的实时信息，就可以对有害材料的运输和储存做出相应决策。如有需要，系统会自动以文本信息、话音和电子邮件形式，向负责保安、安全、保健和环保的专业人员发出警报，警告他们发生了化学变化。

案例三：寻找遗失的物品

美国华盛顿大学的研究人员 Gaetano Borriello 和他的同事们日前为 RFID 技术找到了一个新的用武之地——寻找遗失的物品。

科研人员和工程师们已研制出一种手表式的原型机，它能够提醒主人在出门时不要遗忘重要的文件、钥匙、雨伞或是其他一些需要随身携带的物品。在工作时，这种设备还会监视各种物品（如文件袋和试验材料）的摆放是否正确以及它们在房屋中所处的位置。总而言之，这种曾经的间谍专用设备现在已可以用来提醒那些健忘的人，帮助他们规整自己物品的摆放，指明所需物品当前所处的位置等。研究人员介绍说，将 RFID 技术和其他一些产品有机地结合在一起，不但可以用来寻找遗失的物品，还可以追踪它们在一天当中的运动轨迹。

案例四：美国将 RFID 技术应用于医院，以防手术失误

美国政府同意将无线射频电子标签像绷带一样贴到病人手术位置附近，以确保医生对适当的病人进行适当的手术。据记录，美国每年因手术失误而导致数千病人死亡。Surgi Chip 公司生产的这种标签，目的就是为了防止出现失误手术。

病人的名字和手术位置被打印在 Surgi Chip 的标签上，通过一种黏合剂将标签贴到病人实施手术的附近位置，其内置的芯片还编码记录了手术的类型、日期和名称。在实施手术前，先对标签进行扫描，然后对病人进行询问来证实标签上的信息是否真实。到了手术日，在对病人实施麻醉前，医院手术室的工作人员再次对标签进行扫描，并与病人名册上的信息进行比较，再次对病人进行验证。实施手术前，该标签才被取下。据 Surgi Chip 估计，包括标签、扫描仪、打印机和每个医院都需下载的版权软件在内的这一套设备，大约花费几千美元。

---

1 NASA（National Aeronautics and Space Administration，美国国家航空航天局）。

二、国内应用现状

案例一：国家铁路局的调度利器

我国铁路的车辆调度系统是应用 RFID 技术最成功的案例之一。国家铁路局在中国铁路车号自动识别系统的建设中，推出了拥有完全自主知识产权的远距离自动识别系统（见图 3-4）。

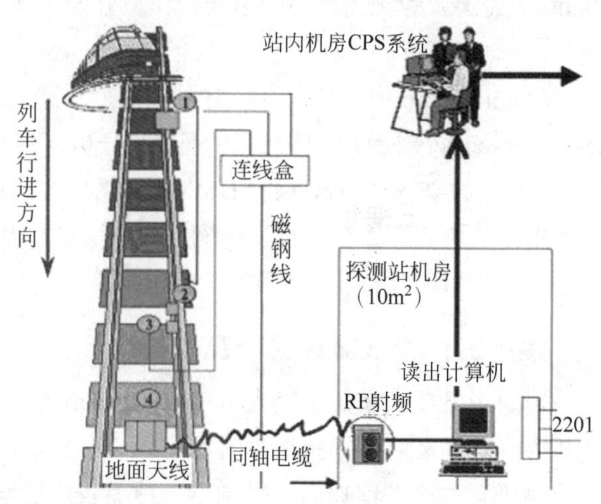

图 3-4　我国铁路的车辆调度系统[1]

20 世纪 90 年代中期，国内有多家研究机构参与了该项技术的讨论，在多种实现方案中，最终确定了 RFID 技术为解决“货车自动抄车号”的最佳方案。

过去，国内铁路车头的调度都是靠手工统计、手工进行，费人、费时，还不够准确，造成资源极大的浪费。国家铁路局采用 RFID 技术以后，实现了统计的实时化、自动化，降低了管理成本，提高了资源利用率。该系统可以为铁路运输带来的直接效益主要体现在以下几方面。

首先，是准确的货车占用费清算，避免了货车占用费的流失。过去，车号的抄录和汇总全靠口念、笔记、手抄的人工方式进行，错漏多、效率低、劳动强度大，而且由于漏抄车号，造成国家铁路局货车占用费的大量流失。RFID 系统为列车的实时追踪提供了实时、准确的基础数据信息，有利于铁路的现场管理和车辆调度，提高了铁路运输的效率。仅这一项，每年为国家铁路局增收近 3 亿元。

其次，可配合“5T”系统[2]，根据车次、车号、车辆的吨位，对运行车辆进行故障的准确预报和跟踪。举例来说，单 THDS（红外线轴温探测系统）一项，原来没有车次、车号信息，每年误扣、甩车的数量高达 1 万辆（即 1 万列）以上，由此而打乱行车秩序造成的经济损失更是无法估量。

1　图片来源：FRID 世界网。

2　“5T”系统包括车辆轴温智能探测系统（THDS）、车辆运行品质动态监测系统（TPDS）、车辆滚动轴承故障轨边声学诊断系统（TADS）、货车故障动态图像检测系统（TFDS）和客车运行安全监控系统（TCDS）。

此外，路用货车数量庞大，车辆分散于全国各地，国家铁路局每年都需抽调大量人力、物力进行清查、盘点，耗时费力。

【个案介绍 3-1】 铁路车号自动识别系统（ATIS）

ATIS 是我国最早应用 RFID 技术的系统，也是应用 RFID 技术范围最广的系统。深圳远望谷为国家铁路局开发的 ATIS 可实时、准确无误地采集机车、车辆运行状态的数据，如机车车次、车号、状态、位置、去向和到发时间等信息，实时追踪机车车辆。目前，该系统已遍及全国 18 个铁路局、7 万多公里铁路线。拥有自备铁路线和自备车辆的大企业，也广泛地采用车号自动识别系统，进行车辆运输和调度管理。

案例二：上海世博会门票采用 RFID 技术

2005 年，爱知世博会的门票系统就采用了 RFID 技术，做到了大批参观者的快速入场。2006 年世界杯主办方也采用了嵌入 RFID 芯片的门票，起到了防伪的作用。这引起了大型会展主办方的关注。在 2008 年的北京奥运会上，RFID 技术已得到了广泛应用。

近年来，在上海举行的会展数量以每年 20%的速度递增。上海市政府一直在积极探索如何应用新技术来提升组会能力，以更好地展示上海的城市形象。而 RFID 技术在大型会展中的应用，并由此带来的良好效应，已得到验证。2010 年世博会在上海举办，对主办者、参展者、参观者、志愿者等各类人群有大量的信息服务需求，包括人流疏导、交通管理、信息查询等，RFID 系统正是满足这些需求的有效手段之一。世博会的主办者关心门票的防伪。参展者比较关心究竟有哪些参观者参观过自己的展台，关心内容和产品是什么，以及参观者的个人信息。参观者想迅速获得自己想要的信息，找到所关心的展示内容。而志愿者需要了解全局，去帮助需要帮助的人。这些需求通过 RFID 技术都能够轻而易举地实现。参观者凭借嵌入 RFID 标签的门票入场（见图 3-5），并随身携带。每个展台附近都部署有 RFID 读取器，这样对参展者来说，参观者在展会中走过哪些地方，在哪里驻足时间较长，参观者的基本信息是什么等，就了然于胸了。同时，当参观者走近时，可以更精确地提供服务。而主办者可以在会展上部署带有 RFID 读取器的多媒体查询终端，参观者可以通过终端知道自己当前的位置及所在展区的信息，还能通过查询终端追踪到走失的同伴信息。

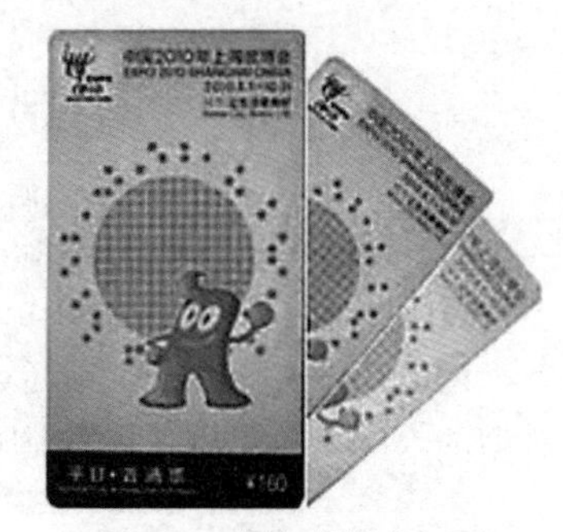
图 3-5 上海世博会门票

案例三：第二代居民身份证

居民身份证作为国家法定证件和公民身份号码的法定载体，已在社会管理和社会生活中得到广泛的应用。

我国从 1985 年开始实行居民身份证制度，目前已由第一代居民身份证全面升级到第二代居民身份证。据中国政府网发布的《关于实施第二代居民身份证全国统一发放工作的通知》，截至 2021 年底，我国已发放第二代居民身份证总数超过 14.5 亿张。对于这么多的人口，如何合理有效地管理好身份证，并充分发挥其作用，一直是政府长期以来面临的问题。特别是改革开放后，我国经济得到迅速发展，多地人口流动频繁，而传统的身份证由于缺乏机器识读功能，并且防伪性能相对较差，从而在许多关键部门无法对身份证进行有效验证和登记，使得公安机关不能全面掌握这些重要信息，给管理工作带来了很大困难。

前些年，全国各地利用第一代假身份证进行犯罪的案件屡有发生，使得人民财产遭受严重的损失，而公安机关却由于缺乏详实的资料，影响了打击力度。因此，改进现有的居民身份证，是提高公安部门执法力度的有效方法之一。于是我国的第二代居民身份证应运而生。

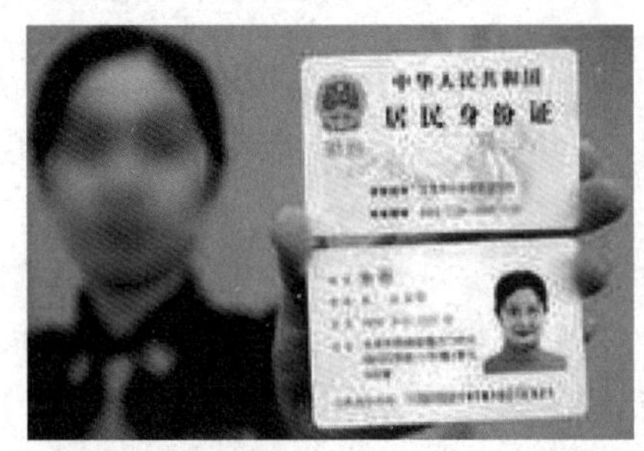

图 3-6　我国第二代居民身份证正面和背面例样[1]

第二代居民身份证（见图 3-6）采用 RFID 技术制作，即在身份证卡内嵌入 RFID 芯片，内嵌芯片保存了证件本人（包括人像相片在内）的 9 项信息，芯片采用符合 ISO/IEC 14443-B 标准的 13.56 MHz 的电子标签。使用证件的单位利用二代身份证可以机读信息的特性，将第二代居民身份证内存储的信息读入相关单位、企业的信息应用系统，既快捷、便利，又准确。

第二代居民身份证内嵌芯片的破解成本极高，这使得证件造假变为不可能，只要通过读卡机自动识别芯片的信息，便可知道真假。目前，有关用证单位和工作人员核查持证人的证件真伪不再困难，在读卡机自动识别的基础上加以比对，便可轻松、便捷地确认持证人的身份。在现实生活中，人们在投宿旅店、办理医疗保险、搭乘民航班机、进行出入境登记、办理金融业务以及参加各类考试等活动时，均统一使用第二代居民身份证。

第三节　RFID 技术基础

一、RFID 系统的构成

RFID 系统包括：射频（识别）标签、射频识别读写设备（读写器）、应用软件。一个典型的 RFID 应用系统的结构如图 3-7 所示。

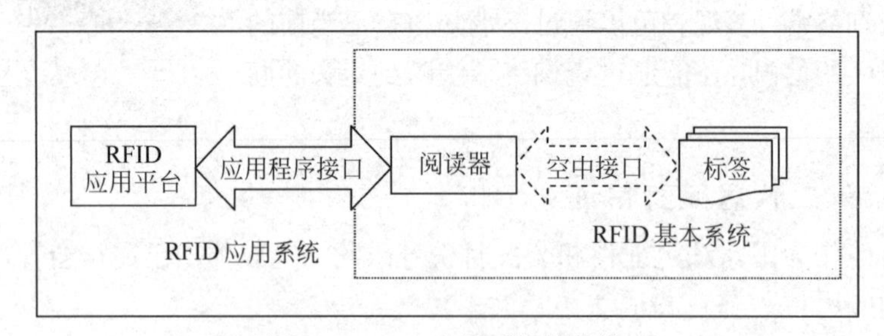

图 3-7　RFID 应用系统的结构

1　本图片来自互动百科：第二代居民身份证。

射频识别标签（TAG）：又称为射频标签、电子标签，主要由存有识别代码的大规模集成线路芯片和收发天线构成。每个标签具有唯一的电子编码，附着在物体上标识目标对象。

读写器（reader）：射频识别读写设备，是连接信息服务系统与标签的纽带，具有目标识别和信息读取（有时还可以写入）功能。标签是被识别的目标，是信息的载体。

应用软件：针对各个不同应用领域的管理软件。

二、RFID 系统的基本工作原理

RFID 技术的基本工作原理是由读写器发射特定频率的无线电波能量，当射频标签进入感应磁场后，接收读写器发出射频信号，无源标签（也称被动标签，passive tag）凭借感应电流所获得的能量发送出存储在芯片中的产品信息，或者由有源标签（也称主动标签，active tag）主动发送某一频率的信号，读写器读取信息并解码后，送至中央信息系统进行有关数据处理。其工作原理如图 3-8 所示。

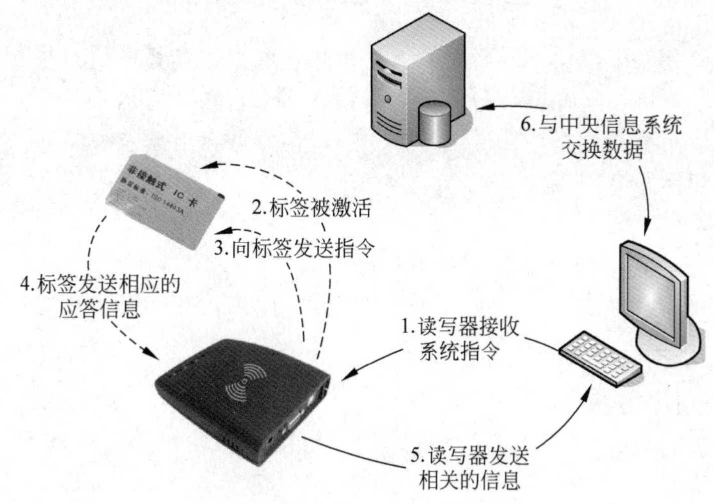

图 3-8　RFID 系统的基本工作原理

RFID 读写器及射频标签之间的通信及能量感应方式大致上可以分成感应耦合（inductive coupling）及后向散射耦合（back scatter coupling）两种。一般低频的 RFID 大多采用第一种方式，而较高频的 RFID 大多采用第二种方式。

读写器根据使用的结构和技术不同，可以是只读或读/写装置，它是 RFID 系统的信息控制和处理中心。读写器通常由耦合模块、收发模块、控制模块和接口单元组成。读写器和射频标签之间一般采用半双工通信方式进行信息交换，同时，读写器通过耦合，给无源射频标签提供能量和时序。

在实际应用中，可以进一步通过以太网（Ethernet）或无线局域网（WLAN）等实现对物体识别信息的采集、处理及远程传送等管理功能。射频标签是 RFID 系统的信息载体，目前，射频标签大多是由耦合元件（线圈、微带天线等）和微芯片组成无源单元。

射频标签与读写器之间，通过两者的天线架起空间电磁波传输的通道，该通道包含两种情况：近距离的电感耦合与远距离的电磁耦合。亦即在低频段基于变压器耦合模型（初级与次级之间的能量传递及信号传递），在高频段基于雷达探测目标的空间耦合模型（雷达发射电磁波信号遇到目标后会携带目标信息返回雷达接收机）。

在电感耦合方式中，读写器一方的天线相当于变压器的初级线圈，射频标签一方的天线相当于变压器的次级线圈，因此，也称电感耦合方式为变压器方式。电感耦合方式的耦合中介是空间磁场，耦合磁场在读写器初级线圈与射频标签次级线圈之间构成闭合回路。电感耦合方式是低频、近距离、非接触式射频识别系统的一般耦合方式。

在电磁耦合方式中，读写器的天线将读写器产生的读写射频能量以电磁波的方式发送到定向的空间范围内，形成读写器的有效阅读区域。位于读写器有效阅读区域内的射频标签从读写器天线发出的电磁场中提取工作电源，并通过射频标签内部的电路及天线将标签内存储的数据信息传送到读写器。

【概念辨析 3-1】　电感耦合与电磁耦合的区别

在电感耦合方式中，读写器将射频能量束缚在读写器电感线圈的周围，通过交变闭合的线圈磁场形成读写器线圈与射频标签线圈之间的射频通道，并不向空间辐射电磁能量，因此，识读距离较近。在电磁耦合方式中，读写器将射频能量以电磁波的形式发送出去，从而实现远距离的识读。

对 RFID 系统，需要清楚认识到以下三点：

（1）数据交换是目的；

（2）时序是数据交换实现的方式；

（3）能量是时序得以实现的基础。

1. 能量

读写器向射频标签供给射频能量。对于无源射频标签来说，其工作所需的能量由该射频能量提供（一般利用整流方法将射频能量转变为直流电源存储在标签中的电容器里）；对于（半）有源射频标签来说，该射频能量起到了唤醒标签转入工作状态的作用；完全有源射频标签一般不利用读写器发出的射频能量，因此读写器可以用较小的能量发射实现较远的通信距离，移动通信中的基站与移动台之间的通信方式可归入该类。

2. 时序

对于双向系统（读写器向射频标签发送命令与数据，射频标签向读写器返回所存储的数据）来说，读写器一般处于主动状态，即读写器发出询问后，射频标签予以应答，这种方式为读写器先讲方式。

另一种情况是射频标签先讲方式，即射频标签满足工作条件后，首先自报家门，读写器根据射频标签提供的信息，进行记录或进一步发出一些询问信息，与射频标签构成一个完整对话，从而达到读写器对射频标签进行识别的目的。

在 RFID 系统的应用中，根据读写器读写区域中允许出现单个射频标签或多个射频标签的不同，将 RFID 系统称为单标签识别系统与多标签识别系统。

在读写器的阅读范围内有多个标签时，对于具有多标签识读功能的 RFID 系统来说，一般情况下，读写器处于主动状态，即读写器先讲方式。读写器通过发出一系列的隔离指令，使得读出范围内的多个射频标签逐一或逐批地被隔离（令其睡眠）出去，最后保留一个处于活动状态的标签与读写器建立起无冲撞的通信。通信结束后，将当前活动标签置为第三态（可称其为休眠状态，只有通过重新上电，或特殊命令，才能解除休眠），进一步由读写器对被隔离（睡眠）的标签发出唤醒命令，唤醒一批（或全部）被隔离的标签，使其进入活动状态，再进一步隔离，选出一个标签通信。如此重复，读写器可读出阅读区域内的多个射频标签信息，从而实现对多个标签分别写入指定的数据。

现实中也有采用标签先讲的方式来实现多标签读取的应用。多标签读写问题是 RFID 技术及应用中面临的一个较为复杂的问题，目前，已有多种实用方法来解决这一问题。解决方案的评价依据一般考虑以下三个因素：

（1）多标签读取时待读标签的数目；

（2）单位时间内识别标签数目的概率分布；

（3）标签数目与单位时间内识读标签数目概率分布的联合评估。

理论分析表明，现有的方法都有一定的适用范围，需要根据具体的应用情况，结合上述三点因素对多标签读取方案给出合理评价，选出适合具体应用的方案。多标签读取方案涉及射频标签与读写器之间的协议配合，一旦选定，就不易更改。

对于无多标签识读功能的 RFID 系统来说，当读写器的读写区域内同时出现多个标签时，由于多标签同时响应读写器发出的询问指令，会造成读写器接收信息相互冲突而无从读取标签信息，典型情况是一个标签信息也读不出来。

3．数据传输

RFID 系统中的数据交换包含以下两个方面的含义。

1）从读写器向射频标签方向的数据交换

从读写器向射频标签方向的数据交换主要有两种方式，即接触写入方式（也称有线写入方式）和非接触写入方式（也称无线写入方式）。具体采用何种方式，需结合应用系统的需求、代价、技术实现的难易程度等因素来确定。

在接触写入方式下，读写器的作用是向射频标签（中的存储单元）写入数据信息。此时，读写器更多地被称为编程器。根据射频标签存储单元及编程写入控制电路的设计情况，写入可以是一次性写入不能修改，也可以是允许多次改写的情况。

在绝大多数通用 RFID 系统应用中，每个射频标签要求具有唯一的标识，这个唯一的标识被称为射频标签的 ID 号。ID 号的固化过程可以在射频标签芯片生产过程中完成，也可以在射频标签应用确定后的初始化过程中完成。通常情况下，在标签出厂时，ID 号已被固化在射频标签内，用户无法修改。对于声表面波（SAW）射频标签以及其他无芯片射频标签来说，一般均在标签制造过程中将标签 ID 号固化到标签存储器中。

非接触写入方式是 RFID 系统中从读写器向射频标签方向数据交换的另外一种情况。由于RFID系统实现技术方面的一些原因，一般情况下应尽可能地不采用非接触写入方式，尤其是在 RFID 系统工作过程中。这种建议的主要原因有以下几点。

（1）非接触写入功能的 RFID 系统属于相对复杂的系统。能够采用简单系统解决应用问题即采用简单系统是一般的工程设计原理，其背后隐含着简单系统较复杂系统成本更低、可靠性更高、培训及维护成本更低等优势。

（2）采用集成电路芯片的射频标签写入信息需要的能量比读出信息需要的能量大得多，这个数据可以以 10 倍的量级进行估算，这就会造成射频标签非接触写入过程花费的时间要比从中读取等量数据信息花费的时间长得多。写入后，一般均应对写入结果进行检验，检验的过程是一个读取过程，从而造成写入过程所需时间进一步增加。

（3）写入过程花费时间的增加非常不利于 RFID 技术在鉴别高速移动物体方面的应用。这很容易理解，读写器与射频标签之间经空间传输通道交换数据的过程中，数据是一位一位排队串行进行的，其排队行进的速度是 RFID 系统设计时就决定了的。将射频标签看作数据信息的载体，数据信息总是由一定长度的数据位组成，因此，读取或写入这些数据信息位要花费一定的时间。移动物体运动的速度越高，通过阅读区域所花费的时间就越少。当有非接触写入要求时，必然将限制物体的运动速度，以保证有足够的时间用于写入信息。

（4）非接触写入过程中存在射频标签信息的安全隐患。由于写入通道处于空间暴露状态，因此给蓄意攻击者提供了改写标签内容的机会。

另一方面，如果将注意力放在读写器向射频标签是否发送命令方面，也可以分为两种情况，即射频标签只接收能量激励和既接收能量激励也接收读写器代码命令。

射频标签只接收能量激励的系统属于较简单的射频识别系统，这种射频识别系统一般不具备多标签识别能力。射频标签在其工作频带内的射频能量激励下，被唤醒或上电，同时将标签内存储的信息反射出来。目前在用的铁路车号识别系统即采用这种方式工作。

同时接收能量激励和读写器代码命令的系统属于复杂 RFID 系统。射频标签接收读写器的指令无外乎是为了做两件事，即无线写入和多标签读取。

2）从射频标签向读写器方向的数据交换

射频标签的工作使命是实现从标签向读写器方向的数据交换，其工作方式包括：

（1）射频标签收到读写器发送的射频能量时即被唤醒，并向读写器反射标签内存储的数据信息；

（2）射频标签收到读写器发送的射频能量被激励后，根据接收到的读写器的指令情况，转入“发送数据”状态或“睡眠/休眠”状态。

从工作原理上来说，第一种工作方式为单向通信，第二种工作方式为半双工双向通信。

三、射频标签的基本工作原理

射频标签又称为电子标签、应答器、数据载体等。电子标签与读写器之间通过耦合元件实现射频信号的空间（非接触）耦合，在耦合通道内，根据时序关系，实现能量的传递和数据的交换。与其他数据载体相比，射频标签具有以下特性。

（1）数据存储量大。容量更大，数据可随时更新，可读写。
（2）读写速度快。读写速度更快，可多目标识别、运动识别。
（3）使用方便。体积小，容易封装，可以嵌入产品内。
（4）安全。专用芯片，序列号唯一，很难复制。
（5）耐用。无机械故障，寿命长，抗恶劣环境。

【概念辨析 3-2】　射频标签与条码比较

（1）射频标签可以识别单个的非常具体的物体，条码一般用于识别一类物体。
（2）射频标签可以透过外部包装材料读取数据，条码必须在无遮挡情况下读取信息。
（3）利用射频标签可以同时对多个物体进行识读，而条码只能一个一个地识读。
（4）射频标签储存的信息量比条码储存的信息量大得多。

1．射频标签的常见形态[1]

射频标签常见的形式有以下几种：标准尺寸的卡式标签（见图 3-9（a）），钥匙扣标签（见图 3-9（b）），玻璃管标签（见图 3-9（c）），禽类脚环标签（见图 3-9（d）），纸质电子标签（见图 3-9（e）），酒类防伪标签（见图 3-9（f）），手表腕带式标签（见图 3-9（g））。

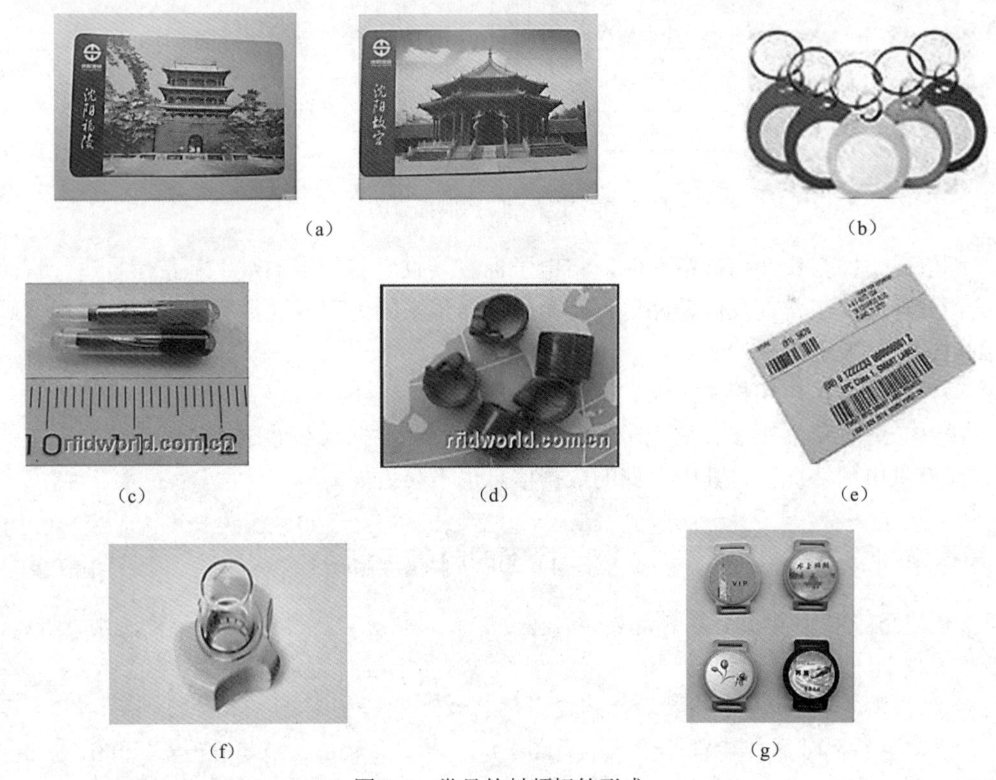

（a）　（b）　（c）　（d）　（e）　（f）　（g）

图 3-9　常见的射频标签形式

1　以下引用的图片，来自谷歌图片搜索和 RFID 世界网。

2．射频标签的内部结构

射频标签的样式虽然多种多样，但其内部结构基本一致。射频标签的内部结构如图 3-10 所示。

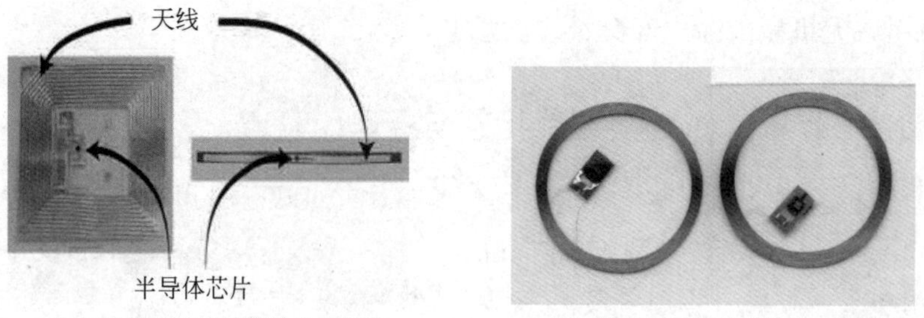

（a）蚀刻式天线标签的内部结构　　（b）绕线式天线标签的内部结构

图 3-10　射频标签的内部结构

电子标签的控制部分主要由编解码电路、微处理器（CPU）和 E^2PROM 存储器等组成，其结构如图 3-11 所示。

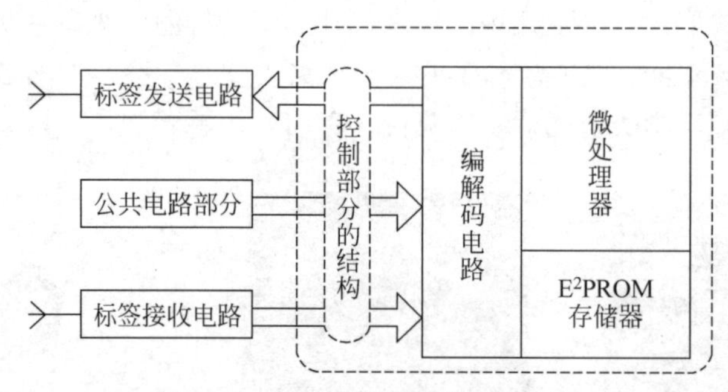

图 3-11　电子标签控制部分的结构

编解码电路工作在前向链路时，将电子标签接收电路传来的数字基带信号进行解码后传给微处理器；工作在反向链路时，将微处理器传来的处理好的数字基带信号进行编码后送到电子标签发送电路端。

微处理器用于控制相关协议、指令及处理功能。

E^2PROM 存储器用于存储电子标签的相关信息和数据，存储时间可以长达几十年，并且在没有供电的情况下，其中存储的数据信息也不会丢失。

【知识链接 3-4】　　电子标签的封装工艺

从应用来看，电子标签的封装形式多姿多彩，它不但不受标准形状和尺寸的限制，其构成也是多种多样，甚至可以根据各种不同的需求进行特殊的设计。电子标签所标识的对象可以是人、动物和物品，其构成当然就会千差万别。

目前已得到应用的传输邦（transponder）的尺寸从 ϕ6mm 到 76mm×45mm，小的甚至使用灰尘级芯片制成，包括天线在内也只有 0.4mm×0.4mm 大小；存储容量从 64～200b 的只读 ID 号的小容量型，到可存储数万比特数据的大容量型（例如 E^2PROM 32kb）；封装材质从不干胶，到开模具注塑成型的塑料等。

总之，在根据实际要求设计电子标签时要发挥想象力和创造力，灵活地采用切合实际的方案。另外，实践证明，电子标签的构成是保证应用成功的重要因素之一。主要的电子标签形式如下所述。

（1）卡片类（PVC、纸、其他）

① 层压

有熔压和封压两种。熔压是由中心层的 INLAY 片材和上下两片 PVC 材加温加压制作而成。PVC 材料与 INLAY 片材熔合后，经冲切成 ISO 7816 所规定的尺寸大小。当芯片采用传输邦时，芯片凸起在天线平面上（天线厚 0.01～0.03mm），可以采用另一种层压方式——封压。此时，基材通常为 PET 或纸，芯片厚度通常为 0.20～0.38mm，制卡封装时仅将 PVC 在天线周边封合，而不是熔合，芯片部位又不受挤压，可以避免芯片被压碎的情况出现。

② 胶合

采用纸或其他材料通过冷胶的方式使传输邦上下材料胶合成一体，再模切成各种尺寸的卡片或吊牌。

（2）标签类

① 粘贴式

成品可制成人工或贴标机揭取的卷标形式。粘贴式电子标签是应用最多的主流产品，即商标背面附着电子标签，直接贴在被标识物上。如果在标签发行时还须打印条码等操作，打印部位必须与背面的传输邦定位准确，如航空用行李标签、托盘用标签等。

② 吊牌类

对于服装、物品等被标识物一般采用吊牌类产品，其特点是尺寸紧凑，可以打印，也可以回收。

（3）异形类

① 金属表面设置型

大多数电子标签会不同程度地受到接触的（甚至附近的）金属的影响而不能正常工作。这类标签经过特殊处理，可以设置在金属上，并可以读写。所谓特殊处理指的是需要增大安装空隙、设置屏蔽金属影响的材料等。产品封装可以采用注塑式或滴塑式。多应用于压力容器、锅炉、消防器材等各类金属件的表面。

② 腕带型

这种标签可以一次性（如医用）或重复使用（如游乐场、海滩浴场等）。

③ 动、植物使用型

封装形式可以是注射式玻璃管、悬挂式耳标、套扣式脚环、嵌入式识别钉等多种形式。

四、射频读写设备的基本工作原理

1. 射频读写设备的结构与工作原理

读写器从接口来看主要有并口读写器、串口读写器、USB 读写器、PCMICA 卡读写器和 IEEE 1394 读写器。

射频标签读写设备根据具体实现功能的特点，也有一些其他较为流行的别称，如阅读器（reader）、查询器（interrogator）、通信器（communicator）、扫描器（scanner）、读写器（reader and writer）、编程器（programmer）、读出装置（reading device）、便携式读出器（portable readout device）、AEI 设备（automatic equipment identification device）等，最常用的为读写器。

从电路实现角度来讲，读写器本身又可划分为两大部分，即射频模块（射频通道）与基带模块。读写器的内部结构示意图如图 3-12 所示，典型的一体式高频读写器实物图片如图 3-13 所示。

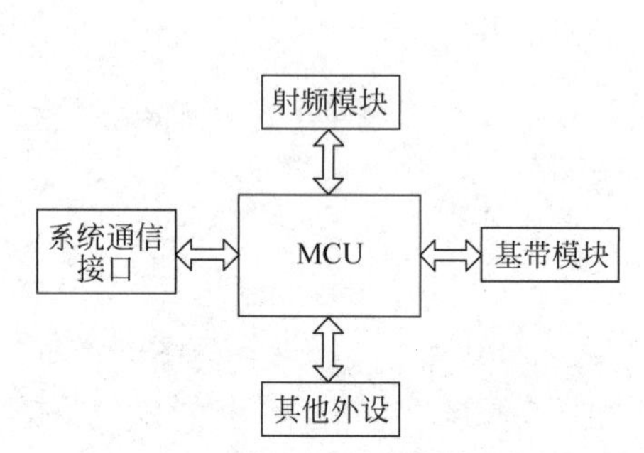

图 3-12　读写器内部结构示意图

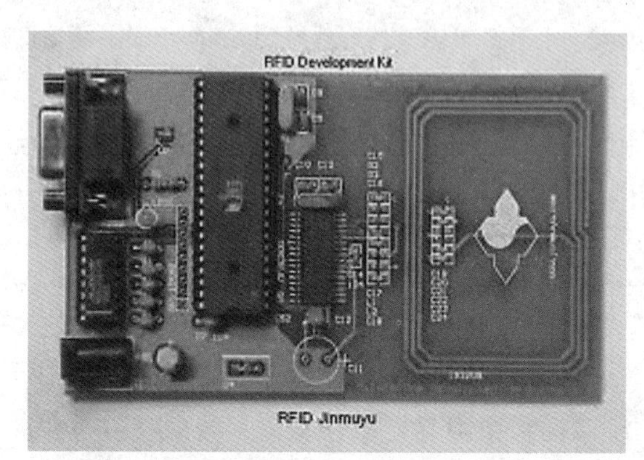

图 3-13　典型的一体式高频读写器实物图片

射频模块所做的工作主要有以下两项。

（1）将读写器欲发往射频标签的命令调制（装载）到射频信号（也称为读写器/射频标签的射频工作频率）上，经由发射天线发送出去。发送出去的射频信号（可能包含有传向标签的命令信息）经过空间传送（照射）到射频标签上，射频标签对发送过来的射频信号作出响应，形成返回读写器天线的反射回波信号。

（2）将射频标签返回到读写器的回波信号进行必要的加工处理，并从中解调（卸载）提取出射频标签回送的数据。

基带模块所做的工作也包含两项。

（1）对读写器智能单元（通常为计算机单元 CPU 或 MPU）发出的命令进行加工（编码），使之成为便于调制（装载）到射频信号上的编码调制信号。

（2）对经射频模块解调处理的标签回送数据信号进行必要的处理（包含解码），并将处理后的结果送入读写器智能单元。

一般情况下，读写器的智能单元也划归为基带模块部分。从原理上来说，智能单元是读写器的控制核心；从实现角度来说，通常采用嵌入式 MPU，并通过编制相应的 MPU 控制程序，对收发信号实现智能处理以及与后端应用程序之间的接口——API。

射频模块与基带模块的接口为调制（装载）/解调（卸载），在系统实现中，通常射频模块包括调制/解调部分，也包括解调之后对回波小信号的必要加工处理（如放大、整形）电路等。射频模块的收发分离是采用单天线系统必须处理好的一个关键问题。

2. 射频读写设备的工作过程

射频读写设备的工作过程如图 3-14 所示，具体过程描述如下。

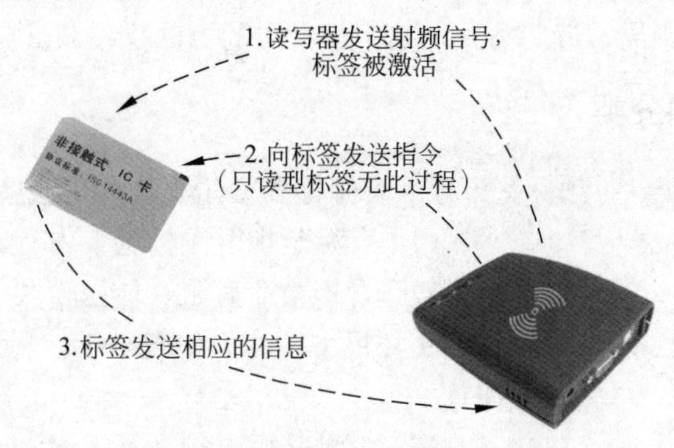

图 3-14　射频读写设备的工作过程

（1）读写器通过发射天线发送一定频率的射频信号，当射频卡进入发射天线的工作区域时，产生感应电流，射频卡获得能量被激活。

（2）射频卡将自身编码等信息通过内置的发送天线发送出去。

（3）读写器的接收天线接收到从射频卡发送来的载波信号，经天线调节器传送到读写器，由读写器对接收到的信号进行解调和解码，然后送到后台主系统进行相关处理。

（4）处理器根据逻辑运算来判断该卡的合法性，针对不同的设定，做出相应的处理，发出指令信号，控制执行机构的动作。

通常情况下，射频标签读写设备应根据射频标签的读写要求以及应用需求的情况来设计。随着射频识别技术的发展，射频标签读写设备也形成了一些典型的系统实现模式，本节重点介绍了这种读写器的实现原理。从最基本的原理角度而言，射频标签读写设备一般均采用如图 3-8 所示的工作原理。

读写器即对应于射频标签的读写设备，读写设备与射频标签之间必然通过空间信道来实现读写器向射频标签发送命令，射频标签接收到读写器的命令后，做出必要的响应，由此实现射频识别。

此外，在 RFID 系统中，一般情况下，通过读写器实现的对射频标签数据的非接触收集，或由读写器向射频标签中写入的标签信息，均要回送应用系统中或来自应用系统，这就形成了射频标签读写设备与应用系统程序之间的接口——应用程序编程接口（application programming interface，API）。一般情况下，要求读写器能够接收来自应用系统的命令，并且根据应用系统的命令或约定的协议作出相应的响应（回送收集到的标签数据等）。

第四节　RFID 技术设备概述

RFID 技术设备主要包括射频标签和读写器，下面分别介绍各种射频标签与读写器的特性和应用。

一、射频标签

目前，射频标签的分类方法有很多种，通用的依据有 5 种，分别是供电方式、载波频率、激活方式、作用距离、读写方式，其中最常用的方法是按载波频率分类。

1. 按供电方式分类

按供电方式来分类，射频标签可分为有源标签（有源卡）和无源标签（无源卡）两种。

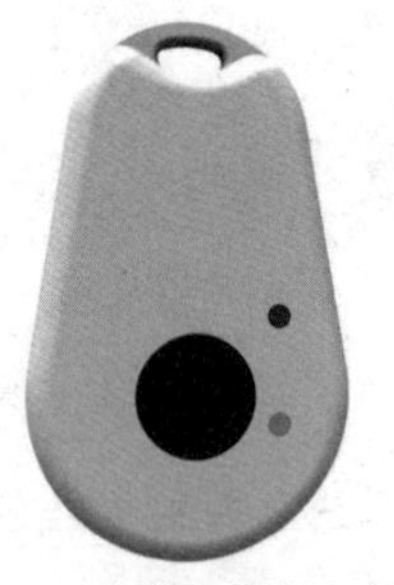

图 3-15 一种有源射频卡的图片[1]

（1）有源是指射频标签卡内有电池提供电源，其作用距离较远，但寿命有限、体积较大、成本较高，且不适合在恶劣环境下工作。如图 3-15 所示为一种有源射频卡的图片。

（2）无源是指射频标签卡内无电池，它利用波束供电技术，将接收到的射频能量转化为直流电源，为卡内电路供电。其作用距离相对较短，但寿命长，且对工作环境要求不高。

2. 按载波频率分类

目前，常用的 RFID 产品按应用频率的不同，可分为低频（LF）、高频（HF）、超高频（UHF）、微波（MW）四种，相对应的代表性频率分别为：低频 135kHz 以下，如 125kHz、133kHz；高频 13.56MHz、27.12MHz；超高频 850～960MHz；微波 2.4GHz、5.8GHz。

对一个 RFID 系统来说，它的频段是指读写器通过天线发送、接收并识读的标签信号的频率范围。从应用方面来讲，射频标签的工作频率也就是 RFID 系统的工作频率，直接决定系统应用的各方面特性。在 RFID 系统中，系统工作就像平时收听调频广播一样，射频标签和读写器也要调制到相同的频率才能工作。

射频标签的工作频率不仅决定着 RFID 系统的工作原理（电感耦合或电磁耦合）、识别距离，还决定着射频标签及读写器实现的难易程度和设备成本。LF 和 HF 频段的 RFID 电子标签一般采用电感耦合；而 UHF 及 MW 频段的 RFID 电子标签一般采用电磁耦合。

UHF 频段的远距离 RFID 系统在北美得到了很好的发展；欧洲的应用则以有源 2.45GHz RFID 系统为主；5.8GHz RFID 系统在日本和欧洲均有较为成熟的应用。不同频段的 RFID 产品有不同的特性，被用在不同的领域，因此要正确地选择合适的频率。

1）低频（工作频率为 120～135kHz）

RFID 技术首先在低频频段得到广泛的应用和推广，该频段主要是通过电感耦合的方式进行工作，也就是在读写器线圈和应答器线圈间存在着变压器耦合作用，通过读写器交变场的作用，在应答器天线中感应的电压被整流，作为供电电压使用。低频段 RFID 系统的磁场区域能够很好地被定义，但是场强下降得太快。

低频标签的表现形式多种多样，除标准的卡式封装外，还有其他的典型封装形式，以适应不同的应用场合。如图 3-16 所示为典型的低频卡实物图片。

---

1 图片来源：RFID 世界网。

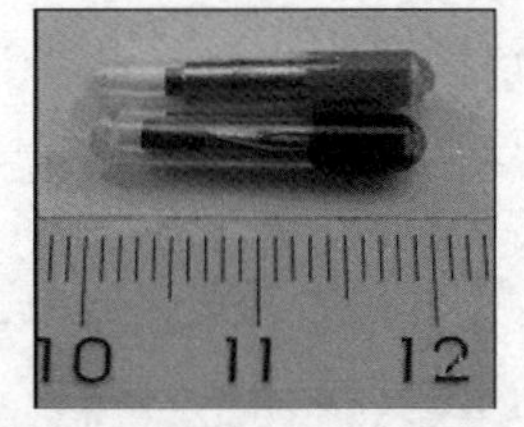

图 3-16　典型的低频卡实物图片

低频标签的主要特性与特点如下所述。

（1）工作在低频频段应答器的一般工作频率为 120～135kHz，TI（TI 指德州仪器）低频标签的工作频率为 134.2kHz，该频段的波长大约为 2500m。

（2）除了金属材料外，一般低频能够穿过任意材料的物品而不降低它的读取距离。

（3）工作在低频的读写器在全球范围内均没有任何特殊的许可限制。

（4）低频产品有不同的封装形式。好的封装形式虽然比较贵，但是有 10 年以上的使用寿命。

（5）虽然该频率的磁场强度下降很快，但是能够产生相对均匀的读写区域。

（6）相对于其他频段的 RFID 产品，该频段数据传输速率比较慢。

（7）应答器的价格相对于其他频段来说更贵。

【知识链接 3-5】　　低频标签的国际标准

（1）ISO 11784：RFID 技术在畜牧业的应用——编码结构。

（2）ISO 11785：RFID 技术在畜牧业的应用——技术理论。

（3）ISO 14223-1：RFID 技术在畜牧业的应用——空气接口。

（4）ISO 14223-2：RFID 技术在畜牧业的应用——协议定义。

（5）ISO 18000-2 定义低频的物理层、防冲撞和通信协议。

（6）DIN 30745 主要是欧洲对垃圾管理应用定义的标准。

低频标签的主要应用范围包括：①畜牧业的管理系统；②汽车防盗和无钥匙开门系统；③马拉松赛跑系统；④自动停车场收费和车辆管理系统；⑤自动加油系统；⑥酒店门锁系统；⑦门禁和安全管理系统。

2）高频（工作频率为 13.56MHz）

在该频率的应答器不再需要线圈进行绕制，可以通过腐蚀或者印刷的方式制作天线。应答器一般通过负载调制的方式进行工作，也就是通过应答器上负载电阻的接通和断开促使读写器天线上的电压发生变化，实现用远距离应答器对天线电压进行振幅调制。如果人们通过数据控制负载电压的接通和断开，那么这些数据就能够从应答器传输到读写器。高频射频标签的内部结构如图 3-17 所示。

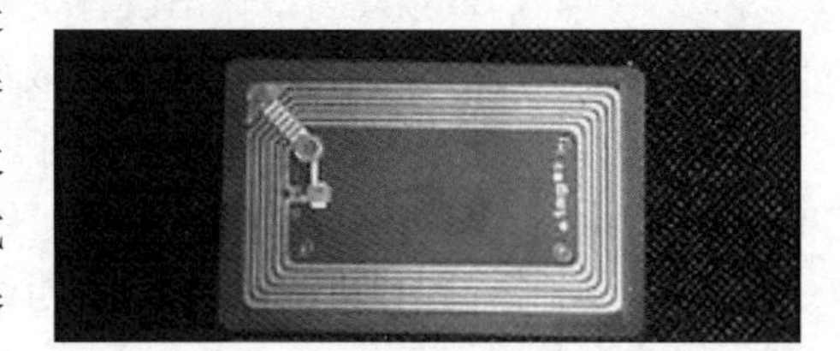

图 3-17　高频射频标签的内部结构

高频标签的主要特性与特点如下所述。

（1）工作频率为 13.56MHz，该频率的波长大约为 22m。

（2）除金属材料外，该频率的波长可穿越大多数材料，但是往往会因此降低读取距离。应答器需要离开金属一段距离。

（3）该频段在全球都得到认可，并没有特殊的限制。

（4）应答器一般以电子标签的形式存在。

（5）虽然该频率的磁场强度下降很快，但是能够产生相对均匀的读写区域。

（6）该系统具有防冲撞特性，可以同时读取多个电子标签。

（7）可以把某些数据信息写入标签中。

（8）数据传输速率比低频要快，价格不是很贵。

【知识链接 3-6】　　高频标签的国际标准

（1）ISO/IEC 14443：近耦合 IC 卡，最大读取距离为 10cm。

（2）ISO/IEC 15693：疏耦合 IC 卡，最大读取距离为 1m。

（3）ISO/IEC 18000-3 标准定义了 13.56MHz 系统的物理层，防冲撞算法和通信协议。

（4）13.56MHz ISM Band Class 1 定义 13.56MHz 符合 EPC 的接口定义。

高频标签的主要应用范围包括：①图书管理系统；②瓦斯钢瓶；③服装生产线和物流系统；④三表预收费系统；⑤酒店门锁；⑥大型会议人员通道系统；⑦固定资产的管理系统；⑧医药物流系统；⑨智能货架。

3）超高频（工作频率在 860～960MHz 之间）

超高频系统通过电场来传输能量，电场的能量下降得不是很快，但是读取的区域不能很好地确定。该频段读取距离比较远，无源可达 10m 左右。主要通过电容耦合的方式实现。

超高频电子标签的应用范围非常广泛，为了满足特殊环境下的应用，其封装材质、形式也是千变万化。如图 3-18 所示为四种典型的超高频标签[1]。

超高频标签的主要特性与特点如下所述。

（1）在该频段，全球的定义不大相同。例如，①中国内陆定义的频段为 840～844MHz 和 920～924MHz；②欧洲和部分亚洲定义的频率为 868MHz；③日本建议的频段为 950～956MHz；④中国香港、泰国、新加坡定义的频段为 920～925MHz；⑤北美及南美定义的频段为 902～928MHz。该频段的波长大约为 30cm。

（2）目前，该频段功率输出没有统一的定义（美国定义为 4W，欧洲定义为 500mW，可能欧洲限制会上升到 2W EIRP（有效全向辐射功率））。

（3）超高频频段的电波不能通过许多材料（或物质），特别是水、灰尘、雾等悬浮颗粒物质。但相对于高频的电子标签来说，该频段的电子标签不需要和金属分开。

（4）电子标签的天线一般是长条和标签状。天线有线性和圆极化两种设计，以满足不同应用的需求。

（5）该频段有很好的读取距离，但很难确定读取区域。

1　图片来源：RFID 世界网。

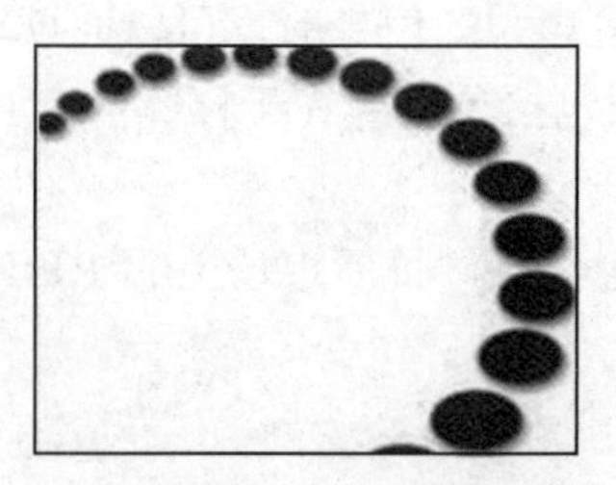

（a）300℃耐高温洗衣标签

（b）文件标签

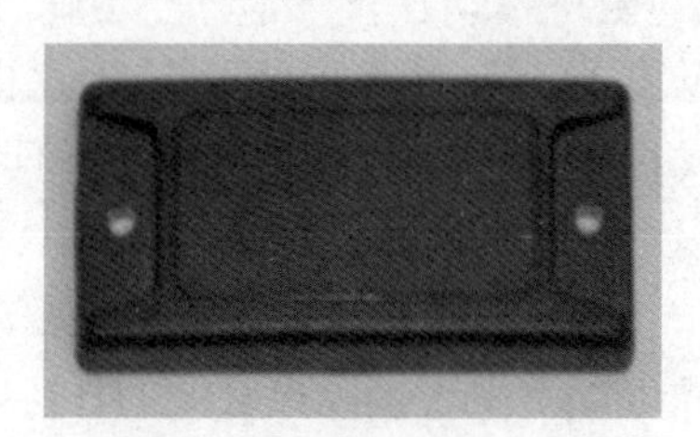

（c）超高频抗金属标签

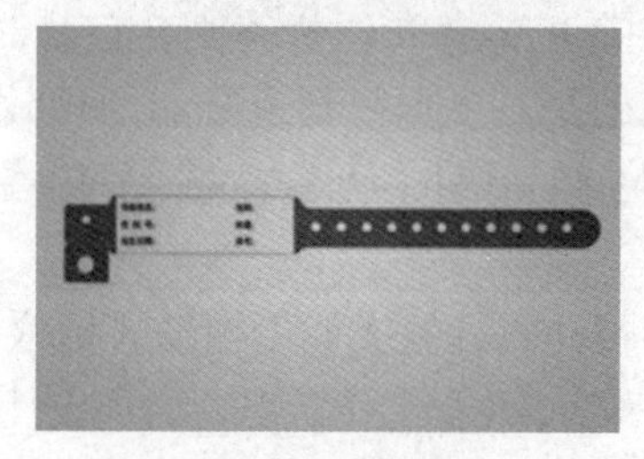

（d）超高频腕带标签

图 3-18　典型的超高频标签

（6）有很高的数据传输速率，在很短的时间内可以读取大量的电子标签。

【知识链接 3-7】　读取区域超高频标签的国际标准

（1）ISO/IEC 18000-6 定义了超高频的物理层和通信协议；空气接口定义了 Type A 和 Type B 两部分；支持可读和可写操作。

（2）EPC Global 定义了电子物品编码的结构和超高频的空气接口以及通信的协议，例如：Class 0、Class 1、UHF Gen 2。

（3）Ubiquitous ID（UID）是为区别物体独特的标识符，叫作到处存在的身份识别。

超高频标签的主要应用范围包括：①供应链的管理；②生产线自动化的管理；③航空包裹的管理；④集装箱的管理；⑤铁路包裹的管理；⑥后勤管理系统。

将来，超高频的产品会得到大量的应用，如沃尔玛、Tesco、美国国防部和麦德龙超市等，都会在它们的供应链上应用超高频的 RFID 技术。

4）微波（2.45GHz、5.8GHz）

微波有源 RFID 技术具有发射功率低、通信距离长、传输数据量大、可靠性高和兼容性好等特点，与无源 RFID 相比，在技术上的优势非常明显，被广泛地应用到公路收费、港口货运管理等场合。

3. 按激活方式分类

RFID 标签按激活方式，可分为被动式标签、半被动式标签（也称作半主动式标签）、主动式标签三类。

1）被动式标签

被动式标签没有内部供电电源，其内部集成电路通过接收到的电磁波进行驱动，这些电磁波是由 RFID 读取器发出的。当标签接收到强度足够大的信号时，可以向读取器发出数据。这些数据不仅包括 ID 号（全球唯一标识 ID），还包括预先存在于标签的 E^2PROM 中的数据。

被动式标签具有价格低廉、体积小巧、无须电源等优点，目前市场上的 RFID 标签主要是被动式的。

2）半被动式标签

一般而言，被动式标签的天线有两个任务：第一，接收读取器发出的电磁波，借以驱动标签 IC；第二，标签回传信号时，需要靠天线的阻抗作切换，才能产生 0 与 1 的变化。问题是，要想得到最好的回传效率，天线阻抗必须设计在“开路与短路”，这样又会使信号完全反射，无法被标签 IC 接收。半主动式标签就是为了解决这样的问题而出现的。

半被动式标签类似于被动式标签，不过它多了一个小型电池，电力恰好可以驱动标签 IC，使得 IC 处于工作状态。这样设计的好处在于天线可以不用管接收电磁波的任务，充分发挥回传信号的功能。与被动式标签相比，半被动式标签的反应速度更快、效率更高。

3）主动式标签

与被动式标签和半被动式标签不同的是，主动式标签本身具有内部电源供应器，用以供应内部 IC 所需电源，以产生对外的信号。一般来说，主动式标签具有较长的读取距离和较大的存储器容量，可以储存读取器传送来的一些附加信息。

4．按作用距离分类

按作用距离，射频标签可分为：①密耦合卡（作用距离小于 1cm）；②近耦合卡（作用距离小于 15cm）；③疏耦合卡（作用距离约 1m）；④远距离卡（作用距离 1～10m，甚至更远）。

5．按读写方式分类

根据射频标签的读写方式可以分为只读型标签和读写型标签两类。

1）只读型标签

在识别过程中，内容只能读出、不可写入的标签是只读型标签。只读型标签的存储器是只读型存储器。只读型标签又可分为以下三种。

（1）只读标签

只读标签的内容在标签出厂时已被写入，识别时只可读出，不可再改写。存储器一般由 ROM 组成。

（2）一次性编程只读标签

标签的内容只可在应用前一次性编程写入，识别过程中标签内容不可改写。一次性编程只读标签的存储器一般由 PROM、PAL 组成。

（3）可重复编程只读标签

标签内容经擦除后可重新编程写入，识别过程中标签内容不改写。可重复编程只读标签的存储器一般由 EPROM 或 GAL 组成。

2）读写型标签

识别过程中，其中的内容既可以被读写器读出，又可由读写器写入的标签是读写型标签。读写型标签可以只具有读写型存储器（如 RAM 或 E^{2}PROM），也可以同时具有读写型存储器和只读型存储器。读写型标签应用过程中数据是双向传输的。

根据以上叙述，将电子标签常用参数进行对比，如表 3-2 所示。

表 3-2　各频段电子标签的常用参数对比

工作频率	标准协议	最大读 写距离	受方向 影响	芯片价格 （相对）	数据传输速 率（相对）	目前使 用情况
120～ 135kHz	ISO 11784/11785 ISO 18000-2	10cm	无	一般	慢	大量使用
13.56MHz	ISO/IEC 14443	10cm	无	一般	较慢	大量使用
	ISO/IEC 15693	单向 180cm 全向 100cm	无	一般	较快	
860～ 960MHz	ISO/IEC 18000-6 EPCx	10m	一般	一般	读快 写较慢	大量使用
2.4GHz	ISO/IEC 18001-3	10m	一般	较高	较快	可能大量使用
5.8GHz	ISO/IEC 18001-5	10m 以上	一般	较高	较快	可能大量使用

二、射频读写设备

与射频标签相比，射频读写设备的分类方法相对较少，常用的方法如下所述。

1．按通信方式分类

1）读写器先发言（reader talk first，RTF）

RTF 的工作过程为读写器首先向标签发送射频能量，标签只有在被激活且收到完整的读写器命令后才对命令作出响应，返回相应的数据信息。

2）标签先发言（rag talk first，TTF）

TTF 的读写器只发送等幅的、不带信息的射频能量。标签激活后，反向散射标签数据信息。

3）全双工（full duplex，FDX）和半双工（half duplex，HDX）

全双工方式是指 RFID 系统工作时，允许标签和读写器在同一时刻双向传送信息。

半双工方式是指RFID 系统工作时，在同一时刻仅允许读写器向标签传送命令或信息，或是标签向读写器返回信息。

2．按应用模式分类

1）固定式读写器

天线、读写器和主控机分离，读写器和天线可分别固定安装，主控机一般在其他地方安装或安置。读写器可有多个天线接口和多种 I/O 接口。如图 3-19 所示为几款固定式读写器，如图 3-20 所示为两种固定式读写器天线，如图 3-21 所示为仓储物流 RFID 管理系统。

（a）XCRF-860 型读写器

（b）XCRF-510 型发卡器

（c）SR-8x02 型工业级读写器

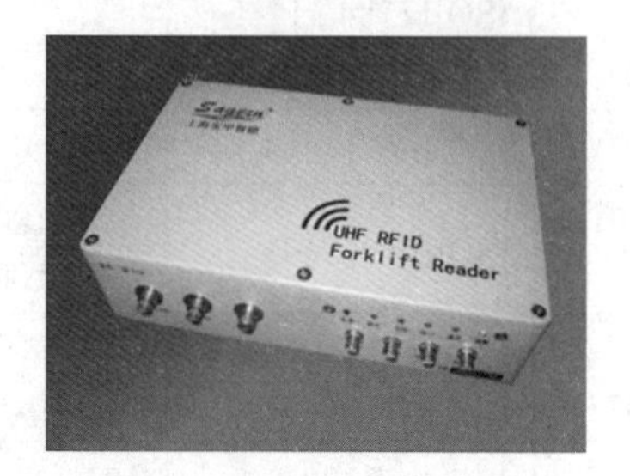

（d）SR-7114 型车载读写器

图 3-19　固定式读写器[1]

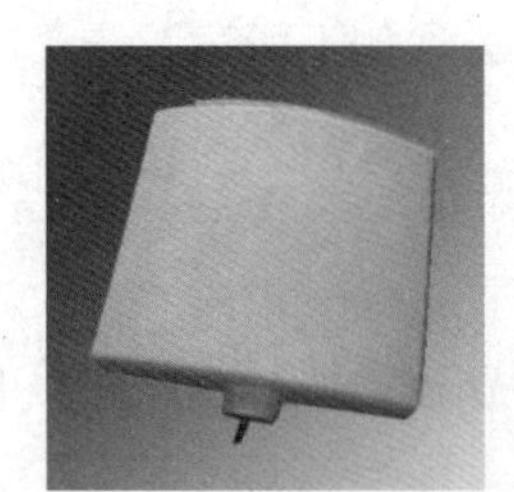

图 3-20　固定式读写器天线

图 3-21　仓储物流 RFID 管理系统

2）便携式读写器

读写器、天线和主控机集成在一起。读写器只有一个天线接口，读写器与主控机的接口和厂家设计有关。如图 3-22 所示为深圳先施科技有限公司的两款便携式读写器，如图 3-23 所示为便携式 RFID 系统在马来西亚林业部追踪木材和管理森林中的应用。

3）一体式读写器

天线和读写器集成在一个机壳内，固定安装，主控机一般在其他地方安装或安置。一体式读写器与主控机可有多种接口，如图 3-24 所示。

4）模块式读写器

模块式读写器一般作为系统设备集成的一个单元，读写器与主控机的接口和应用情况

1　引用图片来自深圳远望谷信息技术股份有限公司和上海实甲智能系统有限公司。

（a）多功能便携式读写器

（b）UHF 工业级便携式读写器

图 3-22　便携式读写器[1]

图 3-23　马来西亚林业部采用 RFID 系统追踪木材和管理森林

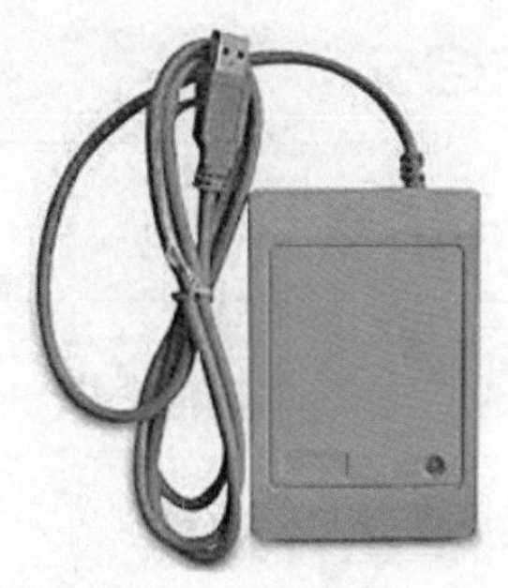

图 3-24　一体式读写器

有关。如图 3-25 所示为带有屏蔽罩的模块式读写器，如图 3-26 所示为模块式读写器的典型结构，如图 3-27 所示为 SD 卡接口的模块式读写器。

图 3-25　带有屏蔽罩的模块式读写器

图 3-26　模块式读写器的典型结构

图 3-27　SD 卡接口的模块式读写器

3. RFID 产业链各领域代表厂商

RFID 产业链各领域代表厂商见表 3-3（排序不分先后）。

表 3-3　RFID 产业链各领域代表厂商

产品	代表厂商
芯片设计封装	NXP、TI、Alien、同方国芯、华虹电子等
电子标签及阅读器	低频、高频领域存在上百家企业，超高频领域参见表 3-4
软件/中间商	IBM、SAP、甲骨文等
系统集成	远望谷、中兴通讯、航天信息、阿法迪、北京维深、同方智能等

1　引用图片来自 RFID 世界网。

常见的国内外超高频 RFID 设备供应商见表 3-4（排序不分先后）。

表 3-4　国内外超高频 RFID 设备供应商

商　　标	主要标志性产品性能及指标	商　　标	主要标志性产品性能及指标
ALIEN	915M，2.45G 无源	YWGIT	915M 无源，有源
AWID APPLIED WIRELESS ID	915M，2.45G 无源	先施科技 SENSE Sense Technology	915M 读写器 无源
IER	915M 无源	NFC 深圳市新力量通信技术有限公司 Shenzhen New Force Communication Technology Co., Ltd	915M 读写器 无源
Impinj	915M 无源	Marktrace RFID Pursuing for the excellence	915M 读写器 无源
EM MICROELECTRONIC-MARIN SA	915M 无源	深圳市红宇创新科技有限公司	915M 读写器 无源
Honeywell	915M，2.45G 无源	Quanray Electronics	915M 读写器 无源
STid Identification Electronique	915M 系列产品 无源	JIUZHOU 九洲 成都九洲电子信息系统有限责任公司	915M 读写器 无源

三、RFID 技术与其他自动识别技术的比较

RFID 技术是主要的自动识别技术之一，与其他自动识别技术，如条码识别技术、光字符识别技术、磁卡技术、IC 卡技术等识别技术相比，具有突出的特点。表 3-5 对几种常用自动识别技术的特征作了比较。

表 3-5　常用自动识别技术的比较

识别技术	条码	光字符	磁卡	IC 卡	RFID
信息载体	纸或物质表面	物质表面	磁条	存储器	存储器
信息量	小	小	较小	大	大
读写性	只读	只读	读/写	读/写	读/写
读取方式	光电扫描转换	光电转换	磁电转换	电路接口	无线通信
人工识读性	受制约	简单、容易	不可能	不可能	不可能
保密性	无	无	一般	最好	最好
智能化	无	无	无	有	有
受污染/潮湿影响	很严重	很严重	可能	可能	没有影响
光遮盖	全部失效	全部失效	—	—	没有影响
受方向和位置影响	很小	很小		单向	没有影响
识读速度	低（<4s）	低（<3s）		低（<4s）	很快（<0.5s）

续表

识别技术	条码	光字符	磁卡	IC 卡	RFID
识读距离	近	很近	接触	接触	远
使用寿命	较短	较短	短	长	最长
国际标准	有	无	有	不全	制订中
价格	最低	—	低	较高	较高

可以看出，RFID 技术最突出的特点是可以非接触式识读（识读距离可以从 10cm 至几十米），可识别高速运动的物体，抗恶劣环境，保密性强，准确性和安全性高，识别唯一无法伪造，可同时识别多个识别对象等。

第五节　对 RFID 技术的未来展望

RFID 技术的发展受到应用需求的驱动，另一方面，RFID 产品的成功应用反过来又极大地促进了应用需求的扩展。从技术角度来说，RFID 技术的发展体现在若干关键技术的突破上；从应用角度来说，RFID 技术的发展目的在于不断满足日益增长的应用需求。

RFID 技术的发展得益于多项技术的综合性发展，所涉及的关键技术大致包括：芯片技术、天线技术、无线收发技术、数据变换与编码技术、电磁传播技术。

RFID 技术已发展了 60 余年，在过去的 20 多年里得到了更快的发展。随着技术的不断进步，RFID 产品的种类将会越来越丰富，应用也会越来越广泛。RFID 技术将会在电子标签（射频标签）、读写器、系统种类、标准化等方面取得新的进展。

1．RFID 电子标签方面

电子标签芯片的功耗更低，无源标签、半无源标签技术更趋成熟，未来的发展方向包括：①作用距离更远；②无线可读写性能更加完善；③适合高速移动物品的识别；④快速、多标签读/写功能的提高；⑤一致性更好；⑥强磁场下的自保护功能更完善；⑦智能性更强；⑧成本更低。

2．RFID 读写器方面

RFID 读写器未来的发展方向包话：①多功能（与条码识读集成、无线数据传输、脱机工作等）；②智能多天线端口；③多种数据接口（RS-232、RS-422 / 485、USB、红外、以太网口）；④多制式兼容（兼容读写多种标签类型）；⑤小型化、便携化、嵌入化、模块化；⑥多频段兼容；⑦成本更低。

3．RFID 系统种类方面

RFID 系统在种类方面的发展方向包括：①近距离 RFID 系统具有更高的智能、安全特性；②高频远距离 RFID 系统及性能更加完善。

4．RFID 标准化方面

RFID 标准的未来发展方向包括：①标准化的基础性研究更加深入、成熟；②标准化为更多企业所接受；③系统、模块可替换性更好，更为普及。

可以预计，在未来的若干年中，RFID 技术将持续保持高速发展的势头。在我国市场中，高频 RFID 技术的应用依然是行业发展的主流趋势，而超高频则是未来发展趋势。随着中国 RFID 高频技术的持续突破，为响应“一带一路”政策，越来越多的 RFID 企业将陆续出海，与海外的巨头厂商角逐、抢夺市场份额。而在超高频 RFID 领域，随着其在新零售、无人便利店、图书管理、医疗健康、航空、物流、交通等诸多领域的不断普及、发展，也意味着未来超高频 RFID 将成为行业发展的重点突破口。

【知识链接 3-8】 三大原因制约我国超高频 RFID 市场的发展

RFID 的应用可分为低频、高频、超高频和微波。而 RFID 超高频电子标签以其标签体积小、读写距离远、读写时间快、价格便宜等诸多优势，正在得到越来越广泛的应用，也被认为是最具发展前途的物联网典型应用。然而，我国超高频 RFID 市场目前仍处于发展的初级阶段。通过对业界的广泛调研，大家比较一致地认为，目前制约我国无源超高频市场发展的问题主要有以下三点。

（1）超高频技术不完善，制约应用发展。

目前，在无源超高频电子标签技术上还存在着系统集成稳定性差，超高频标签本身存在的物理缺陷导致性能、技术方面不完善的问题。

在系统集成方面，现阶段我国十分缺乏专业、高水平的超高频系统集成公司，整体而言，无源超高频电子标签应用解决方案还不够成熟。这种现状会造成应用系统的稳定性不高，常会出现“大毛病没有，小毛病不断”的现象，进而影响终端用户采用超高频应用方案的信心。

从超高频标签产品本身而言，存在着标签读写性能稳定性不高、在复杂环境下漏读或读取准确率低等诸多问题。

（2）超高频标准不统一，制约产业发展。

目前，无源超高频电子标签在国内尚未形成统一的标准，国际上制定的 ISO 18000-6C/EPC Class 1 Gen 2 协议由于涉及多项专利，很难把它们作为国家标准来颁布和实施。国内超高频市场上相关的标准及检测体系实际上处于缺位状态。而这种没有统一标准的环境，很大程度上制约产业和应用的发展。

（3）超高频成本瓶颈，制约市场发展。

尽管近两年来无源超高频电子标签价格下降很快，但从 RFID 芯片以及包含读写器、电子标签、中间件、系统维护等整体成本而言，超高频 RFID 系统价格依然偏高，而项目成本是用户最终权衡应用超高频 RFID 系统项目投资收益的重要指标。所以，超高频系统的成本瓶颈，也是制约我国超高频市场发展的重要因素。

总之，目前我国无源超高频市场还处于发展的初级阶段，核心技术急需突破，商业模式有待创新和完善，产业链需要进一步发展和壮大，只有核心问题得到有效解决，才能够真正迎来 RFID 无源超高频市场的发展。

摘编自：华强电子网。

【阅读文章 3-1】

RFID 新成果

1．上海交大团队推出 RFID 最新研究成果：高速精准 RFID 空间聚类技术[1]

Fast，Fine-grained，and Robust Grouping of RFIDs（高速精准 RFID 空间聚类技术）开创性地实现面向大规模 RFID 的高效高精准空间聚类，为 RFID 技术在仓储、物流、零售等大规模部署场景下的应用起到积极推进作用。

研究团队探索 RFID 标签并发传输过程中的互反射现象，首次提出互反射信道提取技术来构建标签间信道，并基于标签间信道构建首个 RFID 位置关系时空图模型，为感知系统提供大量信道信息来实现大规模细粒度的定位。研究团队一方面实现了标签并发读取，提高了大规模标签扫描速度；另一方面利用标签间信道来扩充信号特征，实现精准定位。

2．最新研究成果：RFID 标签——乳房病变定位器，可用于乳腺癌治疗[2]

近日，一名英国学者在《临床放射学》上发表的一篇文章中写道：使用射频识别（RFID）标签定位腋下淋巴结是一种安全可行的乳腺癌治疗方法。

由盖茨黑德（英格兰东北部城市）伊丽莎白女王医院 Simon Lowes 博士领导的研究人员发现，在给患者做乳房超声和双视图乳房 X 射线检查时，能够通过 RFID 标签对腋下淋巴结进行无线定位。研究小组写道："目前的数据集有助于支持 RFID 标签安全有效地应用于腋下淋巴结的定位。"

近年来，人们对使用无线定位技术更精准地定位乳腺癌淋巴结越来越感兴趣。研究人员假设，RFID 标签等无线替代品可以减轻放射科医生和外科医生在乳腺癌治疗中可能出现的问题，更好地定位淋巴结也有助于帮助乳腺癌患者制定更好的治疗策略，避免过度治疗。

Lowes 和他的同事注意到，有关腋下淋巴结的无线定位技术，包括可植入乳房检测区的 RFID 标签的使用，则几乎是 0 数据。为了增加现有的文献，他们研究了使用 RFID 标签定位腋下淋巴结的安全性和可行性。即使用一个 11mm×2mm 的无源 RFID 标签预加载到 12 号针头系统（LOCazer，Hologic），该系统使用图像引导经皮部署。然后通过超声和双视图乳房 X 光检查确认标签的放置。每个标签都有一个唯一的五位数识别号，通过手持读写器传输。读写器还显示探测器和每个标签之间的实时距离，可精确到毫米级。

该研究还包括了 2019 年至 2022 年间前 75 例 RFID 靶向腋下节点插入的数据；在此期间，总共在 1120 名患者中部署了 1296 个乳房和腋下标签（接受新辅助化疗的乳腺癌患者在完成治疗后插入 RFID 标签）。这些卷标平均在手术前 11 天植入。在 75 个腋下标签中，70 个显示原发性乳腺癌，5 个显示没有癌症。在 70 个提示乳腺癌的标签中，有 20 个提示需进行新辅助化疗。

该组织报告说，RFID 标签部署的成功率为 100%。同时，研究小组还发现，所有标签

1　摘编自：物联网世界。

2　摘编自：聚贤网。

及其各自的腋下淋巴结都被成功去除，没有明显的并发症。“在切除过程中有 4 例标签移位，但总的来说，这并没有影响标签或淋巴结的恢复。” Lowes 及其同事写道。

该研究的作者建议，基于他们的研究成果，并结合之前的研究数据，治疗女性乳腺癌的临床专业团队应该共同决定应该使用哪种无线定位技术。同时还指出，虽然所有无线设备都有其优点和缺点，但当涉及乳房病变时，它们对腋下淋巴结的定位效果表现良好。

3. 国芯物联发布第三代 RFID 读写器芯片，具备全球领先技术水平[1]

当前物联网已成为推动数字经济发展的重要动力，深圳作为中国物联网产业的重要中心，扮演着引领和推动行业发展的重要角色。记者从近日（2023 年 9 月 22 日）在深圳开幕的第二十届 IOTE 国际物联网展了解到，深圳国芯物联以“新征程，芯未来”为主题，正式发布了第三代 RFID 读写器芯片 GXR-03。该芯片是目前国内唯一自研的全集成、高性能 RFID 读写器芯片，具备全球领先技术水平。

国芯物联总经理王翥成介绍，此次发布的 GXR-03 芯片采用了全球最先进的工艺和低功耗电路技术，集成度更高，通过进一步缩小尺寸使其应用场景更加丰富，如零售、物流、工业产线、智能交通等对性能极限要求高的场景。“它可以开放接口，进行各种定制开发，以满足市场多元化需求。”

记者了解到，目前该公司第一、二代芯片的发货量已超过 20 万片，让 20 万台 RFID 设备拥有了强大的“心脏”，从而实现更高效、更智能的数据交互和管理，为全球的合作伙伴提供了可靠的产品和服务。

王翥成透露，由国芯物联自主研发的下一代芯片将采用行业中最先进的 40nm 制程来打造。“40nm 充满巨大的想象空间，它可以内置到手机中，直接触达亿万消费者，真正实现‘万物互联、物物互联’。”

4. 第三代识别技术新突破：菜鸟 RFID 芯片出货量超 1 亿片，识别准确率已达 99.9%[2]

菜鸟物流科技 IoT（物联网）产品再获新成果。记者获悉，由菜鸟主导的精准射频识别技术电子标签芯片出货量已超 1 亿片，位居物流企业首位。出货量达到上述量级，距菜鸟对外公布该技术不到 2 年时间。业内人士认为，物联网是供应链数智化升级的关键路径，菜鸟能够在较短时间内取得上述成果，既预示着菜鸟在技术上得到了更充分的沉淀，也反映出市场对菜鸟 RFID 产品的认可。

2021 年 4 月，菜鸟主导的 RFID 技术曝光。当时媒体报道称，通过优化芯片、读写器及其背后的一整套识别算法，菜鸟将 RFID 的识别准确率大幅提升，达到全球领先。这一关键技术的突破，使得 RFID 的大规模商业应用成为可能。

据菜鸟物流科技 IoT 业务总经理徐明介绍，如今，菜鸟 RFID 最优识别准确率已进一步提升至 99.9%。菜鸟 RFID 技术突破的关键在于标签和读写器。菜鸟基于芯片研发的定制化标签，使 RFID 在识别灵敏度上大幅提升，尤其是很好地解决了在含金属和液体等场景下的识别准确率难以提升的问题。RFID 技术取得突破后，菜鸟快速建立了产品和解决方案，例如鞋服供应链解决方案、食品供应链解决方案、周转容器解决方案等。目前，菜鸟 RFID 技术已广泛应用于服饰、食品、物流等行业当中，相关能力获得了客户验证和认可。

---

1 摘编自：新浪网。

2 摘编自：百家号。

"物联网正在加速向各行业渗透，菜鸟 RFID 技术的大规模应用，有望大幅推动供应链和物流领域的数字化升级"，徐明举例介绍称，服饰品牌的 SKU（stock keeping unit，最小存货单位）数以千计，商家不仅有促销季而且有库存压力，这为 RFID 提供了天然的应用场景。通过部署 RFID 的解决方案，商家可以实现从辅料工厂到仓库到门店的端到端供应链数字化，带来明显的提效和降本，并推动数据支撑下的运营和业务决策。"以往盘点一个服装门店往往需要员工花费两三天时间，而通过 RFID 技术，只需要用 RFID 手持机可以在不到半小时内快速盘点存货，极大地提高盘点效率，降低差错率。此外，通过 RFID 技术，消费者还可以自助结账，提升消费体验。"

除了提升盘点效率与准确率，RFID 技术也可有效改善品牌商家供应链管理水平。此前，因为有大量液体以及金属包装，RFID 读取识别难度高，RFID 技术在食品行业推广不力。如今通过内置在纸箱的菜鸟 RFID 标签，货物在供应链上下游哪个环节、停留多少时间、有没有串货均一清二楚，品牌可以根据数据的实时采集、提取、分析，进行动态决策，通过 RFID 带来的全链路可视化，驱动业务增长。

菜鸟物流副总裁、物流科技事业部总经理丁宏伟博士表示，在数实融合的背景下，物流行业正加速奔向数字化、自动化、智能化。菜鸟 RFID 芯片出货量超 1 亿片，既得益于菜鸟物流科技深耕物联网 IoT，积累了一定优势，同时也是市场发展的必然结果。RFID 技术有着广泛的应用场景，对于实现供应链数字化具有重要作用。当下，RFID 的市场应用依然处在起步阶段。菜鸟物流科技将持续打磨核心技术，增强产品与方案的优势，助力更多行业转型升级。

【阅读文章 3-2】

条码与射频之争

条码技术在物流领域中的应用越来越普及的背景下，在对 RFID 自动标识技术的开发及应用前景的一片怀疑和争论声中，一些 IT 和供应链的领导者们又提出 EPC（产品电子代码）技术和物联网的概念蓝图。那么，EPC 与 RFID 之间到底是什么关系？EPC 最终会取代条码吗？可以肯定的是，在相当长的一个时期里，条码、射频与 EPC 三者共存，并实现优势互补。然而，这些问题使业界和物流信息技术用户感到困惑和茫然，急需一个科学的辨析和合乎逻辑的解释。

条码的优越性在第二章中已有充分阐述，下面重点讨论条码的不足。

1. 条码标识技术的局限性

现在条码应用虽然很广泛，而且也大大地提高了物流的效率，但是条码标识技术仍有很多不足。

（1）商品条码只能识别一类产品，而无法识别单品。

（2）条码是可视传播技术，即扫描仪必须"看见"条码才能读取它，这表明人们必须将条码对准扫描仪，扫描才有效。

（3）如果印有条码的横条被撕裂、污损或脱落，就无法扫描这些商品。

（4）传统一维条码是索引代码，必须实时和数据库联系，从数据库中寻找完整的描述数据。

条码的局限性具体如下：

（1）信息标识是静态的；

（2）信息识别是接触式的，或近距离的；

（3）信息容量是有限的；

（4）不能赋予每个消费单元唯一的身份；

（5）数据存储、计算是集中的；

（6）二维条码只能解决信息标识容量小的问题。

总之，条码只能适用于流通领域（商流和物流的信息管理），不能透明地跟踪和贯穿供应链过程。

2．RFID 技术的优越性

RFID 在本质上讲是一种物品标识的手段，它被认为将会最终取代现今应用非常广泛的传统条形码，成为物品标识的最有效方式，它具有一些非常明显的优点。RFID 技术在标签信息容量大小、一次读取数量、读取距离远近、读写能力更新（标签信息可反复读写）、读取方便性（读取速度与可否高速移动读取）、适应性（全方位穿透性读取、在恶劣环境下仍可读取，全天候工作）等方面，都大大优于条码技术。

RFID 技术具有良好的功能特性，能满足当前社会经济发展对商品处理的高效性需求。RFID 技术作为快速、实时、准确采集与处理信息的高新技术和信息标准化的基础，通过对实体对象（包括零售商品、物流单元、集装箱、货运包装、生产零部件等）的唯一有效标识，被广泛地应用于生产、零售、物流、交通等各个行业。RFID 技术已逐渐成为企业提高物流供应链管理水平，降低成本，实现企业管理的信息化，增强企业的核心竞争能力的不可缺少的技术工具和手段。

射频识别技术最突出的特点如下：

（1）可以非接触识读，距离可以从 10cm 至几十米；

（2）可识别高速运动的射频电子标签；

（3）抗恶劣环境，具有防水、防磁、耐高温等优势；

（4）使用寿命长（这里的寿命是指无源标签的寿命）；

（5）标签上数据存储量大，并且可以加密和更改，保密性强；

（6）可以同时识别多个在识读范围内的标签；

（7）RFID 技术所采用的频率与应用领域有关。

和传统条码识别技术相比，RFID 有以下优势。

（1）快速扫描。

条码一次只能有一个受到扫描；RFID 读写器可同时辨识读取多个 RFID 标签。

（2）体积小型化、形状多样化。

RFID 在读取上并不受尺寸大小与形状的限制，不需为了读取的精确度而配合纸张的固定尺寸和印刷品质。此外，RFID 标签更可往小型化与多样化的形态发展，以应用于不同的产品。

（3）抗污染能力和耐久性。

传统条码的载体是纸张，因此容易受到污染，但 RFID 对水、油和化学药品等物质具有很强抵抗性。此外，由于条码是附于塑料袋或外包装纸箱上的，所以特别容易受到折损；

而 RFID 卷标是将数据存储于芯片中，可以免受污损。

（4）可重复使用。

现今的条码印刷上去之后就无法更改；RFID 标签则可以重复地新增、修改、删除 RFID 卷标内储存的数据，方便信息的更新。

（5）穿透性和无屏障阅读。

RFID 能够穿透纸张、木材和塑料等非金属或非透明的材质进行穿透性通信；而条码扫描机必须在近距离且没有物体阻挡的情况下，才可以辨读条码。

（6）数据的记忆容量大。

一维条码的容量是 50B，二维条码最大的容量可达 3000B。RFID 最大的容量则为数兆字节，而且随着记忆载体的发展，其数据容量有不断扩大的趋势。未来物品所需携带的资料量会越来越大，对卷标所能扩充容量的需求也相应增加。

（7）安全性。

由于 RFID 承载的是电子信息，其数据内容可经由密码保护，使其内容不易被伪造及变造。

虽然通过上述分析可以看出射频识别技术与条码识别技术相比具有一些明显的优势，然而，条码识别技术已经有了非常广泛的应用基础，成本低廉，标准完善，已在全球广泛传播并被普遍接受。因此，作为两种不同的技术，条码与射频有着不同的适用范围，尽管有时两者会有重叠。

在强大的市场导向下，RFID 技术、EPC 技术与物联网在世界范围内必将引起一场重大的变革，它将成为未来一个新的经济增长点。在现今激烈的市场竞争中，快速、准确、实时的信息获取及处理能力，将成为企业获得竞争优势的关键。

RFID 技术的应用对于以信息化、数字化为基础的现代物流管理来说尤为重要。相信在不久的将来，RFID 技术、EPC 技术将同条码技术一样，深入到现代物流管理的方方面面，带来生产、商业流通和消费领域——环球供应链的一场新革命。

本 章 小 结

RFID 技术是 20 世纪 80 年代发展起来的一种新兴的非接触式自动识别技术，是一种利用射频信号通过空间耦合（交变磁场或电磁场）实现非接触信息传递，并通过所传递的信息达到识别目的的技术。

RFID 技术的基本工作原理是由读写器发射特定频率的无线电波能量，当射频标签进入感应磁场后，接收读写器发出射频信号，无源标签凭借感应电流所获得的能量发送出存储在芯片中的产品信息，或者由有源标签主动发送某一频率的信号，读写器读取信息并解码后，送至中央信息系统进行有关数据处理。

目前，RFID 技术的应用已趋成熟。在北美、欧洲、大洋洲、亚太地区及非洲南部都得到了相当广泛的应用。

RFID 系统包括射频（识别）标签、RFID 读写设备（读写器）、应用软件。应用软件就是针对各个不同应用领域的管理软件。

读写器是指 RFID 读写设备，是连接信息服务系统与标签的纽带，主要起目标识别和信息读取（有时还可以写入）的作用。标签是被识别的目标，是信息的载体。

RFID 标签，又称射频标签、电子标签，主要由存有识别代码的大规模集成线路芯片和收发天线构成。每个标签具有唯一的电子编码，附着在标识目标对象的物体上。

射频标签的分类方法有很多种，通用的依据有 5 种，分别是供电方式、载波频率、激活方式、作用距离、读写方式，其中最常用的方法是根据载波频率分类。

射频标签按供电方式可分为有源标签和无源标签；按激活方式可分为被动式、半被动式（也称作半主动式）、主动式三类；按读写方式可分为只读型标签和读写型标签两类；按作用距离可分为密耦合卡、近耦合卡、疏耦合卡、远距离卡。

按载波频率分，目前常用的 RFID 产品按应用频率的不同可分为低频、高频、超高频、微波，相对应的代表性频率分别为：低频 135kHz 以下，如 125kHz、133kHz；高频 13.56MHz、27.12MHz；超高频 850～960MHz；微波 2.4GHz、5.8GHz。

本章内容结构

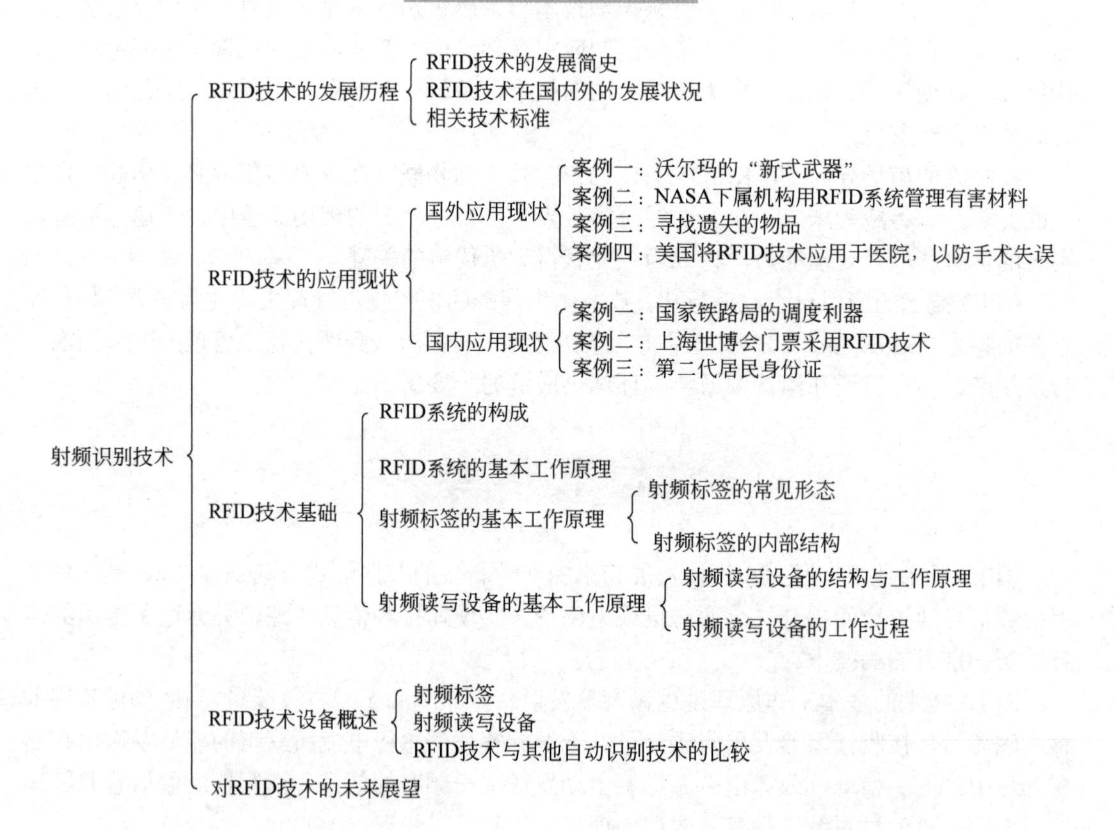

综合练习

一、名词解释

RFID 技术　射频标签　射频读写器

二、简述题

1．简述目前 RFID 国际通用标准体系的组成。
2．简述 RFID 技术的基本工作原理。
3．简述 RFID 系统的基本组成部分及各部分的功能和作用。
4．简述射频标签的分类标准及相关的应用领域。
5．简述 RFID 设备的工作原理。
6．简述 RFID 设备的主要类别。

三、思考题

1．比较条码识别技术和 RFID 技术各自的优缺点，并思考 RFID 技术是否会取代条码识别技术。

2．比较条码识别、光字符识别、磁卡、IC 卡、RFID 等几种常用自动识别技术的主要特征。

四、实际观察题

在实际生活中，找出 3 个 RFID 技术的应用实例，并亲自感受一下采用 RFID 技术的优点与不足。

参考书目及相关网站

[1] 中国自动识别技术协会. 我国自动识别技术发展现状与趋势分析[J]. 中国自动识别技术，2023（1）：1-3.

[2] 中国 RFID 产业联盟．2022 年中国 RFID 行业市场现状与发展趋势分析[EB/OL].(2021-12-24). https://baijiahao.baidu.com/s?id=1720008985143797810&wfr=spider&for=pc.

[3] 国家科技部等十五部委．中国射频识别（RFID）技术政策白皮书[EB/OL]. (2006-06-09). https://www.most.gov.cn/tpxw/200606/W020170615691389849985.pdf.

[4] 许毅，陈建军．RFID 原理与应用[M]．2 版．北京：清华大学出版社，2020.

[5] 潘春伟．RFID 技术原理与应用[M]．北京：电子工业出版社，2020.

[6] 陈彦彬．RFID 技术原理与应用[M]．西安：西安电子科技大学出版社，2020.

[7] 唐志凌，沈敏．射频识别（RFID）应用技术[M]．2 版．北京：机械工业出版社，2018.

[8] 单承赣．射频识别（RFID）原理与应用[M]．2 版．北京：电子工业出版社，2015.

[9] 米志强．射频识别（RFID）原理与应用[M]．2 版．北京：电子工业出版社，2015.

[10] 赵军辉．射频识别技术与应用[M]．北京：机械工业出版社，2008.

[11] 董丽华．RFID 技术与应用[M]．北京：电子工业出版社，2008.

[12] 郎为民．射频识别（RFID）技术原理与应用[M]．北京：机械工业出版社，2006.

[13] 周晓光．射频识别（RFID）技术原理与应用实例[M]．北京：人民邮电出版社，2006.

[14] [德]芬肯才勒．无线射频识别技术（RFID）[M]．吴晓峰，陈大才，译．3 版．北京：电子工业出版社，2006.

[15] 游战清．无线射频识别技术（RFID）理论与应用[M]．北京：电子工业出版社，2004.

[16] 电子产品代码[EB/OL].百度百科，https://baike.baidu.com/item/产品电子代码/11028574?fr=ge_ala.

第四章

卡类识别技术

内容提要

本章重点介绍磁卡及IC卡识别技术。首先介绍卡类识别技术的起源与发展，然后介绍应用最为广泛的磁卡和IC卡的应用现状，接着简要阐述卡类识别技术的工作原理和工作过程，最后介绍卡的制造设备和识别设备，并给出各类卡技术的总结和展望。

学习目标与重点

- 了解卡类识别技术的起源和发展历程。
- 掌握磁卡与IC卡的分类和应用。
- 熟悉磁卡与IC卡的工作原理和主要设备特性。

关键术语

磁卡、IC卡、载体

【引入案例】 **小卡片，大作用**

在现代社会中，人们广泛地使用各种“卡片”(见图 4-1)，这种卡片虽然只有名片大小，但用途很广：住宾馆时，出示第二代身份证，前台接待员在机器上一放，就验证了客人的信息；登机前，航空公司的服务人员扫描登机卡上的条码，便可以记录登机乘客的信息；在银行，顾客出示银行卡，银行柜面人员在机器上一刷，就可以存取款……

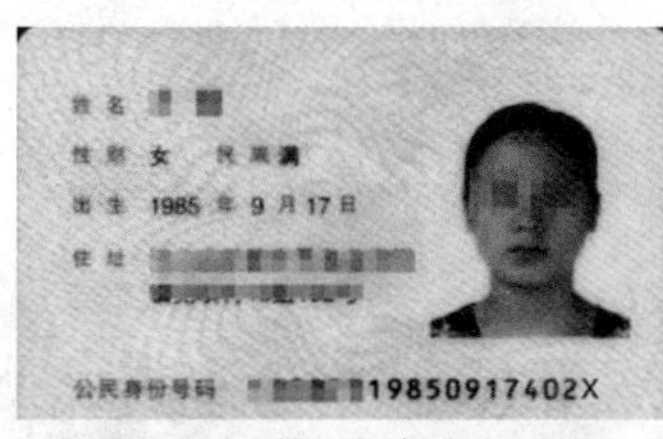

(a) 第二代身份证

(b) 超市会员卡

(c) 酒店房卡

(d) 银行卡

图 4-1　各种自动识别卡

第一节　卡类识别技术概述

一、卡类识别技术的分类

卡类识别技术的产生和推广使用加快了人们日常生活信息化的速度。用于信息处理的卡片大致可分为非半导体卡和半导体卡两大类，非半导体卡包括磁卡、PET 卡、光卡、凸字卡等，半导体卡主要有 IC 卡等。具体分类如下。

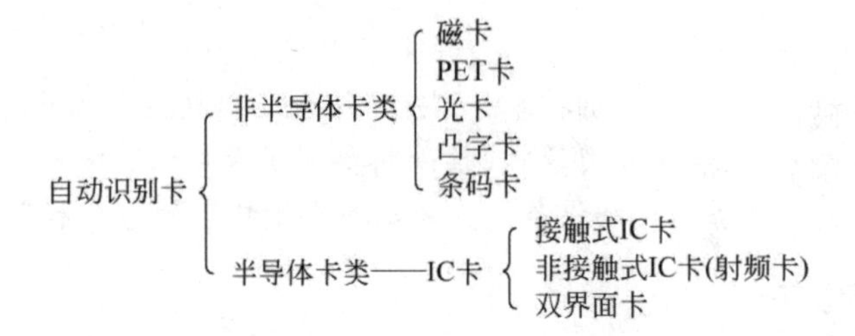

磁卡和 IC 卡是应用非常广泛的两类卡，将在后面详细阐述。条码卡和射频卡详见“第二章 条码识别技术”和“第三章 射频识别技术”。本章内容主要介绍其他种类的卡片。

1. PET 卡

PET（polyethylene telephtalate）即聚对苯二甲酸乙二酯。与磁卡上仅有一个磁条不同，PET 卡是卡片的某一整面均涂有磁性物质。现有的应用多为电话卡、电子自动售票卡等，如图 4-2 所示为 PET 材质的移动电话充值卡。

2. 光卡

光卡即激光卡，是一种利用半导体激光进行记录信息的卡片，需要用激光光源来识读。其大小、形状完全类似于信用卡（credit card）或银行自动柜员卡（ATM card）。其外形如图 4-3 所示。

图 4-2　PET 充值卡[1]

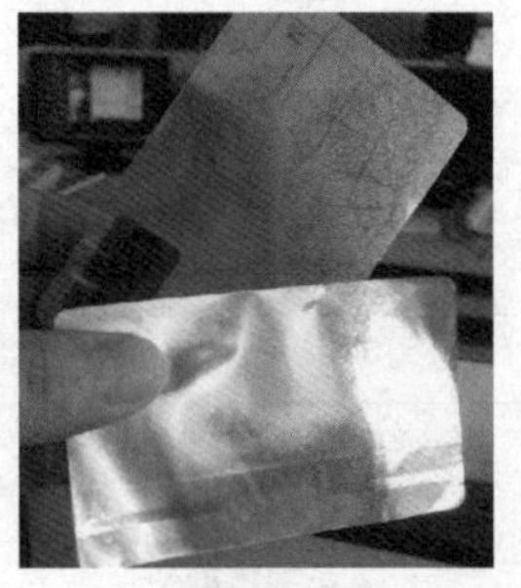

图 4-3　激光卡

光卡记录层刻有 2500 条极细的轨纹，供数字资料定位用。光卡使用凹凸记录的方式，信息以记录层表面是否出现记录坑的形式储存在光卡内。目前使用的光卡可分为只读型光

1　图片来源：7788 收藏网。

卡和读写型光卡两种。

（1）只读型光卡：只能读取里面的信息，例如可以用来储存各种图书资料。

（2）读写型光卡：既可以读信息，也可以写信息，例如可以用作电子病历。

光卡的特点如下所述。

（1）存储容量大、存储时间长。一张卡可以保存 4～6MB 信息。与磁卡和 IC 卡相比，光卡具有储存量大（约为磁卡的 2 万倍，IC 卡的 250 倍）、储存时间长（10 年以上）的优点。

（2）记录信息的可靠性和安全性高。不受任何电或磁场的干扰，有很强的抗水、抗污染及抗剧烈温度变化的能力。

（3）保密性强。具有独特设计的信息保密措施，可以做到一卡一码。该码无法用常规方法读取，更无法破译。

目前，光卡在国外已有部分应用，但应用数量、应用领域有限。尽管光卡平均每个字节的存储费用明显低于磁卡与 IC 卡，但其绝对费用，加上读写器费用的均摊，却高于磁卡与 IC 卡。因此，光卡适用于总体花费较高的项目。

光卡的主要应用领域包括以下几种。

（1）作为电子病历卡在医疗中应用。利用计算机的压缩技术，能够储存照片、图片、X 光片、CT 和 MRI 片等各种图像。

（2）个人身份识别。

（3）在保险、俱乐部会员、大型设备管理、航空及军事等领域应用。

在我国，相关人士正在探讨光卡在我国的应用。

【知识链接 4-1】 光 卡 标 准

光卡技术是计算机光盘存储技术的孪生兄弟，出现于 20 世纪 80 年代中期。光卡首先于 1981 年由美国的一家技术开发公司提出，后经多次研究改进，其构造通常由 6 层组成。但由于制造厂商不同，构造也各有差异。Canon 公司是目前世界上唯一一个既生产光卡，又生产光卡读写器的公司，是世界上光卡先进技术的主要代表者之一。光卡记录格式目前已形成两种类型，即 Canon 型和 Dela 型。这两种形式均已被国际标准化组织于 1995 年 7 月接收为国际标准 SIOS（包括 ISO/IEC 11693、ISO/IEC 11694-1、ISO/IEC 11694-2、ISO/IEC 11694-3、ISO/IEC 11694-4 和 Annex A）。我国亦已投票表示赞同。

随着激光存储技术的成熟与推广，光卡技术也正以极快的速度渗透到计算机应用的各个领域。

资料来源：互动百科-光卡

3. 凸字卡

在 PVC 卡的表面压上突出的字母和数字，从而使 PVC 卡具备可识别性和唯一性。凸字卡适用于各大商场、娱乐、餐饮中心、证券交易中心、银行、保险业等。一般银行卡上既有磁条，也有凸字，如图 4-1（d）所示。

PVC材料是塑料装饰材料的一种，是聚氯乙烯材料的简称，是以聚氯乙烯树脂为主要原料，加入适量的抗老化剂、改性剂等，经混炼、压延、真空吸塑等工艺而成的材料。PVC材料具有质轻、隔热、保温、防潮、阻燃、施工简便等特点。它的规格、色彩、图案繁多，极富装饰性，可应用于居室内墙和吊顶的装饰，是塑料类材料中应用最为广泛的装饰材料之一。

4. 条码卡

1）条码卡的分类

按材质分，条码卡一般可分为金属条码卡和PVC条码卡两种。

（1）金属条码卡，顾名思义，就是在金属卡片表面附以条形码，使金属卡也具有识别条码信息的功能。金属条码卡的特点是使用金属材料，耐用且高档美观。金属条码卡一般选用高级进口铜材，经冲压、腐蚀、印刷、抛光、电镀、填色、滴胶、包装等多项流水作业程序、多工序精工制成，具有独特的浮雕立体感和真金般的色彩，是制作高档贵宾卡、会员卡、纪念卡、年历卡的首选类型。

另外，此卡也特别适合于制作用于纪念、久藏的各种纪念卡，如新婚、校庆、开业、会议、退休等特别纪念。

（2）PVC条码卡，就是在PVC卡的表面印上条码。PVC条码卡在日常生活中的应用非常广泛。

2）条码卡的应用和局限

条码卡制作简便，成本较低，应用非常广泛，如商场、超市、便利店，以及医疗、图书借阅等行业，都可应用条码卡。而且应用时，只需一台读码器便可读取出条码卡中的信息，非常方便。与磁卡和IC卡不同的是，条码卡内的信息不能改写，这限制了它的应用。

下面重点介绍磁卡技术和IC卡技术。

二、磁卡技术

1. 磁卡技术简介

磁卡（magnetic card）是利用磁性载体来记录信息的，磁卡技术应用了物理学和磁力学的基本原理。常见的磁性载体通常以液体磁性材料或磁条为信息载体，通常将液体磁性材料涂覆在卡片上（如存折，见图4-4）；或将宽6～14mm的磁条压贴在卡片上（如银联卡，见图4-4）。

磁卡具有以下优点。

（1）数据可读写：具有现场改造数据的能力。

（2）数据的存储量能够满足大多数需要，便于使用，成本低廉。

（3）具有一定的数据安全性。

（4）能黏附于许多具有不同规格和形式的基材上。

由于具有这些优点，磁卡在许多领域得到广泛应用，如银行信用卡、ATM卡、机票、公共汽车票、自动售货卡、会员卡、现金卡（如电话磁卡）等。

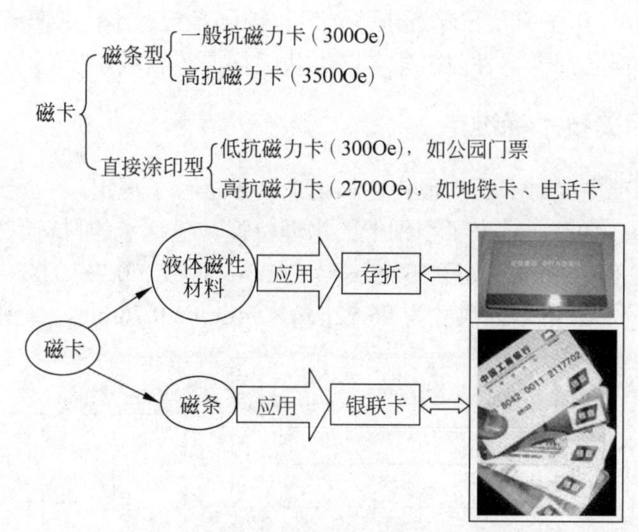

图 4-4　磁卡按载体分类应用

【知识链接 4-2】　　　　磁卡的主要指标

（1）低密磁卡(低抗磁卡): 抗磁力范围在 250～340Oe 或 500～700Oe，满足 ISO 7811-2 及国家标准的要求。低抗磁卡可配合高抗或低抗磁卡读写器使用，客户可选择适用自己的磁卡制作或磁卡读写器、磁卡阅读器对卡进行读写操作。

（2）高密磁卡（高抗磁卡）: 抗磁力范围在 2500～4000Oe，符合 ISO 7811-6 的标准；采用 2750Oe 的磁卡较多，也有 4000Oe 的磁卡。磁条抗磁力越高，其抵抗意外消磁能力就越强，且具有可靠性及稳定性等多方面优势。高抗磁卡必须配合专用高抗磁卡读写器使用，客户可选择适用自己的磁卡制作或磁卡读写器、磁卡阅读器对卡进行读写操作。

2. 磁卡技术的发展历程

磁卡的使用已经有很长时间的历史，其中，信用卡是磁卡技术较为典型的应用。

发达国家从 20 世纪 60 年代就开始普遍采用金融交易卡的支付方式。其中，美国是信用卡的发源地；日本首创了用磁卡取现金的自动取款机及使用磁卡月票的自动检票机。

1972 年，日本制定了磁卡的统一规范，1979 年又制定了信用卡磁条的日本标准 JIS-B—9560、JIS-B—9561 等。国际标准化组织也制定了相应的标准。

在 20 世纪 80 年代，磁卡应用已深入到发达国家的金融、电信、交通、旅游等领域。以美国为例，2 亿多人口就拥有 10 亿张信用卡，持卡人为 1.1 亿人，人均拥有 9 张，消费金额约 4695 亿美元。新加坡也有类似的普及率。在美国等一些发达国家，由于磁卡广泛应用于银行、证券等系统，磁卡的应用系统非常完善。

在我国，磁卡也得到迅速发展。从 1985 年由中国银行珠海分行推出第一张信用卡开始，到 2012 年第一季度为止，在各领域内累计已发行磁条卡 30 多亿张。在我国，磁卡进入了多个应用领域，如电话预付费卡、收费卡、预约卡、门票等。2014 年中国人民银行发文要求各商业银行从2015年1月1日起逐步停止发行纯磁条银行卡，对于已发行的磁条卡，要积极引导持卡人更换芯片卡。目前，磁卡已经从银行卡等领域逐步退出。

3．磁卡的相关技术标准

磁卡的国际标准主要对卡的物理特性和记录技术进行了规定。

（1）ISO 7810：1987，定义了识别卡的物理特性，包括卡的材料、构造、尺寸。卡的尺寸：宽度85.47～85.72mm；高度53.92～54.03mm；厚度（0.76±0.08）mm；卡片四角圆角半径为3.18mm。一般磁卡的尺寸为85.72mm×54mm×0.76mm，如图4-5所示。

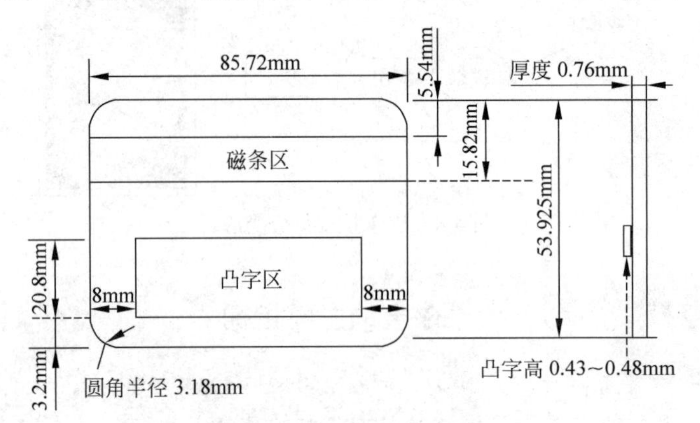

图4-5　磁卡尺寸示意图

（2）ISO 7811：1985，描述识别卡的凸印技术（字符集、字体、字符间距和字符高度）。

（3）ISO 7811-2：1985，描述识别卡的磁条特性、编码技术和编码字符集。

（4）ISO 7811-3：1985，描述ID-1卡上凸印字符的位置。

（5）ISO 1822-4：1985，描述磁卡上第1磁道和第2磁道的位置。

（6）ISO 7811-5：1985，描述磁卡上第3磁道的位置。

（7）ISO 7812：1987，描述发卡者表示符编号体系与注册程序，包括PAN的格式等内容。

（8）ISO 7813：1987，描述作为金融交易卡的磁卡的第1磁道和第2磁道的格式和内容。

（9）ISO 4909：1987，描述磁条第3磁道的格式和内容。

（10）ISO 7580：1987和ISO 8583：1987，描述了银行卡交换信息的规范，即定义了金融交易的内容。

三、IC卡技术

1．IC卡技术简介

集成电路卡（integrated circuit card，IC）是继磁卡之后出现的又一种新型信息工具。IC卡在有些国家和地区也称为智能卡（smart card）、智慧卡（intelligent card）、微电路卡（microcircuit card）或微芯片卡等。它是将一个微电子芯片嵌入符合ISO 7816标准的卡基中，做成卡片形式，利用集成电路的可存储特性，保存、读取和修改芯片上的信息，已经十分广泛地应用于包括金融、交通、社保等很多领域。

IC 卡的主要特性如下所述。

（1）存储容量大，其内部可含 RAM、ROM、EPROM、E^2PROM 等存储器，存储容量从几字节到几兆字节。

（2）体积小，重量轻，抗干扰能力强，便于携带。

（3）安全性高，在无源情况下数据也不会丢失，数据的安全性和保密性都非常好。

（4）智能卡与计算机系统相结合，可以方便地满足对各种各样信息的采集、传送、加密和管理的需要。

【概念辨析 4-1】 磁卡与 IC 卡的比较

（1）IC 卡的安全性比磁卡高。IC 卡的信息加密后不可复制，密码核对错误有自毁功能，而磁卡比较容易被复制。

（2）IC 卡的存储容量大，内含微处理器，存储器可以分为若干应用区，便于一卡多用，方便保管。

（3）IC 卡防磁、防静电，抗干扰能力强，可靠性比磁卡高，可重复读写十万次，使用寿命长。

2. IC 卡技术的发展历程

1969 年，日本有村国孝提出制造安全可靠的信用卡方法，并于 1970 年获得专利，那时叫 ID 卡（identification card）。

1974 年，法国的罗兰·莫雷诺将芯片放入卡片中，发明了带集成电路芯片的塑料卡片，并取得了专利权，成为早期的 IC 卡。他在专利申请书中对这项发明做了如下阐述：卡片是具有可进行自我保护的存储器。

1976 年，法国布尔（Bull）公司研制出世界上第一张 IC 卡。

1984 年，法国的 PTT 将 IC 卡用于电话卡，由于它的安全可靠，获得了商业上的成功。

1996 年初，非接触式 IC 卡的电子车票系统（AFC）在 1200 万人口的韩国首都汉城（2005 年更名为首尔）投入运营。

国际标准化组织（ISO）与国际电工委员会的联合技术委员会为之制定了一系列的国际标准、规范，极大地推动了 IC 卡的研究和发展。50 年来，已被广泛地应用于金融、交通、通信、医疗、身份证明等众多领域。

IC 卡虽然进入我国较晚，但在政府的支持下，发展迅速。1995 年底，国家金卡办为统筹规划全国 IC 卡的应用，组织拟定了金卡工程非银行卡应用总体规划。为保证 IC 卡的健康发展，在国务院金卡办的领导下，工信部（原信息产业部）、公安部、卫生部、国家工商管理局等各个部委纷纷制定了 IC 卡在本行业的发展规划。

伴随着“金卡工程”的启动并迅速发展，我国也成为智能卡行业发展最快的国家之一。2011 年 3 月 31 日，中国人民银行发布《中国人民银行关于推进金融 IC 卡应用工作的意见》，金融 IC 卡开始在全国全面推广。2015 年 1 月 1 日起逐步停止发行纯磁条银行卡，并对已发行的磁条卡要积极引导持卡人更换 IC 卡。

金融 IC 卡已成为我国银行卡产业发展的趋势，近年来在央行的大力推动下，银行卡介质由磁条向芯片的转型步伐不断加快。中国银行高度重视金融 IC 卡业务，全面布局、积极开拓，快速实现了产品、服务、运营及系统等方面的准备，并在较短时间内实现了大规模的增长。根据中国人民银行的数据显示，近年来我国银行卡累计发卡量稳定增长，2019 年我国商业银行累计发卡量达到 84.19 亿张，2012—2019 年的年复合增长率为 13.20%。

国内智能卡芯片市场规模较小，且高端芯片依赖进口，国产替代存在较大空间。2022 年，中国智能卡芯片出货量为 120 亿颗，市场规模为 110 亿元。

从智能卡行业竞争格局来看，全球智能卡芯片市场竞争格局较为集中，主要由欧美和日本的厂商占据。全球智能卡芯片市场份额排名前五的厂商分别是 NXP、Infineon、Samsung、STMicroelectronics 和 Cypress，其中 NXP 以 24.6%的市场份额位居第一，Infineon 以 23.8%的市场份额紧随其后。

国内智能卡芯片的本土厂商规模较小、产值无法满足国内市场需求，大部分市场份额被国外厂商占据。国内主要的智能安全芯片厂商包括紫光国微、复旦微电、中电华大、聚辰股份、国民技术等企业，其中紫光国微在国内智能卡芯片市场份额占比达 12.77%，排名本土企业第一，本土企业已有部分产品达到国际顶尖水准。

目前，智能卡产品应用领域广泛，覆盖社保、金融、通信、交通、医疗、教育等国民经济的各个领域。在金融领域，以智能卡替代磁条卡已成为行业大趋势，发卡量保持稳健增长。在政府社保领域，第三代社保卡已在部分省市地区展开试点工作，未来有望推广至全国。在交通领域，《加快推进高速公路电子不停车快捷收费应用服务实施方案》的颁布将大大加快 ETC 卡产品的普及、更新速度。

3. IC 卡的种类

IC 卡按通信方式可分为接触式 IC 卡、非接触式 IC 卡和双界面卡，如图 4-6 所示。

（a）接触式 IC 卡

（b）非接触式 IC 卡

图 4-6　IC 卡[1]

1）接触式 IC 卡

接触式 IC 卡是通过读写设备的触点与 IC 卡的触点接触后进行数据的读写。

国际标准 ISO 7816 对此类卡的机械、电气特性等进行了规定。具有标准形状的铜皮触点和卡座的触点相连后，实现外部设备的信息交换。按芯片的类型，接触式 IC 卡可分为

1　图片来源：7788 收藏网。

4 种类型，即存储器卡、逻辑加密卡、CPU 卡和超级智能卡。

（1）存储器卡。存储器卡内的集成电路是电可擦除的可编程只读存储器（E^2PROM），只具有数据存储功能，没有数据处理能力。该卡本身不提供硬件加密功能，只能存储通过系统加密的数据，很容易被破解。

（2）逻辑加密卡。逻辑加密卡内的集成电路包括加密逻辑电路和 E^2PROM。卡中有若干个密码口令，只有在密码输入正确后，才能对相应区域的信息内容进行读出或写入。若密码输入出错一定次数，该卡自动封锁，成为死卡。此类卡适用于需加密的系统，如食堂就餐卡等。

（3）CPU 卡。CPU 卡也称为智能卡，卡内的集成电路包括中央处理器（CPU）、E^2PROM、随机存储器（RAM）、固化的卡内操作系统（chip operating system，COS）和只读存储器（ROM）。该卡相当于一个带操作系统的单片机，严格防范非法用户访问卡中的信息。发现数次非法访问后，也可以锁住某个信息区域，但可以通过高级命令进行解锁，以保证卡内的信息绝对安全，系统高度可靠。此卡适用于绝密系统中，如银行金融卡等。

（4）超级智能卡。超级智能卡上具有内存保护单元（MPU）和存储器，并装有键盘、液晶显示器和电源，有的卡上还具有指纹识别装置等。此卡也适用于绝密系统中。

2）非接触式 IC 卡（射频卡）

非接触式 IC 卡与读写设备无电路接触，而是通过非接触式的读写技术进行读写（例如光或无线技术）。相关技术请参看第三章的内容，此处不再赘述。

3）双界面卡

将接触式 IC 卡与非接触式 IC 卡组合到一张卡片中，操作独立，但可以共用一个 CPU、操作系统和存储空间。卡片包括一个微处理器芯片和一个与微处理器相连的天线线圈，由读写器产生的电磁场提供能量，通过射频方式来实现能量供应和数据传输，如图 4-7 所示。

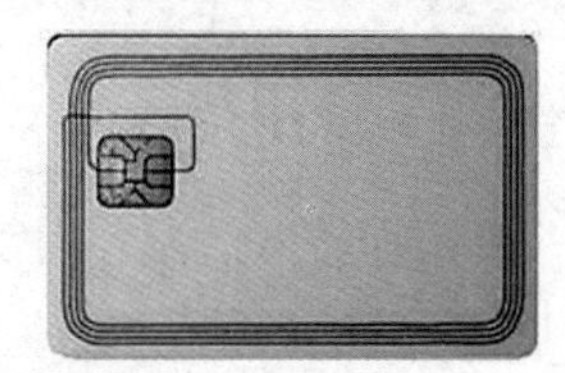

图 4-7　双界面卡[1]

双界面卡是由 PVC 层和芯片线圈组成的，基于单芯片的，集接触式与非接触式接口于一体的智能卡。卡片上只有一个芯片，两个接口，通过接触界面和非接触界面都可以执行相同的操作。两个操作界面可以通过接触方式，也可以相隔一定距离，以射频方式来访问芯片。两个界面分别遵循两个不同的标准，接触界面符合 ISO/IEC 7816，非接触界面符合 ISO/IEC 14443。

双界面 IC 卡的种类如下所述。

（1）接触式智能卡系统与非接触式智能卡系统仅仅是物理地组合到一张卡片中，两个 E^2PROM、两套系统互相独立。

（2）接触式智能卡系统与非接触式智能卡系统彼此操作独立，但共享卡内部存储空间。

（3）接触式智能卡系统与非接触式智能卡系统完全融合，接触式与非接触式卡运行状态相同，由一个 CPU 管理。

三种双界面 IC 卡中，只有最后一种双界面 IC 卡才是真正意义上的非接触式双界面 CPU 卡。

1　图片来源：百度百科。

【知识链接 4-3】 IC 卡的标准

（1）物理特性：符合 ISO 7816：1987 中规定的各类识别卡的物理特性和 ISO 7813 中规定的金融交易卡的全部尺寸要求。此外，还应符合国际标准 ISO 7816-1：1987 中规定的附加特性、机械强度和静电测试方法等要求。

（2）触点尺寸与位置：应符合国际标准 ISO 7816-2：1988 中的规定。

（3）电信号与传输协议：IC 卡与接口设备之间的电源及信息交换应符合 ISO/IEC 7816-3：1989 的规定。

（4）行业间交换用命令：符合相应的国际标准 ISO/IEC 7816-4：2005（E）。

（5）应用标识符的编号系统和注册过程：符合国际标准 ISO/IEC 7816-5：1994 中的规定。

感应式智能卡的国际标准有：ISO/IEC 10536-1：1992、ISO/IEC 10536-2：1995、ISO/IECDIS 10536-3：1995、ISO 14443-2 等。

第二节　卡类识别技术的应用现状

一、磁卡技术的应用现状

1. 应用范围

磁卡技术从被人们发明至今，已遍布各行各业，成为人们生活的必需品。其应用范围非常广泛。

（1）金融业（银行、证券、保险）：信用卡、贷记卡、准贷记卡、ATM 卡、提款卡、借记卡、转账卡、专用卡、储值卡、联名卡、商务卡、个人卡、公司卡、社会保险卡、社会保障卡、证券交易卡等。

（2）零售服务：购物卡、现金卡、会员卡、礼品卡、订购卡、折扣卡、积分卡等。

（3）社会安全：人寿和意外保险卡、健康卡等。

（4）交通旅游：汽车保险卡、旅游卡、房间卡、停车卡、高速公路付费卡、检查卡等。

（5）医疗：门诊卡、健康检查卡、捐血卡、诊断图卡、血型卡、健康记录卡、妇产卡、病历卡、保险卡、药方卡等。

（6）特种证件：身份识别证卡、暂住证卡、印鉴登记卡、免税卡等。

（7）教育：CAI 卡、图书卡、学生卡、报告卡、辅导卡、成绩卡等。

（8）娱乐：电玩卡、卡啦 OK 卡、娱乐卡、戏院卡等。

（9）其他：工厂自动化卡、操作员卡、品质控制卡、进出管制卡、工作卡、个人记录卡、家庭安全卡等。

2. 银行卡（磁卡）实例

如图 4-8 所示为银行卡（磁卡）实例。需要说明的是，目前银行卡（磁卡）已经基本上被 IC 卡所取代。

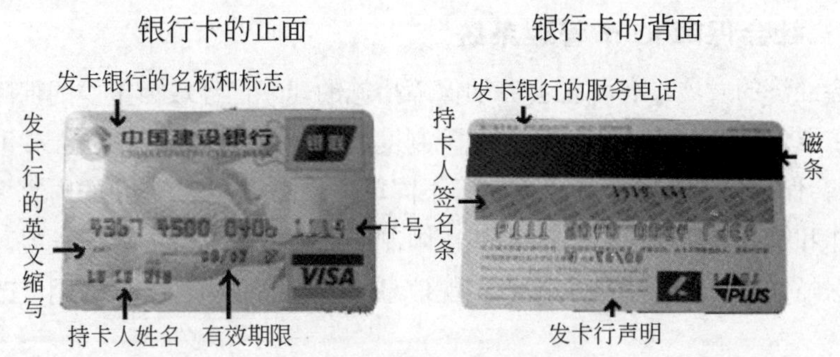

图 4-8　银行卡标识说明

银行卡卡号的数字编码一般由系统代码、银行代码、银行卡的账号和校验位组成，如图 4-9 所示。银行卡卡号结构如下所述。

图 4-9　银行卡卡号组成

系统代码：银行卡（信用卡）上的第 1 位数字代表银行卡的系统属性，“3”为旅游/娱乐卡（如美国的运通和大来），“4”为 Visa，“5”为 Master Card，“6”为发现卡。

美国运通公司（American Express）：第 3 和第 4 位数字表示卡的类型和币种，5～11 位数字表示卡的账号，12～14 位数字是账户中卡的序号，第 15 位数字是校验位。

Visa：2～6 位数字是银行代码，7～12 位或 7～15 位数字是卡的账号，第 13 位或第 16 位（即最后一位）是校验位。

Master Card：第 2 和第 3 位、2～4 位、2～5 位或者 2～6 位数字是银行代码（取决于第 2 位数字是 1、2、3 或其他），银行代码后紧接着一直到第 15 位数字是卡的账号，第 16 位数字是校验位。

【知识链接 4-4】　磁卡存在的问题简析

（1）磁卡保密性差。

（2）磁卡寿命较短。

（3）磁卡的应用方式比较单一。

（4）磁卡的交易速度慢。

（5）全球 EMV 迁移。

二、IC 卡技术的应用现状

IC 卡是随着半导体技术、大规模集成电路芯片技术的发展而产生的，也必将随着计算机技术、网络技术、云技术等的高速发展而迅速发展壮大。不断扩大 IC 卡的应用领域，已成为社会发展的必然需求。

1．接触式 IC 卡的应用案例

案例一：社会保障 IC 卡管理系统[1]

随着社会经济的发展，各种社会劳动保障措施的建立已经成为重要的保障经济有效运行的手段，主要包括劳动就业、工资、保险制度，以及医疗、住房、社会救助等方面。但是，现有的社会保障体制的各个项目分属于不同单位或部门管理，涉及的内容多且范围广，给具体的操作和管理使用带来了许多不便，限制了社会保障体系的良性发展。因此，建立健全的社会保障体系，使各项社会保障实现信息共享，已成为社会保障制度改革发展的必然趋势。

应用案例：广东、苏州、湖北等地的城市社保项目。

1）社会保障 IC 卡管理系统的设计目标

（1）以使用符合中国人民银行制定的《中国金融集成电路（IC）卡规范》的智能卡作为系统的卡片载体，在卡片上同时建立金融应用区域和社会保障应用区域。

（2）以银行原有的金融业务系统为基础，建立起同时具有金融 IC 卡业务处理系统和社会保障 IC 卡业务处理系统的综合业务系统。

（3）建立支持金融 IC 卡业务和社会保障 IC 卡业务的交易处理系统，包括自助式 IC 卡业务处理系统。

（4）建立银行业务系统和社会保障局业务系统的网络连接和医疗数据传输机制。

（5）建立银行 IC 卡交易处理终端（POS）和医院终端的数据交互机制。

2）社会保障 IC 卡管理系统的功能介绍

该系统的社会保障卡采用 8KB 容量的 IC 卡，能实现多种应用并存于一张卡上。可提供的功能大致分为：信息存储、电子钱包和电子存折、电子凭证和信息查询。

（1）信息存储。社会保障卡是由社保局与银行联名发行的，既支持金融应用又支持社会保障应用的复合 IC 卡。由银行承担具体的发卡工作，由每个公民提供的个人相关信息将被存储在 IC 卡中的社会保障应用区中，储存的主要信息有：姓名、公民身份证号码、出生年月、性别、工作单位、户籍所在地、婚姻状况、就业状况、职业技能、个人养老、医疗、失业保险账户和公积金账户等信息。

（2）电子钱包和电子存折。金融 IC 卡账户（电子钱包、电子存折）可用于消费、取现等常规金融方面的应用，而社保 IC 卡账户则用于与医疗相关的门诊、治疗、住院及购药等缴费目的。医院、药店从缴费终端收集社保 IC 卡的付费明细，上传至社保局的前置机，由社保局完成数据清分和清算工作，并将清算结果与支付明细分别传给各个相关银行，各银行负责将社保 IC 卡的支付明细入账，并完成各单位的结算与支付。

（3）电子凭证。IC 卡可以作为多项社会保障的电子凭证，方便持卡人在各种场合使用一张卡片，便可完成各项社保手续。可做电子凭证涉及的范围有：参加医疗保险，办理求职登记、参加职业培训，办理失业登记及失业保险事务、养老保险事务、工伤保险事务，

1　资料来源：中国自动识别网。

申请劳动能力鉴定，职业技能鉴定，办理婚姻状况变更，申办公积金贷款手续等。

（4）信息查询。可以方便地查询单位对持卡人的养老、失业、医疗、公积金的缴纳情况，查询持卡人个人养老、医疗保险、公积金账户的累计本息总额，以及查询失业保险等信息。

3）银行与社会保障体系结合的优势

由于整个社会保障体系的数据量十分庞大，而且涉及多个企业和部门，如何保证这些数据的采集和传送的顺畅和安全，就成为整个体系能否正常运作的关键。而由于银行运作的特性，决定了银行在通信方面的建设和设施有着绝对的优势，因此，银行对社会保障工作的参与，既能利用银行的现有通信网络，降低整个体系搭建的成本，又能保证整个体系的正常运行。

银行在我国计算机应用领域一直处于领先地位，既拥有先进完善的硬件设备，又拥有较强的技术力量和丰富的应用经验，完全能够胜任这项庞大的社会保障体系的正常运作和维护工作。而在社会保障业务的运作过程中，有大量的保费收缴、费用结算、资金结算等账务处理工作，银行凭借其自身固有的功能优势，可以为医保中心、医疗机构/药局、参保单位和个人提供安全、快捷的金融服务。

案例二：驾驶员培训指纹 IC 卡计时管理系统[1]

随着人们生活水平的不断提高，驾驶技术培训已成为一项基本的技能培训，因此参加培训的学员人数激增。与此同时，学员培训出现的学时不足、教练员执教行为不良、教练车辆管理不好等问题日益成为社会关注的焦点。如何强化对驾驶员培训工作的管理，切实提高驾驶员培训质量，减少“马路杀手”，向社会输送合格学员，已成为摆在行业主管部门面前的一个重要课题。

浙江维尔科技有限公司通过与交通行业主管部门合作，研发出“驾驶员培训指纹 IC 卡计时管理系统”，该系统旨在通过技术手段，全面地提升驾驶员培训管理的科学化、规范化和信息化水平，规范驾校的市场竞争行为和教练员的执教行为，确保学员能够按照交通运输部门制定的教学计划和教学大纲规定的学时要求，高质量完成培训。

1）系统特点

驾驶员培训指纹 IC 卡计时管理系统具有以下特点。

（1）基于指纹的验证方式，保证了每条驾培信息的真实性、可靠性。

（2）实时计时、计程，能自动区分场训、道训、日训、夜训。

（3）提供对教练员的评价功能，以完善对教练员的管理。

（4）采用手持式的结构设计，具有安装、使用方便的特点。

（5）采用汉字液晶显示和声音提示，具有操作方便的特点。

（6）采用独特的电源设计，提高设备的抗电冲击和抗干扰能力。

（7）信息在设备、IC 卡、计算机系统中均为双备份设计，防止信息丢失。

（8）根据管理需求，驾驶员培训管理软件可以在线升级。

1　资料来源：中国自动识别网。

2）系统概况

驾驶员培训指纹 IC 卡计时管理系统主要由车载式驾驶员培训管理器、驾培 IC 卡和配套的管理软件组成。其根本出发点是采用指纹身份鉴别技术和 IC 卡技术，利用指纹来验证教练员和驾驶员的身份，通过在训练过程中实时记录训练时间和训练里程的方法，客观记录驾驶员的训练信息，实现对驾驶员培训的科学化、规范化、信息化管理。

（1）驾驶员培训管理器

驾驶员培训管理器安装在培训车辆上，与车辆相连。具有以指纹方式验证教练员和学员身份的功能，在学员训练过程中，实时记录下训练时间和训练里程信息，自动区分场地训练、道路训练、白天训练和夜间训练，并将训练数据保存到学员的 IC 卡中，以供查询训练信息，从而实现对参加培训学员的管理。

（2）驾培应用 IC 卡

驾培应用 IC 卡分为教练员 IC 卡、学员 IC 卡、管理员 IC 卡和考官 IC 卡 4 种类型。其中，使用管理员 IC 卡，可以对驾驶员培训管理器中的参数进行设置，考官 IC 卡供交警部门的考官使用。

在教练员 IC 卡和学员 IC 卡中存储有持卡人的编号、姓名、指纹信息（保存两只手指的指纹数据）和训练数据等信息。其中，编号、姓名和指纹信息是在制卡时写入的，训练数据是在教练员或驾驶员训练过程中由驾驶员培训管理器实时写入的。

在驾驶员 IC 卡中存储的训练数据，不仅包括训练的累计时间和累计里程数据，还存储每次训练的明细信息，包括每次训练的日期、起始时间和中止时间、训练类型、训练时间和训练里程等。使用驾驶员培训管理软件和读卡设备，可以将学员 IC 卡中的信息采集到计算机中去。

（3）驾驶员培训管理软件

驾驶员培训管理软件与上述硬件配套使用，可以完成对基本资料的管理，教练员和学员指纹的采集，驾培应用 IC 卡的制作，驾培应用 IC 卡中训练信息的采集，驾驶员培训信息的统计、分析和查询等一系列工作。

（4）融合、接口与扩展

在与现有系统的融合方面，驾驶员培训指纹 IC 卡计时管理系统提供开放的程序接口和数据接口，可以集成到现有的系统中，实现与现有系统的最佳融合。

系统的二次开发接口包括设备的二次开发接口和系统的二次开发接口，设备的二次开发接口以命令的方式提供，系统的二次开发接口以 API 函数的方式提供。

驾驶员培训指纹 IC 卡计时管理系统可完成对驾驶员培训的管理，客观记录驾驶员的训练信息，以作为评定驾驶员训练水平的依据。驾驶员的管理过程除培训外，还包括驾驶员报名、驾驶员理论考试、驾驶员体检、驾驶员考试和驾驶员日常管理等多个环节。而驾驶员管理的法规有可能发生变化，因此，在驾驶员培训指纹 IC 卡计时管理系统的设计中，充分考虑了系统的可伸缩性和扩展性。

同时，在硬件体系结构的设计上，也考虑了硬件设备的扩展性。通过升级硬件设备中的嵌入式软件，即可实现驾驶员培训指纹 IC 卡计时管理系统的功能扩展。

案例三：海关物流监控IC卡管理系统[1]

1）海关物流监控IC卡管理系统的建设背景

海关总署为“迎接经济全球化挑战”，提出了“推动实施贸易便利战略；适应电子商务及无纸贸易的新环境；保持和发展我国经济竞争力”三大具体目标。近几年，在海关总署的支持下，各级海关在“加速通关”方面作出了一系列卓有成效的创新，如“电子车牌”“电子地磅”“司机IC卡”“不停车收费”等措施，尤其是“中国电子口岸”等国家级进出口执法信息系统的成功实施，使得原本分散在多个国家行政部门的进出口业务电子底账数据集中存放到公共数据中心，实现了统一、安全、高效的数据共享和数据交换。

2）海关物流监控IC卡管理系统的建设目标

（1）利用IC卡技术来存储相关业务数据，自动核对承运车辆及其货物清单，加强货物监管，加速货物的转关、通关。

（2）通过后台联网数据库系统和网络业务软件，控制转关货运车辆的行经路线和时间，监视整个货运过程，确保货物安全抵达，杜绝货物运输过程中的舞弊行为。

（3）通过IC卡业务管理系统，辅助监管承运货物，自动比对、核销进口车辆记录，提高系统运行效率，减少失误。

（4）依靠IC卡系统完善的安全加密技术，提高海关业务系统的安全性和保密性。

（5）依托海关现有的电子报关系统，共享报关数据，并留出监管系统接口，便于海关系统的整体集成。

（6）规范监管流程，提高海关监管系统的管理水平和工作效率。

3）系统的设计原则

（1）系统的安全保密性。依靠海关专用IC卡多级密钥管理体制，提供严格、严密的多层次用户权限控制；采用专用防火墙系统，防止非法用户的恶意侵入。

（2）系统的稳定可靠性。系统的可靠性取决于硬件可靠性和软件可靠性。

（3）系统的技术先进性。软件系统采用先进的开发工具，识别系统采用双界面IC卡。

（4）系统的经济高效性。系统设计按照有效保护现有投资的原则，充分利用现有海关内部的专网和通信公网的资源、安全优势，充分利用海关现有的卡口设备、中心计算机设备资源，使系统结构最优化，运行成本最低，追求性价比的最大化。

（5）系统的灵活性和可扩展性。在系统方案中按照系统分析、统筹规划的原则，对系统终期容量及发展进行方案设计，卡口设备管理系统设计本着模块化设计、标准化结构的思想，充分考虑与其他系统的有机结合、协同工作。

4）系统的建设意义

（1）大大提高海关转关、通关等业务流程的工作效率和管理水平，简化进出口贸易手续，完善海关内部的管理体系，优化海关的社会形象。

（2）有助于提高海关对运输企业、驾驶员在运输过程中的监管力度，有利于打击走私等违法活动，推动“贸易便利战略”的实施。

（3）从根本上加强海关自身的队伍建设，全面提高各关口一线智能监控程度，使得海关的执法管理更加规范、统一、透明、严格。

---

1 资料来源：中国自动识别网。

（4）通过与海关现有 EDI 网络系统、电子报关系统的结合，在每个操作环节相互制约、相互监督，增强海关执法的透明度和公正性，从机制上保证海关的廉政建设。

【知识链接 4-5】　接触式 IC 卡存在的问题和不足

（1）接触式 IC 卡与卡机之间的磨损会缩短其使用寿命。
（2）接触不良会导致传输数据出错。
（3）大流量的场所由于插、拔卡易造成长时间等待。

2. 选用接触式 IC 卡需要注意的问题

接触式 IC 卡以 PVC 塑料为卡基，表面还可印刷各种图案，甚至人像，卡的一方嵌有块状金属芯片，上有 8 个金属触点。卡的尺寸、触点的位置、卡的用途及数据格式等均有相应的国际标准予以明确规定。IC 卡在使用过程中，有一些参数在卡型选择时是需要认真考虑的，例如，接触式 IC 卡芯片有多种，如 SLE4442、SLE4428、国产 4442、国产 4428、Atmel24C01/16/64 等，价格和质量会有所不同。

如果 IC 卡的使用环境低于 0℃，最好不要选用 CPU 卡，因为 CPU 卡的工作温度要求在 0℃以上；而应采用可以在–20℃的低温下工作的 Memory Card。IC 卡是有工作电压指标的，西门子公司的 IC 卡一般工作电压在 4.75～5.25V 之间，ATMEL 公司的 IC 卡工作电压在 2.7～5.5V 之间。

IC 卡是有寿命的，它的寿命是由对 IC 卡的擦写次数决定的。理论上讲，对于西门子公司的 IC 卡，指标为 1 万次擦写寿命；ATMEL 公司的 IC 卡，指标为 10 万次擦写寿命。

IC 卡读写器的使用寿命主要由两个因素决定：①读写器本身器件的选择；②卡座的寿命。

卡座的寿命分别有 10 万次、20 万次和 50 万次。国内的一些制造商也可以生产少于 7000 次寿命的卡座，主要用于 IC 卡收费的终端表内，如 IC 卡电表、民用水表、煤气表等。

【知识链接 4-6】　接触式 IC 卡和非接触式 IC 卡的应用领域

中国各个应用行业在已发出的 IC 卡中，大部分是接触式 IC 卡，主要的应用领域有：预付费公用电话、移动电话、社会保障、银行、交通、校园、工商税务等。

而非接触式 IC 卡则主要应用在城市的公共交通、高速公路收费、门禁、食堂、物业管理等领域。非接触式 IC 卡以其方便交易、速度快、应用领域广而增长迅速。

随着 2005 年我国开始全面启动换发第二代居民身份证，非接触式 IC 卡迎来了新的发展高峰期。

三、其他卡技术的应用现状

1. 光卡的应用领域

目前光卡主要用于电子病历和存储各种图书资料等，如表 4-1 所示。

表 4-1 国内外光卡项目表

国家/地区	实验单位	内 容	开始时间
美国	Bailey 大学 得克萨斯州康复中心 休斯敦退役军人医院	慢性疾病患者卡 康复过程记录 患者经历记录	1987 1990
意大利	萨于尼亚岛	居民健康管理	1989
英国	西伦敦医院	孕妇的光卡系统	1989
德国	夫堡大学医院	人工透析患者管理	1990
荷兰	阿姆斯特丹医院	人工透析患者管理	
中国台湾	埔里基督教医院 省立丰原医院	劳工保健患者保险证的交付 患者卡	1993.7 1993.7
中国	北京协和医院	人工透析患者管理	1996.1
日本	小田原医师会 滨町小儿科医院 横滨第一医院 东海大学 伊势原市 佳能（株式会社）	儿童健康卡片 人工透析患者管理 健康管理系统 健康、福利情报系统 职员健康管理辅助系统	1990 1990 1986 1992 1989

2. 条码卡的应用领域

条码标签在日常生活中随处可见，条码卡通常将条码打印在卡片上或纸张上，目前常见的有新版实名制的火车票（二维条码），如图 4-10 所示；超市会员卡，如图 4-11 所示的乐购超市会员卡（一维条码）。

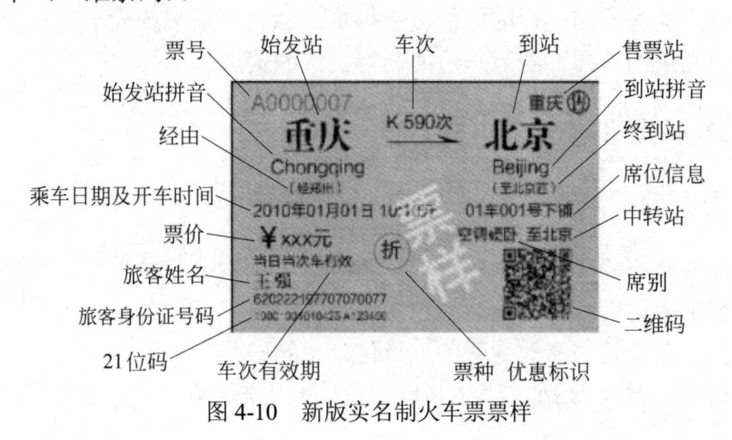

图 4-10 新版实名制火车票票样

图 4-11　乐购超市会员卡[1]

第三节　卡类识别技术基础

一、光卡技术基础

光卡信息的记录和提取是靠一种叫作光卡读写器的设备实现的。信息记录在光瞳上是靠半导体激光在卡的记录层打孔实现的。光卡的数据记录层由微细球状的金属粒子组成，厚度为 0.1mm，也称为基板层，基板层下面是以明胶为主要成分的有机胶质矩阵层。基板层经激光光点照射后，有机胶质矩阵熔解，形成小孔，反射率减小，从而在读取时，依据反射光的强度变化即可分辨出“0/1”两种不同的状态。因为记录是以激光打孔方式进行的，一旦打上孔后就不能复原，所以内容不能修改。

光卡放入读写器后，光卡沿着横向移动（沿“磁道”方向），激光读写头则沿着纵向移动（选择不同的“磁道”），这样就可以读/写信息到光卡上的任何位置。

读写器利用一束仅有几微米的激光光束记录信息。光束经过调制载有数字化编码（0/1）的信息，到达光卡的记录层，留下间隔不等的“小坑”。新的记录可以随时不断地写进去，但已经写入的信息不可擦除。

读取信息时，读写器用同样的但能量小得多的激光光束扫描光卡的记录层，光感受器根据反射回来的光束的不同，经解码后便读得正确的信息。

二、磁卡技术基础（选修）

1. 磁记录原理

磁条是由一些微小的磁粒（铁磁材料）附着于类似塑料胶带上形成的，铁磁材料是一种在外部磁场移走后仍可以保留磁性的物质。

磁条上数据的存储就是靠改变磁条上氧化粒子的磁性来实现的。在数据的写入过程中，需要输入的数据首先通过“编码器”变换成二进制的机器代码，然后控制器控制的“磁头”

1　图片来源：7788 收藏网。

在与磁条的相对移动过程中，改变磁条磁性粒子的极性来实现数据写入。数据的读出是“磁头”先读出机器代码，再通过“译码器”还原成人们可识读的数据信息。

记录时，磁卡的磁性面以一定的速度移动，或记录磁头以一定的速度移动，并分别和记录磁头的空隙或磁性面相接触。磁头的线圈一旦通上电流，空隙处就会产生与电流成比例的磁场，于是，磁卡与空隙接触部分的磁性体就被磁化。

如果记录信号电流随时间而变化，则当磁卡上的磁性体通过空隙时（因为磁卡或磁头是移动的），便随着电流的变化而不同程度地被磁化。磁卡被磁化之后，离开空隙的磁卡磁性层就留下相应于电流变化的剩磁。

利用磁粒附着技术，通过以不同的频率改变磁条上附着的磁粒的极性，实现对逻辑数据“0”和“1”的记录，再通过对二进制数据编码，就可以在磁条上记录各种信息了。

2．磁条和磁道

磁卡的一面印刷有说明提示性的信息，如插卡方向等；另一面则有磁层或磁条，具有2～3个磁道以记录有关信息数据。

磁道：磁条上存储信息的分区叫磁道，如图4-12所示。

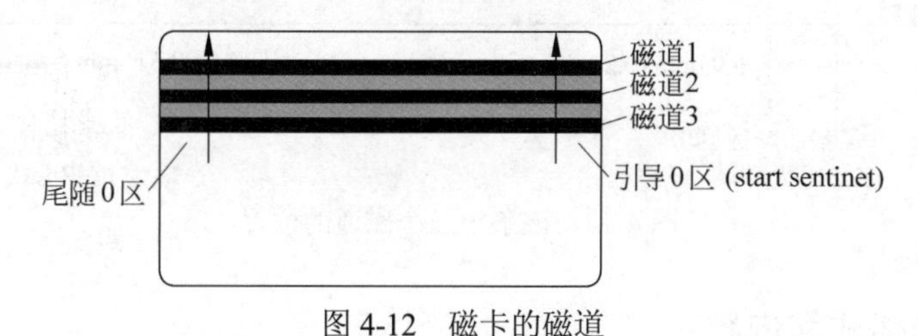

图4-12　磁卡的磁道

磁道1：记录密度为210bpi[1]，可记录数字（0～9）、字母（A～Z）和其他一些符号（如括号、分隔符等），并包含79个7位的二进制码（6位Alpha编码＋1位奇校验位）。磁道1记录字母、数字型数据（字母用于记录持卡人的姓名），为只读磁道，在使用时，磁道上记录的信息只能读出而不允许写入或修改。

磁道2：记录密度为75bpi，所记录的字符只能是数字（0～9），并包含40个5位的二进制码（4位BCD编码＋1位奇校验位）。磁道2记录数字型数据，也为只读磁道。

磁道3：记录密度为210bpi，所记录的字符只能是数字（0～9），并包含107个5位二进制码（4位BCD编码＋1位奇校验位）。磁道3记录数字型数据，如记录账面余额等，为可读写磁道，既可以读出，也可以写入。

磁道必须符合ANSI及ISO/IEC标准对磁卡的物理尺寸定义，这些尺寸的定义涉及磁卡读写机具的标准化。对磁卡上磁道1（或磁道2或磁道3）进行数据编码时，如果数据在磁带上的物理位置偏高或偏低了哪怕几个毫米，这些已编码的数据信息就会偏移到其他的磁道上。

磁道1、磁道2、磁道3的每个磁道宽度相同，约为2.80mm（0.11in），用于存放用户的数据信息；相邻两个磁道约有0.5mm（0.02in）的间隙（gap），用于区分相邻的两个磁道；

1　bpi表示每英寸的长度上可以存储的位数。

整个磁带宽度在 10.29mm（0.405in）左右（3 磁道磁卡），或 6.35mm（0.25in）左右（2 磁道磁卡）。实际上，人们所接触到的银行磁卡上的磁带宽度会加宽 1～2mm，磁带总宽度为 12～13mm。

在磁带上，记录 3 个有效磁道数据的起始数据位置和终结数据位置不是在磁带的边缘，而是磁带边缘向内缩减约 7.44mm（0.293in）处为起始数据位置（引导 0 区），在磁带边缘向内缩减约 6.93mm（0.273in）处为终止数据位置（尾随 0 区），如图 4-13 所示。这样的标准是为了有效保护磁卡上的数据不易被丢失，因为磁卡边缘上的磁记录数据很容易因物理磨损而被破坏。

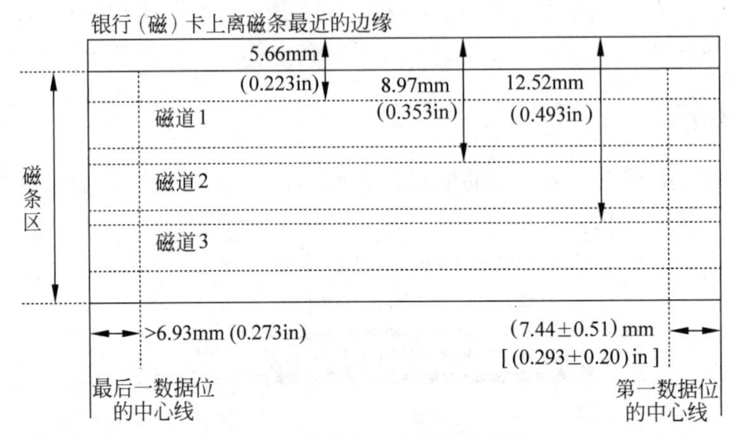

图 4-13　磁条中三个磁道的位置

3. 磁道的格式和内容

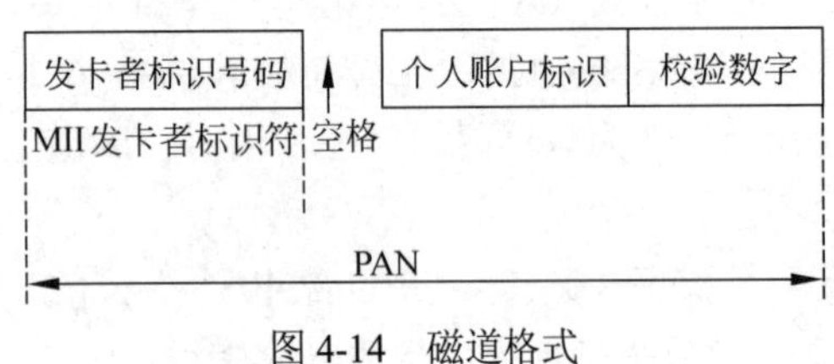

图 4-14　磁道格式

磁道的应用分配一般是根据特殊的使用要求而定制的，如银行系统、证券系统、门禁控制系统、身份识别系统、驾驶员驾驶执照管理系统等，都会对磁卡上 3 个磁道提出不同的应用格式，如图 4-14 所示。

例如：MII=1 标识为航空业，MII=3 标识为旅游或娱乐业，MII=5 标识为银行/金融业。

1）磁道 1

磁道 1 的数据标准最初是由国际航空运输协会（International Air Transportation Association，IATA）制定完成的。磁道 1 上的数据和字母记录了航空运输中的自动化信息，例如货物标签信息、交易信息、机票订票/订座情况等。这些信息由专门的磁卡读写机具进行数据读写处理，并且在航空公司有一套应用系统为它服务。应用系统包含了一个数据库，所有这些磁卡的数据信息都可以在此找到记录。

磁道 1 的格式和内容如下所述。

长度/字符	1	1	≤19	1	3	2～26	1	4	1	2		1	1
定义	STX	FC	PAN	FS	CC	NM	FS	ED	ID	SC	DD	ETX	LRC

STX：起始字符，1 个字符。

FC：格式代码（B）。

PAN：主账号。

FS：分隔符。

CC：国家代码。

NM：持卡人的姓名，2～26 个字符。

ED：失效日期，4 个字符。

ID：交换指示符，1 个字符。

SC：服务代码，2 个字符。

DD：自由数据/随意数据（但要确保磁道 1 编码字符总数在 79 个字符之内）。

ETX：结束标记，1 个字符。

LRC：纵向冗余校验字符，1 个字符。

2）磁道 2

磁道 2 的数据标准是由美国银行家协会（American Bankers Association，ABA）制定完成的。该磁道上的信息已经被当今很多的银行系统采用，它包含卡的一些最基本的相关信息，例如卡的唯一识别号码、卡的有效期等。

磁道 2 的格式和内容如下所述。

长度/字符	1	≤19	1	3	4	1	2		1	1
定义	STX	PAN	FS	CC	ED	ID	SC	DD	ETX	LRC

STX：起始字符。

PAN：主账号。

FS：分隔符。

CC：国家代码。

ED：失效日期。

ID：交换指示符。

SC：服务代码。

DD：自由数据/随意数据。

ETX：结束标记。

LRC：纵向冗余校验字符。

3）磁道 3

磁道 3 的数据标准是由财政行业制定完成的。主要应用于一般的储蓄、货款和信用单位等那些经常对磁卡数据进行更改、重写的场合，典型的应用包括现金售货机、预付费卡（系统）、借贷卡（系统）等。这类应用很多都是处于“脱机”（off line）模式，即银行（验证）系统很难实时对磁卡上的数据进行跟踪，表现为用户卡磁道 3 的数据与银行（验证）系统所记录的当前数据不同。

【知识链接 4-7】　　磁条为什么会“消磁”？

磁条记录数据信息的原理其实和录音机的磁带以及计算机的磁盘是一样的，是通过磁条上的磁性材料在不同的磁场作用下所呈现出来的不同磁性特征来存储信息的。正如录音磁带的内容可以被录音机抹掉（擦除）一样，磁条里记录的数据很容易被磁卡读写设备擦除。所谓“消磁”，就是指磁条里面的信息遭到破坏，使得磁卡不能在相应的设备上正常使用。

那么手机和磁卡放在一起，以及磁卡和磁卡放在一起会不会让磁卡消磁呢？北京电视台和果壳网都做过相应的试验，证明无论是手机还是多张磁卡简单地叠放在一起，是不会因为磁场干扰造成磁条信息被消磁的。当然如果把磁卡放在高磁性物体（比如一大块磁铁）旁，是可能被消磁的。但是，这并不意味着手机和磁卡放在一起就是绝对安全的，比如把磁卡和手机，或者多张磁卡揣在口袋里，它们之间会产生摩擦，这种摩擦也可能造成磁条的信息被破坏，换句话说，也会发生消磁。

所以，最好的方法是把磁卡装在钱包或者卡包里，避免卡片和手机之间以及卡片和卡片之间直接摩擦，这样就可以避免磁卡被消磁。

三、IC 卡技术基础

如前所述，IC 卡可分为接触式 IC 卡、非接触式 IC 卡和双界面 IC 卡。在第三章中已对非接触式 IC 卡的工作原理和工作过程进行了分析，下面重点介绍接触式 IC 卡的工作原理。

1. 接触式 IC 卡

1）接触式 IC 卡的结构

IC 卡读写器要能读写符合 ISO 7816 标准的 IC 卡。IC 卡接口电路作为 IC 卡与 IFD 内 CPU 进行通信的唯一通道，为保证通信和数据交换的安全与可靠，其产生的电信号必须满足特定要求。

接触式 IC 卡的构成可分为半导体芯片、电极模片、塑料基片几部分，其内部结构如图 4-15 所示。

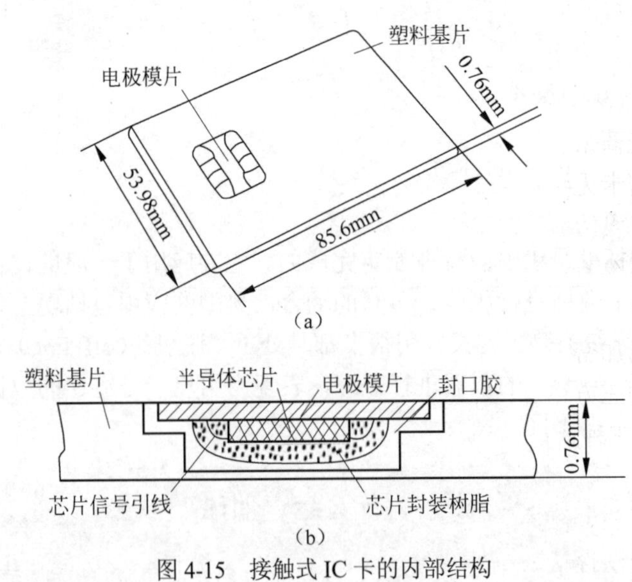

图 4-15　接触式 IC 卡的内部结构

2）接触式 IC 卡的工作原理

接触式 IC 卡获取工作电压的方法为：接触式 IC 卡通过其表面的金属电极触点将卡的集成电路与外部接口电路直接接触连接，由外部接口电路提供卡内集成电路工作的电源。

接触式 IC 卡与读写器交换数据的原理为：接触式 IC 卡通过其表面的金属电极触点将卡的集成电路与外部接口电路直接接触连接，通过串行方式与读写器交换数据（通信）。

3）接触式 IC 卡的工作过程

（1）完成 IC 卡插入与退出的识别操作。IC 卡接口电路对 IC 卡插入与退出的识别，即卡的激活与释放，有着严格的时序要求。如果不能满足相应的要求，IC 卡就不能正常进行操作；严重时，将损坏 IC 卡或 IC 卡读写器。为启动对卡的操作，接口电路会按顺序激活电路；当信息交换结束或失败时（例如，无卡响应或卡被移出），接口电路会按指定的时序释放电路。

（2）通过触点向卡提供稳定的电源。IC 卡接口电路在规定的电压范围内，向 IC 卡提供相应稳定的电流。

（3）通过触点向卡提供稳定的时钟。IC 卡接口电路向卡提供时钟信号。时钟信号的实际频率范围在复位应答期间，应在以下范围内：A 类卡，时钟应在 1～5MHz；B 类卡，时钟应在 1～4MHz。复位后，由收到的 ATR（复位应答）信号中的 F（时钟频率变换因子）和 D（比特率调整因子）来确定。

下面从安全方面对接触式 IC 卡进行技术分析。

2. CPU 技术

1）使用 CPU 卡的原因

IC 卡从接口方式上分为接触式 IC 卡、非接触式 IC 卡及复合卡；从器件技术上分为非加密存储卡、加密存储卡及 CPU 卡。非加密卡没有安全性，可以任意改写卡内的数据；加密存储卡在普通存储卡的基础上加了逻辑加密电路，成为加密存储卡。

逻辑加密存储卡由于采用密码控制逻辑来控制对 E^2PROM 的访问和改写，在使用前要校验密码，才可以进行写操作。因此，对于芯片本身来说是安全的，但在应用上是不安全的。具体存在以下不安全因素：

（1）密码在线路上是明文传输的，易被截取。

（2）对于系统商来说，密码及加密算法都是透明的。

（3）逻辑加密卡无法认证应用是否合法。

例如，假设有人伪造了 ATM，你无法知道它的合法性，当插入信用卡，输入密码的时候，信用卡的密码就被截获了。再如网上购物，如果用逻辑加密卡，购物者同样无法确定网上商店的合法性。

正是由于逻辑加密卡使用上的不安全因素，促进了 CPU 卡的发展。CPU 卡可以做到对人、卡、系统的三方合法性认证。

2）CPU 卡的三种认证

CPU 卡具有以下三种认证方法。

（1）对持卡者的合法性认证——密码校验，通过持卡人输入个人口令来进行验证。

（2）对卡的合法性认证——内部认证。

（3）对系统的合法性认证——外部认证。

认证过程是通过系统，传送随机数 X，用指定算法、密钥对随机数加密，用指定算法、密钥解密 Y，得结果 Z，比较 X、Z，如果相同，则表示系统是合法的。

在以上认证过程中，密钥是不在线路上以明文出现的，它每次的送出都是经过随机数加密的，而且因为有随机数的参加，可以确保每次传输的内容都不同，即使被截获也没有任何意义。这不单是密码对密码的认证，也是一种方法认证，就像早期在军队中使用的密码电报，发送方将报文按一定的方法加密成密文发送出去，接收方收到后按一定的方法将密文解密。

使用这种认证方式，线路上就没有了攻击点，同时，卡也可以验证应用的合法性。但是由于系统方用于认证的密钥及算法还是在应用程序中，因此不能完全去除系统商的攻击性。为此，引进了 SAM 卡的概念。

3．SAM 卡

SAM 卡是一种具有特殊性能的 CPU 卡，用于存放密钥和加密算法，可完成交易中的相互认证、密码验证和加密、解密运算，一般用作身份标志。由于 SAM 卡的出现，有了一种更完整的系统解决方案。

在发卡时，将主密钥存入 SAM 卡中，然后由 SAM 卡中的主密钥对用户卡的特征字节（如应用序列号）加密生成子密钥，将子密钥注入用户卡中。由于应用序列号的唯一性，使得每张用户卡内的子密钥都不同。

密钥一旦注入卡中，就不会在卡外出现。在使用时，由 SAM 卡的主密钥生成子密钥存放在 RAM 区中，用于加密、解密数据。

于是，上述的认证过程就成为如下形式：通过 SAM 卡系统，传送随机数 X，SAM 卡生成子密钥对随机数加密；SAM 卡解密 Y，得结果 Z；比较 X、Z，如果相同，则表示系统是合法的。

这样，在应用程序中的密钥就转移到了 SAM 卡中，认证成为卡-卡的认证，系统商不再承担责任。

卡与外界进行数据传输时，若以明文方式传输，数据易被截获和分析，同时，也可以对传输的数据进行篡改。要解决这个问题，CPU 卡提供了线路保护功能。

线路保护分为两种，一是将传输的数据进行 DES 加密，以密文形式传输，以防止截获分析；二是对传输的数据附加 MAC（安全报文鉴别码），接收方收到后首先进行校验，校验正确后才予以接收，以保证数据的真实性与完整性。

第四节　卡类识别技术设备概述

如何选择卡的读写设备（终端）呢？不同类型的卡对应不同的读写设备。主要有以下几种。

（1）磁卡：磁卡读写器、磁卡阅读器。

（2）条码卡：条码打印机、红外线条码阅读器（CCD）、激光条码识读器。

（3）接触式 IC 卡：接触式 IC 卡读写器（Memory 卡、CPU 卡）。

（4）非接触式 IC 卡：射频 IC 卡读写器（不同频段或兼容多频段）。

（5）电子标签（卡）：电子标签天线接收装置、标签阅读器、中间件。

目前，卡的读写设备的生产厂家和代理商很多，品牌也有很多，用户主要关心的是这些设备的故障率、使用寿命、售后维修服务期限以及供应商是否提供免费备机服务等。下面对各类设备进行简要介绍。

一、磁卡技术设备

刷卡机大致分为两类，分别为移动式和插入式刷卡机，如图 4-16 所示。刷卡机的内部结构如图 4-17 所示。

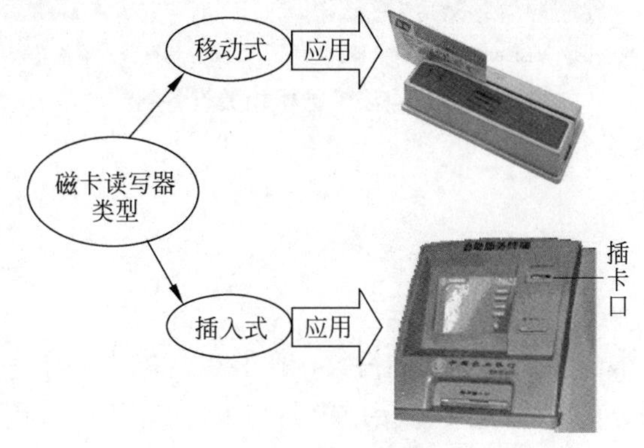

图 4-16　刷卡机类型

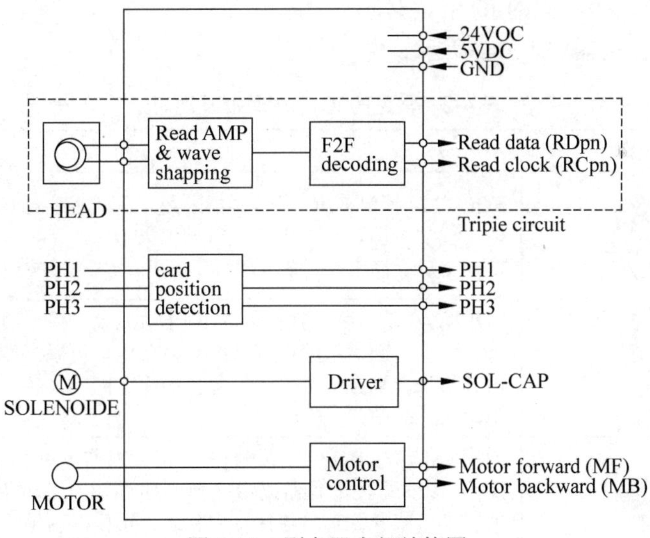

图 4-17　刷卡器内部结构图

一般非金融领域用的磁卡，只将信息记录在磁道 2，单 2 轨的只读阅读器每台售价目前已降到百元左右，单 2 轨的可读可写的读写器每台售价也仅有几百元。

金融领域用的磁卡，磁道 1、磁道 2、磁道 3 都可以用，如工商银行用磁道 1、磁道 3，建设银行用磁道 2、磁道 3。磁道 1、磁道 2、磁道 3 均可读写的读写器售价在千元左右。

由上述可以看出，磁卡的阅读器很便宜，但读写器较贵。由于在一般的应用中，磁卡只记录个人账号等只读信息，使用时并不往卡中写信息，所以在磁卡出厂时就可将信息写入其中，即“写磁”加工。如图 4-18（a）所示为磁条磁卡裱磁机，如图 4-18（b）所示为银联 YLE-405 条码刷卡器阅读器，如图 4-18（c）所示为具有密码输入功能的 CL-802 磁卡查询机刷卡机。

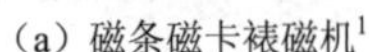

（a）磁条磁卡裱磁机[1]　（b）银联 YLE-405 条码刷卡器阅读器[2]　（c）具有密码输入功能的 CL-802 磁卡查询机刷卡机[3]

图 4-18　磁卡技术相关设备

二、IC 卡技术设备

1. 读写器

IC 卡读写器是 IC 卡与应用系统间的桥梁，在 ISO 标准中，称之为接口设备（interface device，IFD）。IFD 内的 CPU 通过一个接口电路与 IC 卡相连，并进行通信。IC 卡接口电路是 IC 卡读写器中至关重要的部分，根据实际应用系统的不同，可选择并行通信、半双工串行通信和 I2C 通信等不同的 IC 卡读写芯片。

常见的 IC 卡读写器如表 4-2 所示。

表 4-2　常见的 IC 卡读写器及说明

产 品 照 片	说　明
	EDL-1120 接触式 IC 卡读写器采用下落式卡座结构设计，完全符合人体工程学原理。含 1 大卡，可增 1 大卡 2 小卡，USB（无驱）通信接口，支持存储卡、逻辑加密卡、CPU 卡等多种类型的 IC 卡
	EDL-1240 是一种外置接触式 IC 卡读写器，可安装在用户工作的桌面上，可采用键盘口取电或 USB 口取电。可以方便地应用于工商、电信、邮政、税务、银行、保险、医疗、网吧及各种收费、储值、查询等管理系统中
	明华（M&W）RD 外置接触式 IC 卡读写器可对 Memory 卡和 CPU 卡操作。RD 系列读写器提供 3 种卡座选择，支持多种卡型操作。可以采用串口或 USB 口与计算机相连。可广泛用于工商、税务、邮电、银行、保险、医疗等管理系统中

1　图片来源：北京印刷学院网站。

2、3　图片来源：思迅网站。

续表

产品照片	说　明
	明华 DP 多卡座接触式系列读写器是具有双卡座操作的新型读写器，可应用于工商、邮电、税务、银行、保险、医疗及各种收费、储值、查询等管理系统中
	明华诚信 MHCX-218+手持式 IC 卡读写器是双界面手持式读写器，可中文显示，具有大容量存储器、多通信接口，功能齐全、性能稳定，可应用于工商、邮电、税务、银行、保险、医疗及各种收费、储值、查询等管理系统中

2. 生产设备

卡类产品制造工艺流程如图 4-19、图 4-20 所示，各类 IC 卡的生产、加工设备详见表 4-3 和表 4-4。

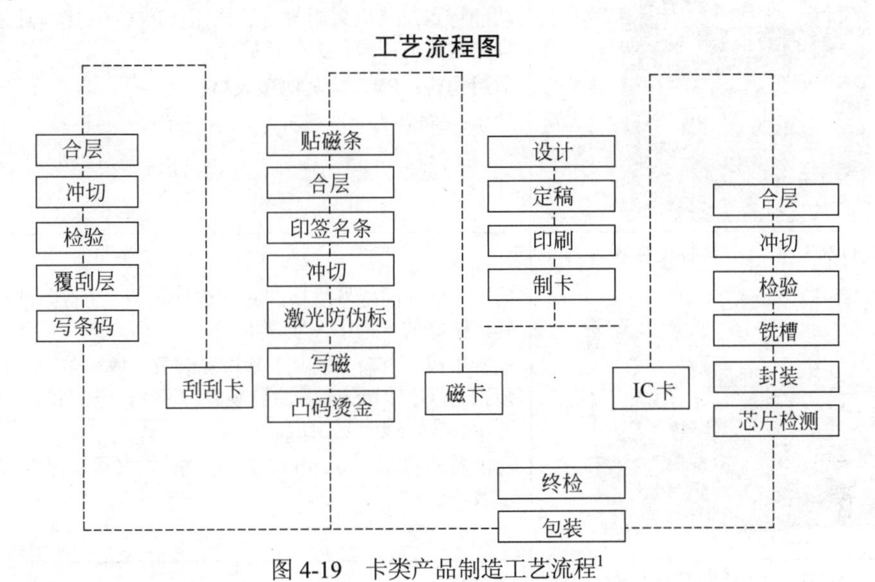

图 4-19　卡类产品制造工艺流程[1]

表 4-3　用于 IC 卡生产线上的制造设备说明[2]

设备名称及外形	说　明
ZWBXP 半自动芯片冲切机	用途：可将热熔胶加温粘贴到芯片上，并把芯片冲切下来。 功能特点：温度、时间、压力可以调节；成品自动收集，操作简单、易调节

1、2　资料来源：中国自动识别网。

续表

设备名称及外形	说　明
ZW-SH-100 全自动 IC 卡铣槽封装一体机 	用途：在标准卡基上铣出封装不同芯片所要求的卡槽，同时把不同型号规格的芯片进行检测、上胶、冲切，并植入到已铣好的卡槽中，实现 IC 封装一条线。 功能特点：集铣槽、吸尘清洁、深度检测、点焊、模块冲切、封装、测试于一体；预设 4 种标准模块的铣槽程序，可根据实际需要调用，参数修改方便。 产量：2000～2500 张/h
HLD 裱磁条机 	用途：为中、小型卡厂设计，可减轻工人劳动强度，提高生产效率，稳定产品质量。 功能特点：该机采用气动、热压；PVC 点焊与磁条定位点焊同时完成；操作方便，安全。 适用物料：PVC 或其他塑胶材料。 产量：8000~12000 张/h
HLD-ICL 全自动封装检测机 	用途：把不同型号规格的芯片进行检测、上胶、冲切，植入到已铣好的卡槽中，实现 IC 封装。 设备组成：由输卡器、卡基检测装置、放料装置、芯片检测装置、芯片冲切装置、涂胶装置、芯片搬送装置、热焊装置、冷压装置、收卡器组成。 功能特点：设备由 PLC 控制，操作人员通过触摸屏修改参数
ZWBFZ 半自动封装机 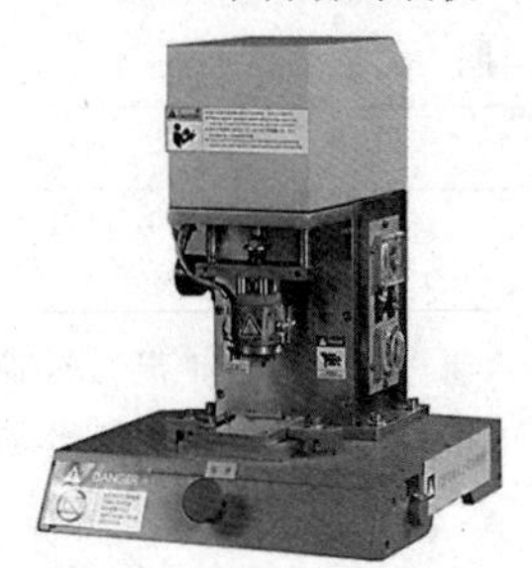	功能特点：人工手动操作，实现芯片封装；温度、时间、压力可以调节；操作简单、灵活，使用方便

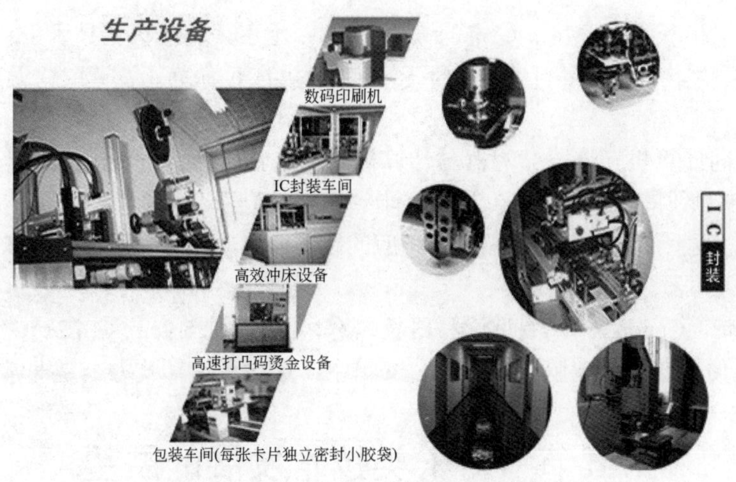

图 4-20　卡类产品制造工艺流程实物示意图

表 4-4　用于 IC 卡后期加工的设备说明[1]

设备名称及外形	说　明
意大利 Matica Z3 凸字烫金机 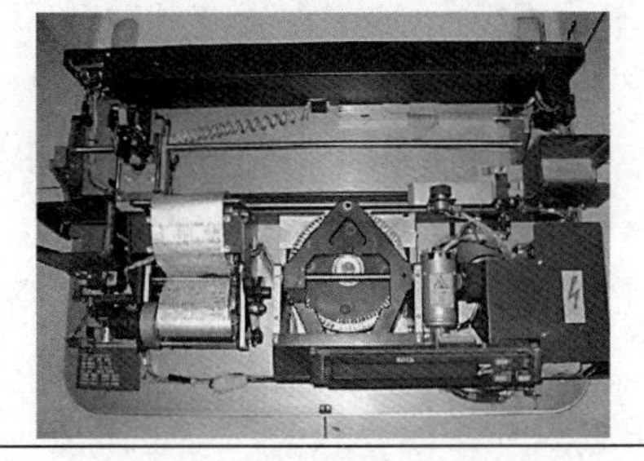	功能特点：设计简洁，静音操作；自动或手动进卡器；写磁和智能卡初始化与烫金模块；即插即用操作；一次走卡同时完成凸字及正面和背面凹字操作。 产量：大约 30s/张（参照 ISO 标准金融卡格式）
证卡打印机 P330i 	功能特点：采用先进的无线 RFID 技术；驱动程序自动配置；智能色彩优化。 打印机产品规格：高速打印每小时可打印 144 张单面彩色卡片；条码打印可打印 39 码、128 码、25 码及交叉 25 码、UPC-A 码、ENA8 和 ENA13 码；可使用 Windows 程序打印 True Type 字体。 适用材料：各种 PVC 材质表面卡片。 卡片厚度：0.25～1.524mm。 进/出卡盒容量：100 张（0.75mm 厚度）。 通信接口：SB1.1（含连接线），内置式以太网接口

三、光卡技术设备

下面以 Canon R/W 50 型光卡读写器为例，介绍光卡读写器的主要性能。

（1）读写器能实现高速的读写操作。其平均光读写头定位时间为 0.1s，导向定位时间为 3ms，数据读取速度最高可达 26kB/s，数据写入速度最高可达 10kB/s。

（2）采用激光技术，实现高密度、高性能的读/写操作。由于采用了高速的自动聚焦、

1　图片来源：RFID 世界网。

自动跟踪技术，可获得高密度、稳定的读/写操作。由于采用了容错技术、自动清洁措施，光卡上的脏物、划伤、指纹、汁水等均不会影响数据的正确读/写。读取错误率低至12%～10%。

（3）极易同计算机互连。读写器与计算机的连接就像计算机所用的软盘驱动器一样方便，只需在AT总线的机器上插入专用的光卡读写器控制卡，或者直接把光卡读写器连接到主机的SCSI总线上，然后在主机端装入相应的读写器驱动软件，用户便可以像使用软盘一样地使用光卡读写器。

（4）易携带。Canon R/W 50型读写器长×宽×高仅为25.9cm×14.2cm×6cm，质量为2.6kg，可以方便地与手提电脑一并放入公文箱中，这对于流动式办公是非常方便的。

第五节　对卡类技术发展的展望

一、卡类识别技术的迁移

作为20世纪七八十年代技术水平的产品，条码卡、磁卡由于结构简单，存储容量小，安全保密性差，读写设备复杂且维护费用高，已风光不再，应用市场正在逐渐被取代。

接触式IC卡与条码卡、磁卡相比，存储容量大，可一卡多用；安全可靠性更高，寿命更长；读写机构简单可靠，造价便宜，维护方便，容易推广。正是由于以上优点，使得接触式IC卡市场遍布世界各地，风靡一时。

然而，当前，风头正劲的接触式IC卡面临着后来者——非接触式IC卡的强劲挑战。非接触式IC卡在继承了接触式IC卡优点的同时，如大容量、高安全性等，又克服了接触式IC卡所无法避免的缺点，如读写故障率高，以及由于触点外露而导致的污染、损伤、磨损、静电以及插卡不便等。

非接触式IC卡采用完全密封的形式及无接触的工作方式，使之不受外界不良因素的影响，从而使用寿命完全接近IC芯片的自然寿命。因此，卡本身的使用频率和期限以及操作的便利性都大大高于接触式IC卡，从而也产生了国际EMV的迁移，如图4-21所示。

图4-21　国际EMV的迁移

EMV是Europay、Master Card、Visa三大银行卡公司的缩写。为了防范伪卡欺诈风险，实现全球范围内各组织所发行IC卡与终端的互操作性，三家公司于1994年开始共同制定EMV规范——IC卡全球支付的框架，并于1996年第一次发布，简称为EMV96；1999年，又发布了EMV2000。目前使用版本是EMV2000 V.42。

Visa、万事达卡和JCB都参考EMV规范，制定了各自相应的规范：

- 《Visa集成电路卡规范》（简称VIS）
- 《万事达卡借记/贷记芯片最小需求》（简称 M/chip）
- 《JCB IC卡规范》（简称J Smart）

EMV 迁移计划要求各个国家按照 EMV 的标准，在发卡收单、业务流程、安全管控、受理环境、信息转接、产品认证等各个环节实现从磁条卡向 IC 卡的迁移。为了配合 EMV 迁移，Visa 等跨国银行卡公司还制定了风险转移政策和鼓励政策。

EMV 迁移的路径最早在银行卡欺诈风险较为集中的西欧地区开展，然后依次向欺诈风险较低的地区，如亚太地区、拉美地区和中欧、非洲、中东等地区延伸，这反映了各国和各地区开展 EMV 迁移的初衷是为了降低伪卡欺诈。

由于 EMV 迁移会造成在原本银行卡交易高风险地区的伪卡和盗卡犯罪成本大幅提高，因此使跨国银行卡犯罪集团将目标放到未进行迁移的地区。这也直接造成了近年来我国银行卡欺诈数量明显提升，给持卡人造成经济损失，也给发卡和收单机构造成了信誉上的影响。

目前，我国的主要外卡收单机构受到跨国银行卡公司 EMV“风险转移政策”的压力，投入了大量的人力和财力成本，基本已完成外卡收单系统及受理终端的 EMV 迁移改造。

据尚普咨询集团《2023 年智能卡行业经济运行现状分析与发展前景》显示，目前，全球智能卡行业已进入发展成熟期，市场规模呈现相对稳定的态势。2022 年全球智能卡市场出货量达到 358 亿张，同比增长 0.56%。

从细分市场上看，电信 SIM 卡和金融 IC 卡是全球智能卡市场的主要细分领域，分别占据了出货量的 51.8%和 33.4%。2022 年全球智能卡出货量为 95.05 亿张，与 2021 年持平。其中，电信 SIM 卡出货量为 43 亿张，同比减少 12.2%；金融 IC 卡出货量为 34.5 亿张，同比增长 6.2%；证件卡及其他出货量为 17.55 亿张，同比增长 24.5%。

从区域结构上看，亚太地区是全球智能卡市场出货量第一大区域，占比超过 40%。其次是北美和欧洲地区，分别占比 25.1%、16.6%。其他地区的占比均不足 10%。

从智能卡芯片市场规模来看，2021 年全球智能卡芯片市场规模为 32.29 亿美元，较 2020 年略有下降，同比减少 3.61%；预计 2023 年全球智能卡芯片市场规模将达到 32.7 亿美元，同比增长 0.62%。

可见，非接触式 IC 卡不仅代表着卡技术发展多年的结晶，也象征着卡的应用又提高到一个新阶段。

二、国内 IC 卡的发展情况

中国每年的发卡量（IC 卡）均保持迅速增长的发展态势，每年新增的应用领域都在不断增加，尤其是对 IC 卡应用比较成熟的行业更是保持着一个相对比较高的增长速度，包括银行卡、电信卡、社保卡、公交一卡通等。

电信部门是启动我国 IC 卡应用的领先者，对 IC 卡在国内的应用起到了非常重要的推动作用。多年以来，电信行业一直是中国 IC 卡的发行“大户”，每年的发卡量在全国 IC 卡发卡量中占据着绝大多数的份额，这固然与中国经济的持续增长有关，也与电信市场的特殊性有关。公用电话卡从早期的磁卡到后来的 IC 卡一统天下，技术更新的速度非常快。

中国的社保卡是继移动电话卡之后另一主要的 CPU 卡，近几年中，对 CPU 卡的发展起到了积极的推动作用。当前，中国社保卡的种类有纸卡、磁卡、条码卡、存储卡和 CPU 卡多种类型。虽然劳动和社会保障部（现更名为人力资源和社会保障部，简称人社部）要求全国启动的社保（个人）卡为 CPU 卡，但真正按人社部要求实施的项目近些年才真正形成气候。

目前，银行卡已经成为人们日常消费购物最主要的支付工具之一。2021 年我国银行卡在用数量为 92.47 亿张，其中借记卡数量为 84.47 亿张。2011—2021 年中国银行卡在用数量及借记卡数量统计如图 4-22 所示。2011—2021 年我国金融 IC 卡累计发卡量如图 4-23 所示。

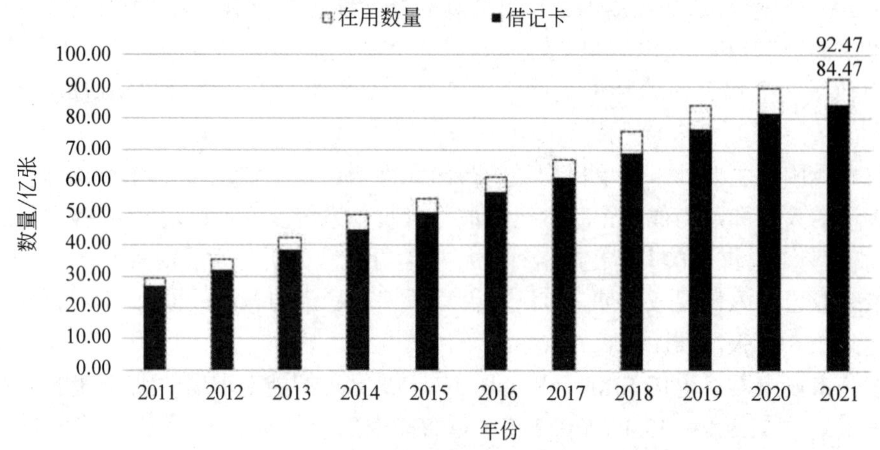

图 4-22　2011—2021 年我国银行卡在用数量及借记卡数量[1]

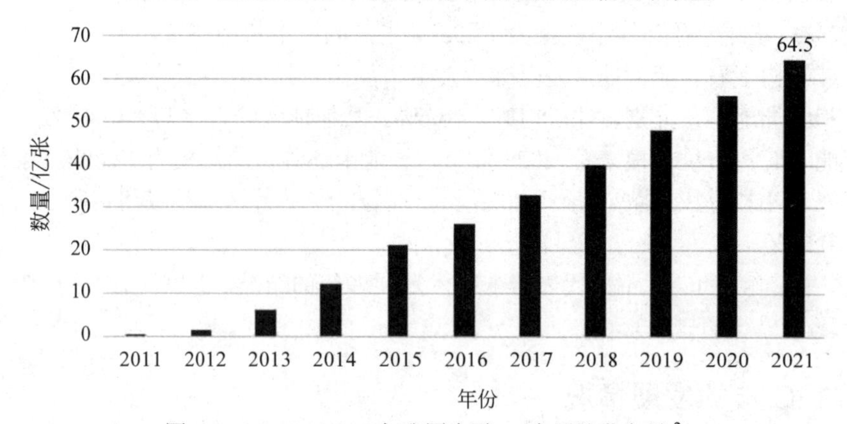

图 4-23　2011—2021 年我国金融 IC 卡累计发卡量[2]

我国银行磁条卡向 IC 卡的迁移工作全面启动于 2011 年 3 月。根据计划，2013 年 1 月 1 日起，全国性商业银行均应开始发行金融 IC 卡。2015 年 1 月 1 日起，各商业银行逐步停止发行纯磁条银行卡，并引导磁卡银行卡持卡人更换 IC 卡。

受益于政策大力推进等因素，银行不断改进与更新金融 IC 卡的功能，目前金融 IC 卡已经可以应用在公交车、住院医疗以及餐饮消费等多个层面。截至 2021 年末，全国金融 IC 卡累计发卡量为 64.5 亿张左右。

目前，新增金融 IC 卡发卡量明显放缓。2011—2015 年受益于政策的大力支持，金融 IC 卡新增量逐年攀升，大幅增长，新增 IC 卡发卡量自 2011 年的 0.15 亿张增长至 2015 年

1、2　资料来源：智研咨询. 2022 年中国金融 IC 卡行业新增空间有限，第三代金融社保卡替换空间巨大。

的 8.85 亿张。近年来新增金融 IC 卡发卡量明显放缓，2021 年我国金融 IC 卡新增发卡量为 8.32 亿张。

金融 IC 卡，又称芯片介质银行卡，是由商业银行向社会发行的具有消费支付、转账结算、存取现金等全部或部分功能的信用支付与非信用支付工具。相比于传统磁条介质银行卡，金融 IC 卡具有安全性高、存储容量大、扩展功能等突出优势。金融 IC 卡可以分为标准银行 IC 卡和行业应用银行 IC 卡，标准银行 IC 卡的具体产品有借记卡、信用卡，行业应用银行 IC 卡的典型产品有金融社保卡等。金融 IC 卡分类如图 4-24 所示。

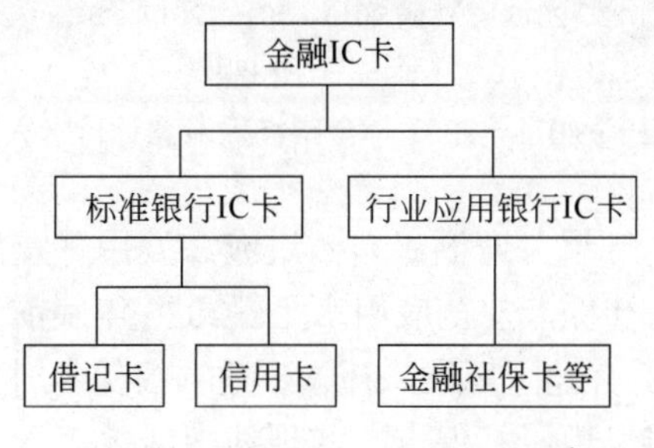

图 4-24　金融 IC 卡分类示意图[1]

行业应用银行 IC 卡是在基础金融功能上进一步集成了其他领域应用的金融 IC 卡。金融社保卡是行业应用银行 IC 卡的重要应用方向。目前，我国新发行的社保卡以加载银行卡功能的金融社保卡为主。除了具有现金存取、转账、支付等金融功能外，也可扩展应用至就业、职业鉴定、就医联动等其他公共服务领域。

金融社保卡的主要用途如下：

（1）金融：现金存取、转账、消费等银行卡功能。

（2）养老：申请、查询养老保险待遇，领取养老金等。

（3）工伤：认定工伤，即时结算工伤医疗费等。

（4）就业：办理求职登记、失业登记，申领失业保险金等。

（5）就医：替代就诊卡，挂号、开药、结算、取药等。

（6）生育：申请生育保险，报销生育医疗费，领取生育津贴等。

（7）劳动：申请劳动能力鉴定、劳动人事争议仲裁等。

（8）人事：查询档案管理、人事人才考试缴费等。

目前，我国社保卡普及率较高。2011—2021 年全国社保卡累计持卡人数量如图 4-25 所示。2021 年我国社会保障卡持卡人数为 13.5 亿人，覆盖 95.7%的人口，预计未来持卡人数增长有限，但伴随已发社保卡逐步接近使用年限，原有第一、二代社保卡预计将陆续进入被动更换周期。同时，伴随“互联网+人社”战略的不断推进，未来一段时间，第三代社保卡的推广将增加现有持卡人的主动换卡需求，或将进一步扩大社会保障卡的市场规模。

第三代社保卡推广应用工作已全面启动。2018 年，《关于开展具有金融功能的第三代社会保障卡先行启动建设工作的通知》提出部分地区将试点发行具有非接触功能的第三代社保卡，后续将逐步推广至全国；2020 年，人力资源和社会保障部办公厅、中国人民银行办公厅联合发布的《关于推广应用具有金融功能的第三代社会保障卡的通知》提出按照密

1　资料来源：智研咨询. 2022 年中国金融 IC 卡行业新增空间有限，第三代金融社保卡替换空间巨大。

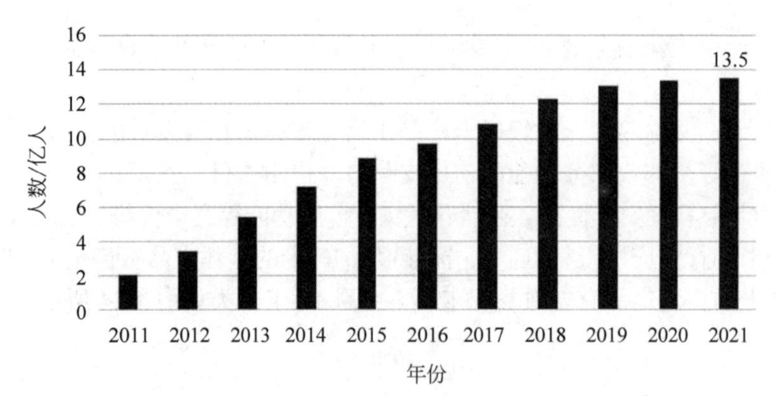

图 4-25　2011—2021 年全国社保卡累计持卡人数量[1]

码应用与创新发展工作统一部署，遵循“自然过渡、发用并重”的原则，全面启动第三代社保卡推广应用工作，提高社保卡安全应用水平。2020 年底前全面完成第三代社保卡发行准备，自 2021 年起，全国所有地区新发、补领、换领社保卡时全部采用支持 SM 系列算法的第三代社保卡，并加快签发电子社保卡，实现线上线下“一卡通用、一网通办”。

第三代金融社保卡替换空间巨大。第三代社会保障卡不仅具备第二代社保卡所有服务功能，还增加了非接触读卡用卡和小额快速支付功能，支持民众各地就医购药，部分地市计划通过第三代社保卡发放惠民惠农补贴资金，实现乘坐城市公共交通，凭社保卡进图书馆、博物馆、公园景区等功能。人力资源和社会保障部数据显示，2021 年我国第三代社保卡持卡人数约 1.38 亿人，渗透率为 10.2%左右，预计在政策引导下，第三代金融社保卡发卡量有望迎来加速增长。

公交领域是非接触式 IC 卡的另一个重要的应用领域，它对我国非接触式 IC 卡（RFID）产业的发展起到了重要的推动作用。2013 年，由交通运输部主导的全国交通一卡通互联互通项目正式启动，2015 年，采用交通运输部互联互通标准发行的北京互通卡正式投入使用。

随着全国交通一卡通互联互通持续扩大，其跨地区、跨交通运输方式的覆盖和应用范围也进一步扩大。截至目前，全国 327 个地级以上城市（含 5 个示范区）已实现交通一卡通互联互通，交通联合卡（码）发行量超过 2.23 亿张（实体卡 1.04 亿张、虚拟卡 5587 万张，二维码用户数 6325 万），覆盖全国 3.6 万余条公交线路，44 个城市的 258 条轨道线路，3.6 万余辆巡游出租汽车等。互联互通范围覆盖了京津冀、长三角、珠三角、长江经济带等多个重点区域，基本形成了纵贯南北、互通东西的全方位互联互通格局。

如今，人的口袋里只要装有一张北京互通卡，即可轻松实现一卡畅行全国 300 余城的愿望。对经常外出旅行、频繁商务出差、节假日返乡探亲访友的人群非常方便。

三、智能卡行业发展前景展望

我国智能卡行业经过二十几年的发展，虽然还存在着一些问题和不足，但总体发展趋势已经在朝着良好的局面前进。展望未来，我国智能卡行业前景将更加美好，具体体现在以下几个方面。

1　资料来源：智研咨询. 2022 年中国金融 IC 卡行业新增空间有限，第三代金融社保卡替换空间巨大。

1. 智能一体化解决方案成为产业核心竞争要素

“互联网+公共服务”为解决我国公共服务供给总量不足、供给不平衡和供给效率不高的难题，实现社会治理和公共服务现代化提供了良好契机。首先，依托于信息技术，特别是综合运用互联网和移动互联网、云计算、物联网、大数据等新一代信息技术，可以实现公共服务的优化升级和共同享有。通过建设发展基于互联网的在线公共服务一体化平台和移动服务平台，可以逐步实现涉及医疗、教育、养老、卫生等民生领域的基本公共服务办理事项的全面化扩展、服务质量的人性化提升和办理方式的一体化服务。

智能卡和终端厂家仅仅提供硬件设备将不足以满足客户的需求，连接应用/内容/服务已成趋势，同时借助大数据、人工智能等技术，强化“云大脑”，为客户提供具备更高人工智能的整合的服务，已经成为大势所趋。能为客户深度定制一体化解决方案的综合性智能卡和智能终端生产商将在竞争中获得优势，一体化解决方案或将成为智能卡和终端产业的核心竞争要素。

2. 借记卡产品稳健增长，信用卡产品前景广阔

近年来我国银行账户数量保持持续增长，一方面，近年来社会资金交易规模不断扩大，支付业务量稳步增长，借记卡、信用卡作为交易活动的重要媒介，市场需求较为可观；另一方面，金融 IC 卡所具备的行业应用属性进一步拓展了借记卡和信用卡的使用场景和应用领域，为借记卡和信用卡市场增加了新的动力。伴随中国经济蓬勃发展，借记卡、信用卡发卡数量有望保持较快增速，行业市场规模稳步增长。

根据尚普咨询集团数据显示，截至 2022 年末，全国银行账户总数达到 141.67 亿个，比上年增加 5.01 亿个，增长率为 3.68%；其中借记卡账户数为 86.80 亿个，比上年增加 2.20 亿个，增长率为 2.76%；信用卡账户数为 46.89 亿个，比上年增加 2.83 亿个，增长率为 6.42%；信用卡和借贷合一卡账户数为 7.98 亿个，比上年减少 0.02 亿个，下降率为 0.28%。到 2023 年底，全国银行账户总数将达到 146.69 亿个，其中借记卡账户数为 89.57 亿个，信用卡账户数为 48.87 亿个，信用卡和借贷合一卡账户数为 8.23 亿个。

3. 5G-SIM 智能物联网卡或成为通信卡领域新的增长点

随着移动互联网的高速发展以及智能手机的大规模普及，传统 SIM 卡市场已接近饱和，但伴随国家 5G 战略不断推进，5G-SIM 卡有望迎来大幅增长。同时，近年来云服务、大数据、传感器等技术的高速发展，为物联网产业增长提供了良好的条件。

5G 的加速落地，将为通信智能卡行业带来新的发展机遇。依托网络传输互联、云计算、大数据处理和机器学习等新兴技术的物联网业务，将会是运营商以及智能物联网通信卡业务新的增长点。预计 2023 年全年全球 5G-SIM 卡出货量将达到 15 亿张。

4. 实体智能卡与电子智能卡协同发展将成为行业未来发展趋势

智能卡电子化是伴随着移动互联网、网络安全等技术的发展以及智能手机的普及所导致的必然发展趋势，其主要包括智能卡功能电子化和无卡化两种形式。智能卡功能电子化即对实体卡的特定功能予以电子化，通常是依托实体卡进行应用扩展、延伸以满足特定人

群在特定场景的便捷使用需求，是实体卡的有机补充，也是目前最主要的智能卡电子化形式；无卡化指不再依托实体智能卡作为媒介，通过生物识别等技术直接关联个人身份、数据信息，以实现智能卡的相关功能。

尚普咨询认为，实体智能卡与电子智能卡并不是对立的关系，而是相互补充、协同发展的关系。实体智能卡具有安全性、稳定性、通用性等优势，是智能卡应用的基础和保障；电子智能卡具有便捷性、灵活性、创新性等优势，是智能卡应用的延伸和拓展。两者结合，可以实现智能卡应用的多样化和个性化，满足不同用户和场景的需求，推动智能卡行业的持续发展。尚普咨询集团数据显示，2023年全球实体智能卡出货量将达到94.8亿张，同比下降0.26%；全球电子智能卡出货量将达到3.2亿张，同比增长33.33%。

随着金融支付、移动通信等下游应用领域的迅猛发展，产生了大量的智能卡产品使用需求，促进智能卡行业发展壮大；中国本土企业逐渐掌握智能卡设计生产的技术工艺，产品在国际市场中具有竞争力，未来中国智能卡潜在增长空间较大，中研普华产业研究院发布的《2023—2028年国内智能卡行业发展趋势及发展策略研究报告》显示：预计2026年中国智能卡市场规模将达到462.55亿元，同比增长10.3%。

另外，近年来，智能卡应用在东南亚、中东、非洲、南美洲等地区快速发展，特别是通信智能卡和EMV迁移趋势下使用的金融IC卡，需求迅猛增长，为我国智能卡企业提供了新的发展机遇，未来智能卡海外市场具有较大的发展潜力。

本章小结

卡类识别技术被广泛地应用于信息处理，可以加快人们日常生活信息化的速度。卡片大致可分为非半导体卡和半导体卡两大类，非半导体卡包括磁卡、PET卡、光卡、凸字卡等；半导体卡主要有IC卡等。本章主要介绍了磁卡和IC卡。

磁卡技术的记录载体为磁条，利用磁粒附着技术，通过以不同的频率改变磁条上附着磁粒的极性，实现逻辑数据“0”和“1”的记录，再通过对二进制数据编码，实现在磁条上记录各种信息。

磁卡的特点是：成本低，安全性差，使用方便。其应用遍布各行各业，如金融、零售、服务、社会安全、交通旅游、医疗、特种证件、教育、娱乐等。

IC卡分为接触式IC卡、非接触式IC卡和双界面卡。其中，接触式IC卡为本章重点介绍的内容。

接触式IC卡由半导体芯片、电极模片、塑料基片几部分构成，通过其表面的金属电极触点将卡的集成电路与外部接口电路直接接触连接，由外部接口电路提供卡内集成电路工作的电源，并通过串行方式与读写器交换数据。

接触式IC卡具有存储容量大、可以一卡多用、安全可靠性高、寿命长，读写设备简单可靠、造价便宜、维护方便、容易推广的特点，因此被广泛地应用于数据安全要求较高的系统，如社会保障IC卡管理系统、驾驶员培训指纹IC卡计时管理系统、海关物流监控IC卡管理系统等。

本章内容结构

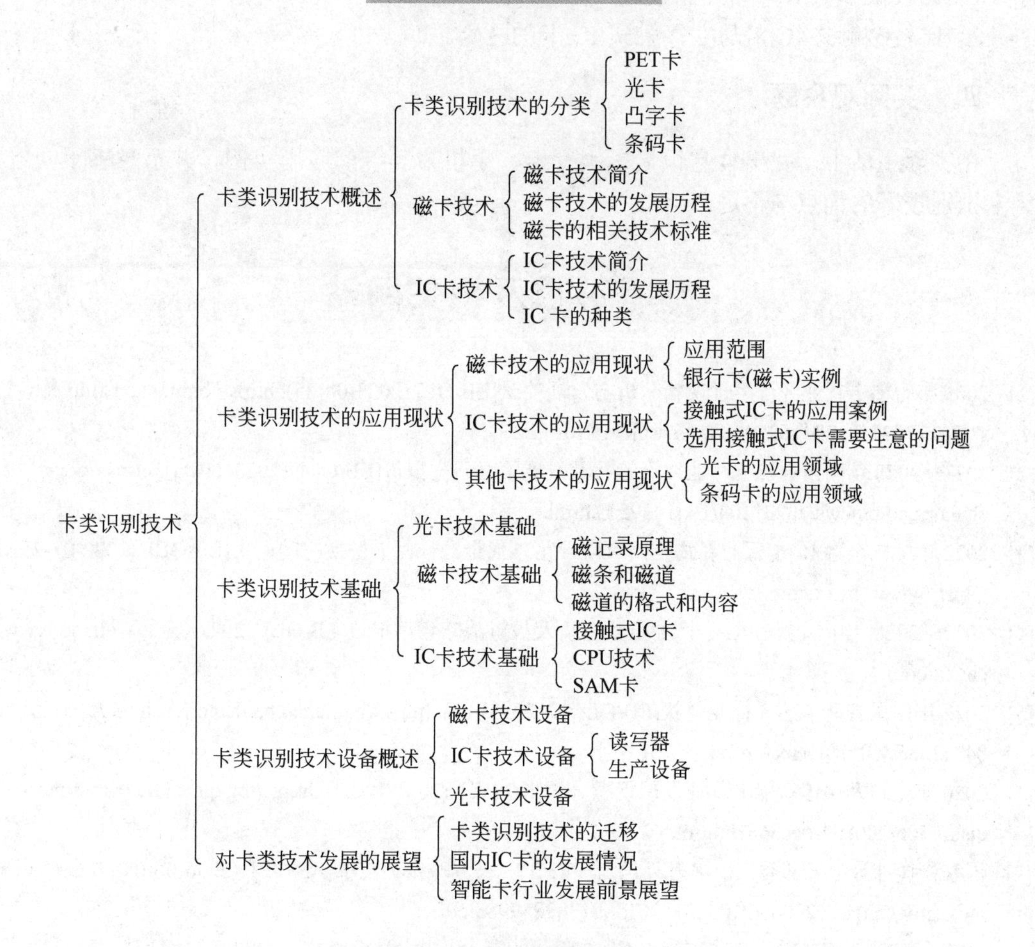

综 合 练 习

一、名词解释

磁卡　IC 卡　光卡

二、简述题

1．卡作为识别介质是如何分类的？
2．简述磁卡的应用范围。
3．简述磁卡的安全性及存在的问题。
4．简述接触式 IC 卡存在的问题。
5．举例说明条码卡的应用。
6．简述 IC 卡设备。

三、思考题

1．比较磁卡与 IC 卡的优缺点。

2．比较接触式 IC 卡与非接触式 IC 卡的区别。

四、实际观察题

在实际生活中，找出食堂饭卡、银行卡、手机卡等卡的应用实例，并亲身感受一下各类卡识别技术的优点与不足。

参考书目及相关网站

[1] 2023 年智能卡行业经济运行现状分析与发展前景[EB/OL].(2023-08-25). https://baijiahao.baidu.com/s?id=1775204812341635061&wfr=spider&for=pc.

[2] 2023—2028 年国内智能卡行业发展趋势及发展策略研究报告[EB/OL]. (2023-11-03). https://www.chinairn.com/news/20231103/164143951.shtml.

[3] 2022 年中国金融 IC 卡行业新增空间有限，第三代金融社保卡替换空间巨大[EB/OL]. (2022-07-25). https://www.chyxx.com.

[4] 2022—2028 年中国金融 IC 卡产业全景分析及投资战略咨询报告[EB/OL]. (2022-05-30). https://www.chyxx.com.

[5] 2022 年中国智能卡芯片行业现状[EB/OL]. (2023-03-03). https://baijiahao.baidu.com/s?id=1759310966968484233&wfr=spider&for=pc.

[6] 2020 年全球及中国智能卡行业发展现状分析[EB/OL]. (2021-12-24). https://bg.qianzhan.com/trends/detail/506/200804-6ec3682b.html.

[7] 国家科技部等十五部委．中国射频识别（RFID）技术政策白皮书[EB/OL]. (2006-06-09). https://www.most.gov.cn/tpxw/200606/W020170615691389849985.pdf.

[8] 许毅，陈建军．RFID 原理与应用[M]．2 版．北京：清华大学出版社，2020.

[9] 潘春伟．RFID 技术原理与应用[M]．北京：电子工业出版社，2020.

[10] 陈彦彬．RFID 技术原理与应用[M]．西安：西安电子科技大学出版社，2020.

[11] 唐志凌，沈敏．射频识别(RFID)应用技术[M]．2 版．北京：机械工业出版社，2018.

[12] 单承赣．射频识别（RFID）原理与应用[M]．2 版．北京：电子工业出版社，2015.

[13] 米志强．射频识别（RFID）原理与应用[M]．2 版．北京：电子工业出版社，2015.

[14] 赵军辉．射频识别技术与应用[M]．北京：机械工业出版社，2008.

[15] 董丽华．RFID 技术与应用[M]．北京：电子工业出版社，2008.

[16] 郎为民．射频识别（RFID）技术原理与应用[M]．北京：机械工业出版社，2006.

[17] 周晓光．射频识别（RFID）技术原理与应用实例[M]．北京：人民邮电出版社，2006.

[18] [德]芬肯才勒．无线射频识别技术（RFID）[M]．吴晓峰，陈大才，译．3 版．北京：电子工业出版社，2006.

[19] 游战清，李苏剑．无线射频识别技术（RFID）理论与应用[M]．北京：电子工业出版社，2004.

[20] 磁卡[EB/OL]. (2023-02-16). http://baike.baidu.com/item/磁卡/885032 ?fr=ge_ala.

[21] IC 卡[EB/OL]. (2023-02-16). http://baike.baidu.com/item/IC 卡/155035 ?fr=ge_ala.

第五章

图像识别技术

内容提要

数字图像处理（image processing）是一门跨学科的前沿领域，在工业、生物医学、遥感卫星、航空航天、海洋气象、军事安全等领域得到了广泛的应用，并取得了成功，为人们的生产和生活带来了很大便利。本章主要讲述图像处理技术的发展历程、应用现状、技术基础和主要设备，最后简要介绍 OCR 技术。

学习目标与重点

◆ 了解数字图像处理技术的发展历程。

◆ 重点掌握数字图像处理的应用现状和典型案例。

◆ 理解数字图像处理技术研究的主要内容和基础理论。

◆ 掌握数字图像处理系统的基本构成和关键技术。

关键术语

数字图像处理、自动识别、光学字符识别（OCR）

【引入案例】 **小心！“电子眼”**

在城市道路的十字路口，信号灯默默地按照预定的程序顺序点亮，但是总有些不遵守交通规则的司机侥幸违反信号灯的指示通过路口，而当过段时间上网查违章的时候，会发现自己的车牌号赫然其中。

这就是利用了数字图像处理技术的车辆牌照自动识别系统，通过电子摄像头和后台图像处理系统实现对车辆牌照的自动识别，准确记录车辆的违章情况（图 5-1）。

图 5-1　数字图像处理系统在交通中的应用

第一节　数字图像处理技术概述

图像识别技术是在 20 世纪 50 年代后期开始研究，随后迅速崛起，经过半个多世纪的发展，已经成为当今科研和生产中不可或缺的重要部分。目前，图像识别技术已成为人工智能的一个重要领域。

一、图像处理技术的起源与发展历程

1. 图像处理技术的起源

1793 年，法国人约瑟夫·尼埃普斯开始尝试用感光材料做永久性的保存影像的试验。经过不懈努力，终于在 1826 年的一天，尼埃普斯在位于房子顶楼的工作室里拍摄出世界上第一张永久保存的照片，这张照片拍摄的是从他家的楼上看到的窗外的庭院和外屋，被命名为《在 Le Gras 的窗外景色》，如图 5-2 所示。

科学家杜森·斯图里克说："如果你想一想照片的整个历史，以及胶片和电视的发展，就会发现，它们都是从这第一张照片开始的。这张照片是所有这些技术的老祖宗，是一切的源头。也正因如此，它才那么令人激动。"

随着第一张照片的出现，图像开始逐渐为人类所利用，给人类世界带来了历史性的改变。而第一台计算机的面世，给图像处理技术提供了契机，从此，数字图像处理技术应运而生，并迅速发展，取得了令人意想不到的成果。

1858 年，世界上第一条连接伦敦与纽约的海底电缆被成功铺设，全长 2300 海里。1858 年 8 月 16 日，英国维多利亚女王发出了人类有史以来的第一封电报，她致电当时的美国总统詹姆士，向他祝贺电缆的开通。如图 5-3 所示为海底电缆的照片。

图 5-2　世界上第一张照片——《在 Le Gras 的窗外景色》[1]

图 5-3　海底电缆

1921 年，海底电缆传输了第一幅图像，它是利用电报系统对图像进行编码传输的，从此开始了数字处理图像的新篇章。当时对图像使用 5 级灰度值进行编码，传输 3 个小时并通过解码后，得到的图像会有一定的失真，如图 5-4（a）所示。

1922 年，印刷技术有了改进，传输后得到的图像如图 5-4（b）所示。1929 年，海底

1　资料来源：搜狐网。

电缆传输图像的灰度级从 5 级提高到 15 级，图像质量有了显著的提高，传输后得到的图像如图 5-4（c）所示。

（a）5 灰度级

（b）改进图像

（c）15 灰度级

图 5-4　海底电缆传输的图像

2. 图像处理技术的发展历程

图像处理技术是指使用计算机对图像进行一系列加工，以达到所需结果的技术。图像处理一般指数字图像处理，虽然某些处理也可以用光学方法或模拟技术实现，但它们远不及数字图像处理那样灵活方便，因此，数字图像处理成为图像处理的主要方面。

数字图像处理技术，指的是用计算机对图像信息进行处理的一门技术，包括利用计算机对图像进行各种处理的技术和方法。

20 世纪 20 年代，数字图像处理技术首次得到应用。20 世纪 60 年代中期，数字图像识别技术在航空领域得到应用。1964 年，美国喷射推进实验室（JPL）进行了太空探测工作，当时用计算机处理太空探测器发回的月球图片，以矫正由于摄像机造成的各种不同形式的图像畸变，这些技术都是图像增强和复原的基础。

1972 年英国 EMI 公司的工程师 Housfield 发明了用于头颅诊断的 X 射线计算机断层摄影装置，也就是我们通常所说的 CT（computer tomograph）。CT 的基本方法是根据人的头部截面的投影，经计算机处理来重建截面图像，称为图像重建。1975 年 EMI 公司又成功研制出全身用的 CT 装置，获得了人体各个部位清晰的断层图像。1979 年，这项无损伤诊断技术获得了诺贝尔奖，说明它对人类做出了划时代的贡献。

20 世纪 70 年代末，计算机技术和数字技术迅猛发展，给数字图像处理技术提供了先进的技术手段。“图像科学”也就从信息处理、自动控制系统理论、计算机科学、数字通信、电视技术等学科中脱颖而出，成为旨在研究“图像信息的获取、传输、存储、变换、显示、理解与综合利用”的一门崭新学科。

早期图像处理以人为对象改善图像的质量，从而提高人的视觉效果。而对图像进行数字图像处理主要是为了修改图形，改善图像质量，或是从图像中提取有效信息，以及对图像进行体积压缩，便于传输和保存。

从 20 世纪 70 年代中期开始，随着计算机技术和人工智能、思维科学研究的迅速发展，数字图像处理向更高、更深层次发展。人们已开始研究如何用计算机系统解释图像，实现类似人类视觉系统理解外部世界，这被称为图像理解或计算机视觉。很多国家，特别是发达国家投入更多的人力、物力进行这项研究，取得了不少重要的研究成果。其中代表性的成果是 70 年代末 MIT 的 Marr 提出的视觉计算理论，这个理论成为计算机视觉领域其后十多年的主导思想。

图像理解虽然在理论方法研究上已取得不小的进展，但它本身是一个比较难的研究领域，因人类本身对自己的视觉过程还了解甚少，因此计算机视觉是一个有待人们进一步探索的新领域。

数字图像处理技术的发展，可分为以下三个阶段。

第一阶段：1946 年，随着世界上第一台计算机的诞生，开始了数字图像处理技术的历史。20 世纪 60 年代，随着三代计算机的研制成功，以及快速傅里叶变换算法的发现和应用，图像的一些算法得以实现，人们逐步开始利用计算机对图像进行数字加工处理。

第二阶段：20 世纪 60—80 年代，各种硬件的发展使得人们不仅能够处理 2D 图像，而且开始处理 3D 图像。与此同时，许多能够获取 3D 图像的设备和处理分析 3D 图像的系统研制成功，数字图像处理技术得到了广泛的发展和应用。

第三阶段：进入 20 世纪 90 年代以来，数字图像处理技术已经逐步进入到日常生活的各个方面，被广泛地应用于科学研究、工农业生产、生物医学工程、航空航天、军事、工业检测、机器人视觉、公安司法、军事制导、文化艺术等多个领域，使图像处理成为一门引人注目、前景远大的新兴学科。

30 多年来，我国图像处理与识别技术的发展更为深入、广泛和迅速。现在，我国的数字图像处理技术已达到国际领先水平，应用于多个领域，成为影响国民经济、国家防务和世界经济举足轻重的产业。农林部门通过遥感图像了解植物生长情况，进行估产，监视病虫害发展及治理。水利部门通过遥感图像分析，获取水害灾情的变化。气象部门用以分析气象云图，提高预报的准确程度。国防及测绘部门使用航测或卫星获得地域地貌及地面设施等资料。机械部门可以使用图像处理技术，自动进行金相图分析识别。医疗部门采用各种数字图像技术对各种疾病进行自动诊断，等等。

2020 年，中国数字图像处理应用端市场规模已达 217.3 亿元，年复合增长率为 252.4%，预计 2025 年市场规模将增长至 6001.5 亿元，年复合增长率将达到 94.2%。

可以预见，在 21 世纪图像识别技术将经历一个飞跃发展的阶段，为深入人民生活创造新的文化环境，成为提高生产自动化、智能化水平的基础科学之一。图像技术的基础性研究，特别是结合当今的人工智能技术与数据处理新算法，从更高水平提取图像信息的丰富内涵，成为人类运算量最大、直观性最强，与现实世界直接联系的视觉和“形象思维”。这种技能的模拟和复现是一项艰难而重要的任务。

二、数字图像处理的层次与基本特点

1. 数字图像处理的三个层次

从狭义上讲，数字图像处理是直接对图像进行变换及分析处理；而从广义上讲，数字图像处理分成三个层次，即图像识别技术系统在获得图像后，可以对其进行三方面的操作：图像处理、图像识别（分析）和图像理解，如图 5-5 所示。

图像处理：数字图像处理的第一层次，是指对图像进行的各种加工（即对获得的图像信息进行预处理，以消除干扰、噪声，作几何、彩色校正等，以改善图像的视觉效果），是从图像到图像的过程，强调图像之间进行的变换。有时还得对图像进行增强、分割、定位

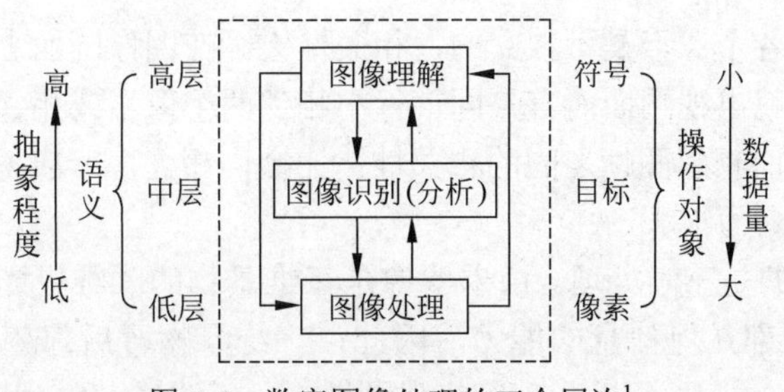

图 5-5　数字图像处理的三个层次[1]

和分离、复原处理、压缩等，所有这些图像处理工作都用计算机来完成，这是图像识别技术的基础，如图 5-6（a）所示。

图像识别（分析）：数字图像处理的第二层次，是指对处理后的图像进行分类和特征提取，并对某些特征参数进行测量、再提取、分类，有时还要对图像进行结构分析，对图像进行描述。图像识别（分析）是一个从图像到数据的过程，是以观察者为中心来研究客观世界的，如图 5-6（b）所示。

图像理解：数字图像处理的第三层次，属于人工智能的范畴，是指研究图像中各目标的性质和它们之间的相互联系，从而得出对图像内容含义的理解及原来客观场景的解释，它是图像处理及图像识别的终极目标。图像理解需要根据应用来编写相应的程序，程序会在图像处理和识别的基础上输出对图像的描述与解释，属于高层操作（符号运算）。图像理解是以客观世界为中心，借助知识、经验来推理，认识客观世界，如图 5-6（c）所示。

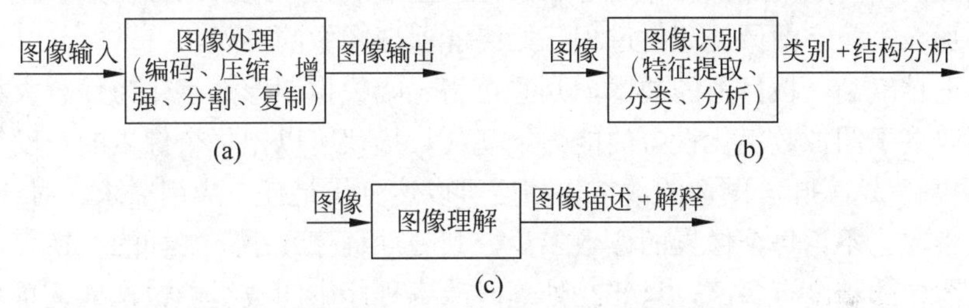

图 5-6　图像处理、图像识别和图像理解

2. 数字图像处理的基本特点

（1）数字图像处理的信息大多是二维信息，信息量大。例如一幅 256×256 低分辨率的黑白图像，要求约 64kb 的数据量；512×512 高分辨率的彩色图像，则要求 768kb 的数据量；如果要处理 30 帧/s 的电视图像序列，则要求 500kb/s～22.5Mb/s 的数据量。因此，数字图像处理对计算机的计算速度、存储容量等有较高的要求。

（2）数字图像处理占用的频带较宽。与语言信息相比，数字图像信息占用的频带要大几个数量级。例如，电视图像的带宽约 5.6MHz，而语音的带宽仅为 4kHz 左右。所以，在成像、传输、存储、处理、显示等各个环节的实现上，技术难度较大，成本也较高，这就对频带压缩技术提出了更高的要求。

1　资料来源：章毓晋. 图像工程（下册）：图像理解[M]. 4 版. 北京：清华大学出版社，2018.

（3）数字图像中各个像素是不独立的，相关性大。在图像画面上，经常有很多像素有相同或接近的灰度。就电视画面而言，同一行中相邻两个像素或相邻两行间的像素，相关系数可达 0.9 以上，而相邻两帧之间的相关性，比帧内相关性一般说还要大些。因此，图像处理中信息压缩的潜力很大。

（4）对图像进行的是三维处理。由于图像是三维景物的二维投影，一幅图像本身不具备复现三维景物的全部几何信息的能力，因此，三维景物背后部分的信息在二维图像的画面上是反映不出来的。要分析和理解三维景物，必须作合适的假定或附加新的测量，例如双目图像或多视点图像等。在理解三维景物时需要知识导引，这也是人工智能中正在致力解决的知识工程问题。

（5）数字图像处理后的图像一般是给人观察和评价的，受人的因素影响较大。由于人的视觉系统很复杂，受环境条件、视觉性能、人的情绪爱好以及知识状况等的影响很大，因此如何对图像质量进行客观的评价，还有待进一步深入研究。另一方面，计算机视觉是模仿人的视觉的一门技术，人的感知机理必然影响计算机视觉的研究。例如，什么是感知的初始基元，基元是如何组成的，局部与全局感知的关系，优先敏感的结构、属性和时间特征等，这些都是心理学和神经心理学正在努力研究的课题。

3．数字图像处理的优点

（1）再现性好。数字图像处理与模拟图像处理的根本不同在于，它不会因为图像的存储、传输或复制等一系列变换操作而导致图像质量的退化。只要图像在数字化时准确地表现了原稿，那么，数字图像处理的过程就始终能保证图像的再现。

（2）处理精度高。按目前的技术，几乎可将一幅模拟图像数字化为任意大小的二维数组，这主要取决于图像数字化设备的能力。现代扫描仪可以把每个像素的灰度等级量化为 16 位甚至更高，这意味着图像的数字化精度可以达到满足任一应用需求。对计算机而言，不论数组大小，也不论每个像素的位数多少，其处理程序几乎是一样的。换言之，从原理上讲，不论图像的精度有多高，只要在处理时改变程序中的数组参数，处理总是能实现。回想一下图像的模拟处理，为了把处理精度提高一个数量级，就要大幅度地改进处理装置，这在经济上是极不合算的。

（3）适用面宽。图像可以来自多种信息源，它们可以是可见光图像，也可以是不可见的波谱图像（例如：X 射线图像、超声波图像或红外图像等）。从图像反映的客观实体尺度来看，可以小到电子显微镜图像，大到航空照片、遥感图像甚至天文望远镜图像。这些来自不同信息源的图像只要被变换为数字编码形式后，均是用二维数组表示的灰度图像组合而成，彩色图像也是由灰度图像组合成的，例如 RGB 图像是由红、绿、蓝三个灰度图像组合而成的，因此均可用计算机来处理。只要针对不同的图像信息源采取相应的图像信息采集措施，图像数字处理方法即可适用于任何一种图像。

（4）灵活性高。图像处理大体上可分为图像的像质改善、图像分析和图像重建三大部分，每一部分均包含丰富的内容。由于图像的光学处理从原理上讲只能进行线性运算，这极大地限制了光学图像处理能实现的目标。而数字图像处理不仅能完成线性运算，而且能实现非线性处理，即凡是可以用数学公式或逻辑关系来表达的一切运算均可用数字图像处理实现。

三、数字图像技术与电磁波技术

图像的形成离不开电磁波谱，下面结合电磁波谱的知识介绍数字图像处理的应用领域。

电磁波谱是指在空间传播着的交变电磁场，即电磁波，它在真空中的传播速度约为每秒 30 万 km。无线电波、红外线、可见光、紫外线、X 射线、γ 射线都是电磁波，不过它们的产生方式不尽相同，波长也不同，把它们按波长（或频率）顺序排列，就构成了电磁波谱，如图 5-7 所示。

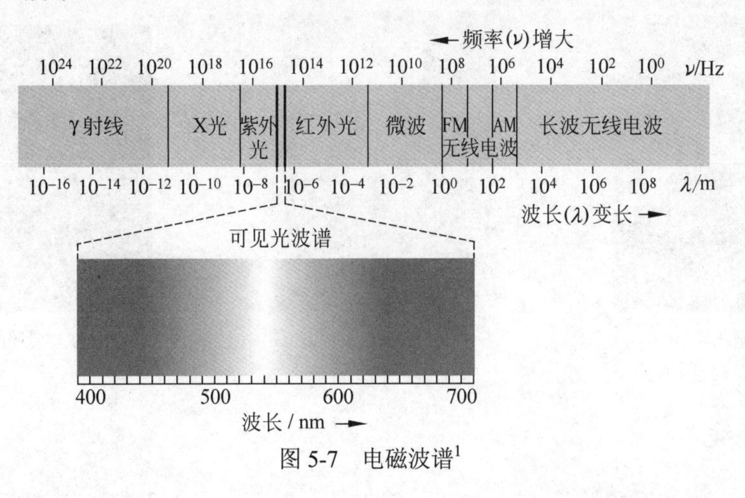

图 5-7　电磁波谱[1]

1．伽马射线（γ射线）

γ 射线是可穿透整个宇宙的电磁波中能量最高的波段，也是电磁波谱中波长最短的部分。

γ 射线有很强的穿透力，工业中可用来探伤或实现对流水线的自动控制。γ 射线对细胞有杀伤力，医疗上可以用来治疗肿瘤。目前伽马射线成像的主要应用在医学和天文观测上，如图 5-8 所示。

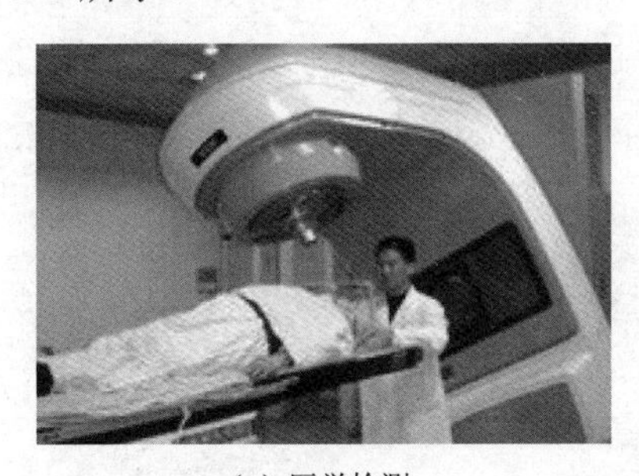

（a）医学检测

（b）天文观测

图 5-8　γ 射线的应用

2．X 射线

X 射线是一种波长很短的电磁辐射，其波长在 0.01～10nm 之间。X 射线是由德国物理

1　图片来源：知识分子网。

学家 W.K.伦琴（见图 5-9（a））于 1895 年发现的，故又称为伦琴射线。

X 射线具有很高的穿透能力，能透过许多对可见光不透明的物质，如墨纸、木料等。这种肉眼看不见的射线可以使很多固体材料产生可见的荧光，使照相底片感光以及发生空气电离等效应。波长越短的 X 射线能量越大，波长越长的 X 射线能量越小。波长小于 0.1Å[1] 的称为超硬 X 射线，在 0.1～1Å 范围内的称为硬 X 射线，1～10Å 埃范围内的称为软 X 射线。如图 5-9（b）、（c）所示为 X 射线在医疗上的应用。

（a）伦琴

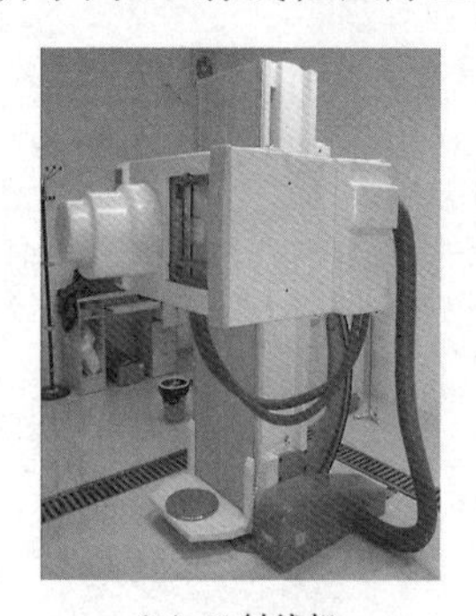

（b）X 射线机

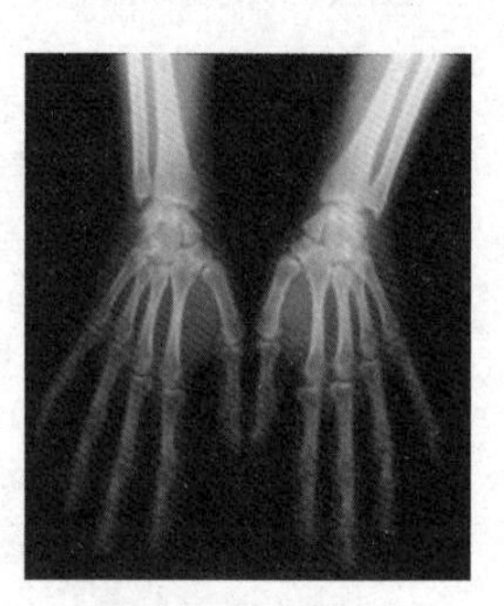

（c）手部骨骼的 X 片

图 5-9　X 射线的应用

3．紫外线

紫外线是电磁波谱中波长 10～400nm 辐射的总称，它不能引起人们的视觉感知。1801 年，德国物理学家里特发现在日光光谱的紫端外侧一段，能够使含有溴化银的照相底片感光，从而发现了紫外线的存在。

紫外线根据波长可分为近紫外线（UVA）、远紫外线（UVB）和超短紫外线（UVC）。紫外线对人体皮肤的渗透程度是不同的，波长越短，对人类皮肤的危害就越大。短波紫外线可以穿过真皮，中波紫外线则可以进入真皮。目前，紫外线比较广泛地应用于平板印刷、显微镜（见图 5-10（a）、（b））、激光、工业检测（见图 5-10（c））、生物图像、天

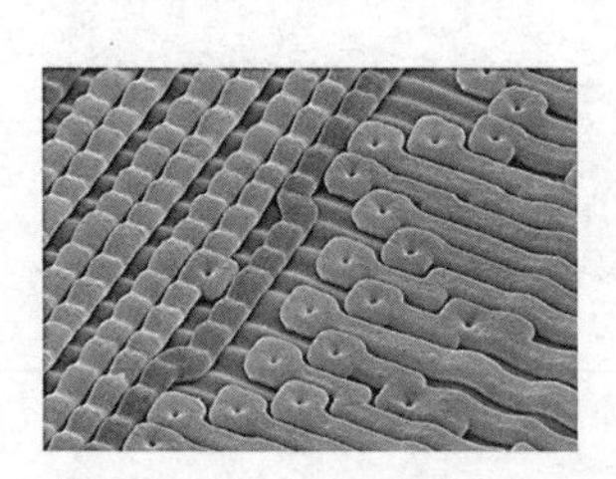

（a）显微镜拍摄的照片——硅微芯片的表面[2]

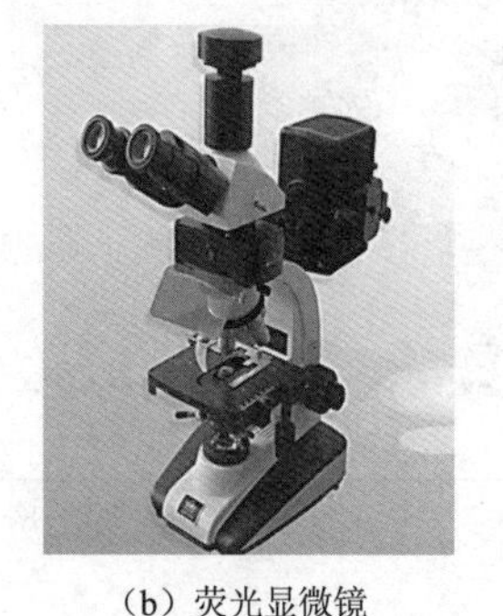

（b）荧光显微镜

（c）识别真币的应用[3]

图 5-10　紫外线的应用

1　$1Å=10^{-10}$m。

2　图片来源：百家号。

3　图片来源：爱藏网。

文观测等领域。

4．红外线

红外线的波长为 0.76～1000μm，红外线是不可见光线。所有温度高于热力学温度零度（−273.15℃）的物质都可以产生红外线，现代物理学也称之为热射线（见图 5-11（a））。

1983 年 1 月 25 日，荷兰、美国和英国合作，发射了世界上第一颗红外天文卫星（IRAS）。

据英国《每日邮报》报道，对埃及的一项卫星调查发现了大批消失的古迹，其中包括 17 座金字塔、上千座坟墓等，如图 5-11（b）所示。科学家利用红外图片观测地下建筑物时，也定位了 3000 多个古代遗址。科研人员对此感到十分震惊，他们已经证实至少 2 座金字塔是存在的，而且他们相信，在该地区，还有上千个未知的遗址等待被发现。

红外热像还能进行建筑能效检测，可检测建筑外部的热缺陷（见图 5-11（c）），发现建筑内部的霉变隐患，以及进行太阳能系统的性能和维护检测。

在工业设备的维护、生产过程中的监控、研发等领域的应用中，红外热像仪提供了快速可靠的安全测量方法，是工程师得力的助手。

（a）红外卫星云图（中国天气网提供）

（b）红外卫星照片寻找到的金字塔照片

（c）建筑受潮的红外图像

图 5-11　红外线的应用[1]

5．微波

微波是指频率为 300MHz～3000GHz 的电磁波，是无线电波中一个有限频段的简称，即波长在 1mm～1m 之间的电磁波，它是分米波、厘米波、毫米波和亚毫米波的统称。雷达采用微波波段，可应用于气象和航拍，如图 5-12 所示。

6．无线电波

无线电波或射频波是指在自由空间（包括空气和真空）传播的电磁波中，频率在 300GHz

1　图片来源：百度百科。

西藏东南山区图

图 5-12　微波的应用

以下（下限频率较不统一，在各种射频规范书中，常见的有三种：3kHz～300GHz，9kHz～300GHz，10kHz～300GHz）的电磁波（见图 5-13（a））。医学中利用无线电波进行核磁共振，见图 5-13（b）、（c）。

（a）无线电波发射装置

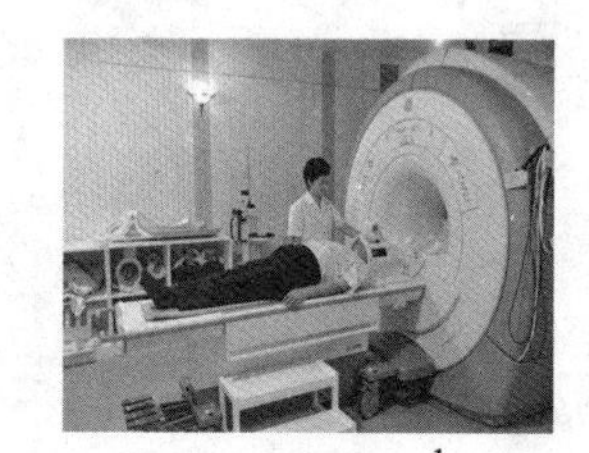

（b）核磁共振机[1]

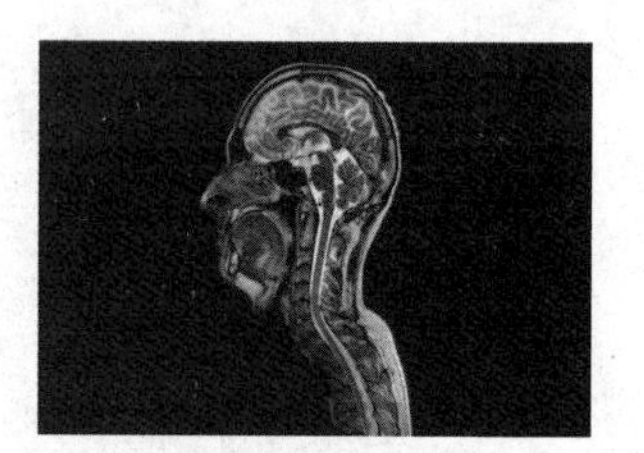

（c）核磁共振的图像

图 5-13　无线电波的应用

7．超声波

超声波因其频率下限大约等于人的听觉上限而得名，是指频率高于 2.0×10^4Hz 的声波，它的方向性好，穿透能力强，易获得较集中的声能，并且在水中传播距离远，可用于测距、测速、清洗、焊接、碎石、杀菌消毒等。在医学（见图 5-14（a）、（b））、军事、工业、农业上有很多的应用。

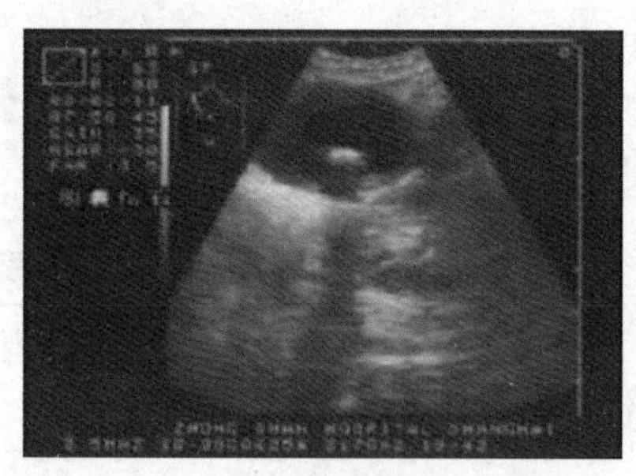

（a）B 超胆结石图像

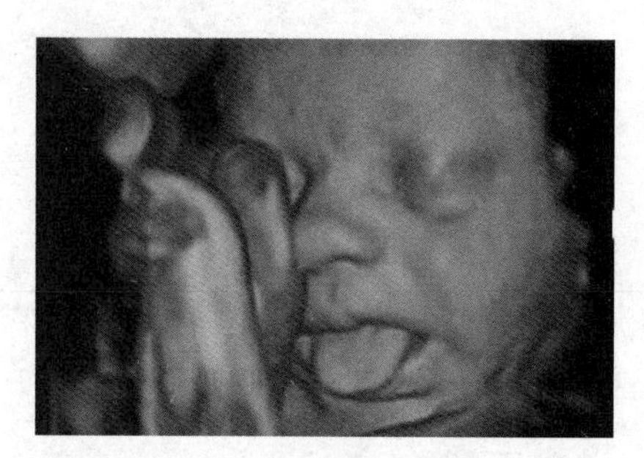

（b）B 超胎儿三维图像

图 5-14　超声波的应用

1　图片来源：寰彤核磁网站。

第二节 数字图像识别技术基础

据统计，在人类接收的信息中，视觉信息所占的比例达到 60%左右，如图 5-15 所示，可见图像在日常的生活中是很常见的。图像是对客观存在物体的一种相似性的、生动的写真或描述。那么，图像处理可以说是人类视觉延续的重要手段。

其他信息 20%
听觉信息 20%
视觉信息 60%

图 5-15 人类接收信息的分布

一、图像的分类

1. 按图像的亮度等级分类

（1）灰度图像：从黑到白有多种灰度等级的图像（见图 5-16（a））。

（2）二值图像：只有黑和白两种灰度的图像（见图 5-16（b））。

（a）灰度图像

（b）二值图像

图 5-16 按亮度等级分类

2. 按图像的光谱分类

（1）彩色图像：图像的每一个像素有多于 1 个的局部特征。如图 5-17（a）所示的彩色图像每一个像素由 RGB 三原色构成现实中的彩色信息。

（2）黑白图像：与彩色图像相对，图像中的每一像素点有一个局域特征（见图 5-17（b））。

（a）彩色图像

（b）黑白图像

图 5-17 按光谱分类

3. 按图像是否随时间变换分类

（1）静止图像：不随时间而变换的图像，如拍摄下存储于计算机中的照片（见图 5-18（a））。

（2）活动图像：随着时间而变换的图像，如视频短片和电视画面（见图 5-18（b））。

（a）静止图像

（b）活动图像（在此展示不出动画的效果）

图 5-18　按是否随时间变换分类

4．按图像所占空间和维数分类

（1）二维图像：平面图像（见图 5-19（a））。

（2）三维图像：空间图像（见图 5-19（b））。

（a）二维图像

（b）三维图像（埃及艳后）

图 5-19　按维数分类

二、数字图像的描述

1．描述公式

人眼所看到的空间位置上的图像，是由于光线照射在图像上并经过反射或透射作用，映入人眼中所形成的图像，可描述为

$$I = f(x, y, z, \lambda, t) \tag{5-1}$$

式中，x、y、z 表示空间的位置，λ 为波长，t 为时间。只考虑光的能量而不考虑光的波长，视觉上表现为灰度图像，如果图像不随时间改变，那么，静止的灰度图像可描述为

$$I = f(x, y) \tag{5-2}$$

本章中所提到的图像，如果没有特别说明，都是指静止的灰度图像，都可用式（5-2）来描述。

2．图像的数字化过程

如同连续时间信号的数字化过程一样，图像的数字化需要经过抽样、量化、编码三个过程。下面以一张玩具鸭子的图片为例说明图像的数字化过程，如图 5-20 所示。

首先，对图像进行栅格化处理，分成若干小块，这个过程称为抽样过程。栅格越细，图像的分辨率越高，图像显示越清晰。

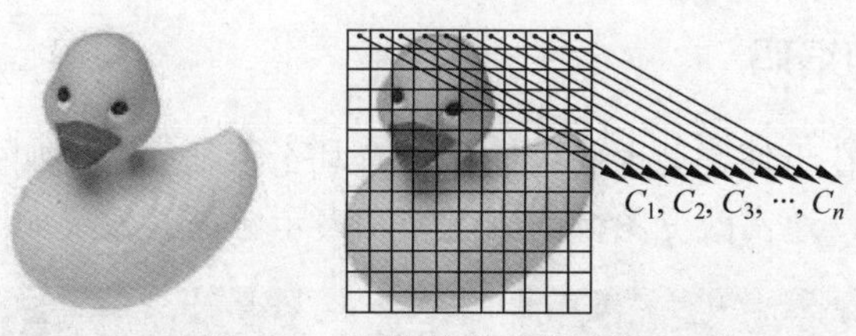

图 5-20　图像的数字化过程

然后，将每块用一个数字来表示，这个过程称为量化过程。如果图像是灰度图像，通常把纯黑色描述为“0”，纯白色描述为“255”，那么，中间可分为 254 级用以描述中间的过渡色。如果图像是二值图像，那么，纯黑色描述为“0”，纯白色描述为“1”。如果图像为彩色图像，则每一像素会通过三个分量来描述，每一分量常采用 256 级量化。

图像的编码可分成无损压缩和有损压缩两种类型，常见的编码方法有香农编码、费诺编码、霍夫曼编码、游程编码、算术编码，以及基于小波变换的编码等。实际中，针对不同需求的图像，常采用不同的压缩编码方法。目前数字图像常采用有损的压缩编码方法，比如手机或数码相机拍摄的 JPEG 图像。

三、数字图像处理的研究内容

数字图像处理学科所涉及的知识面非常广泛，具体的处理方法种类繁多，应用也极为普遍。从学科研究内容上分，可以分为以下几个方面。

1. 图像数字化

图像数字化是指通过取样和量化，把一个以自然形式存在的图像变换为适合计算机处理的数字形式，图像在计算机内部被表示为一个数字矩阵，矩阵中每一元素称为像素。图像数字化需要专门的设备，常见的有各种电子的、光学的扫描设备，还有机电扫描设备和手工操作的数字化仪等。

如图 5-21 所示，图像数字化的目的在于将模拟形式的图像通过数字化设备，变为计算机可用的离散图像数据。

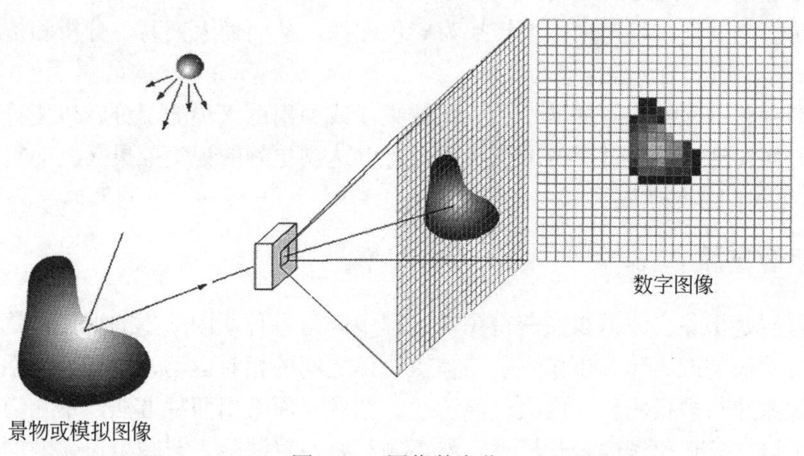

图 5-21　图像数字化

2. 图像变换和编码

图像变换的目的在于使得处理问题简化、有利于特征提取、加强对图像信息的理解。为了便于后续的工作，通常改变图像的表示域和表示数据。效果如图 5-22 所示。

（a）变换前

（b）变换后

图 5-22　图像的小波变换

对图像信息编码，以满足传输和存储的要求。编码能压缩图像的信息量，但图像质量几乎不变。图像编码可以采用模拟处理技术，再通过模-数转换得到编码，不过目前大多采用数字编码技术。编码方法有对图像逐点进行加工的方法，也有对图像施加某种变换，或基于区域、特征进行编码的方法。脉码调制、微分脉码调制、预测码和各种变换都是常用的编码技术。

3. 图像增强

图像增强是指使图像清晰，或将其转换为更适合人或机器分析的形式。与图像复原不同，图像增强并不要求忠实地反映原始图像，相反，含有某种失真（例如突出轮廓线）的图像可能比无失真的原始图像更为清晰。常用的图像增强方法有以下几种。

（1）灰度等级直方图处理：使加工后的图像在某一灰度范围内有更好的对比度。

（2）干扰抑制：通过低通滤波、多图像平均、施行某类空间域算子等处理，抑制叠加在图像上的随机性干扰。

（3）边缘锐化：通过高通滤波、差分运算或某种变换，使图形的轮廓线增强。

（4）伪彩色处理：将黑白图像转换为彩色图像，从而使人们易于分析和检测图像包含的信息。

图像增强用于改善图像的质量和视觉效果，或突出感兴趣的部分，以便分析、理解图像的内容。换句话说，通过图像增强操作，可以达到更好的视觉效果（人的视觉和机器的视觉），效果如图 5-23 所示。

4. 图像复原

图像复原是指除去或减少在获得图像过程中因为各种原因产生的退化，这类原因可能是光学系统的像差或离焦、摄像系统与被摄物体之间的相对运动、电子或光学系统的噪声和介于摄像系统与被摄物体间的大气湍流等。图像复原常用两种方法，不知道图像本身的性质时，可以建立退化源的数学模型，然后施行复原算法除去或减少退化源的影响；有了关于图像本身的先验知识时，可以建立原始图像的模型，然后在观测到的退化图像中通过

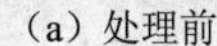

（a）处理前　　（b）处理后

图 5-23　图像增强处理的效果

检测原始图像而复原图像。

如图 5-24 所示，图像复原的目的在于按照严格的计算机模型和计算程式，对退化的图像进行处理，使处理结果尽量接近原始的未失真图像。

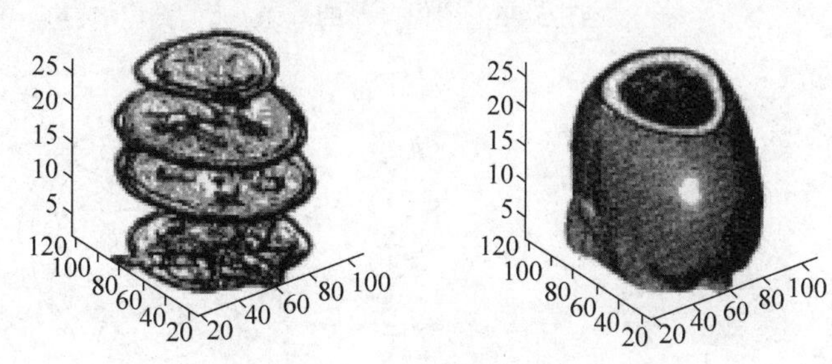

图 5-24　三维重建图像

5．图像分割

图像分割是数字图像处理中的关键技术之一，是指将图像中有意义的特征部分提取出来，包括图像的边缘、区域等。它是进一步进行图像识别、分析和理解的基础。虽然目前已研究出不少边缘提取、区域分割的方法，但还没有一种普遍适用于各种图像的有效方法。因此，对图像分割的研究还在不断深入之中，这是目前图像处理研究中的热点之一。

图像分割根据灰度或几何特性来选定特征，将图像划分成几个有意义的部分，从而使原图像在内容表达上更为简单明了，效果如图 5-25 所示。

6．图像描述和分析

图像描述和分析，也称为图像理解，是指对给定的或已分割图像区域的属性及各区域之间的关系用更为简单明确的数值、符号或图形来表征，过程如图 5-26 所示。

从图像中抽取某些有用的数据或信息，目的是得到某种数值结果，而不是产生另一个图像。图像分析的内容和模式识别、人工智能的研究领域有交叉，但图像分析与典型的模式识别有所区别。

图像分析不限于把图像中的特定区域按固定数目的类别加以分类，它主要是提供关于被分析图像的一种描述。为此，既要利用模式识别技术，又要利用关于图像内容的知识库，即人工智能中关于知识表达方面的内容。图像分析需要用图像分割的方法抽取出图像的特征，然后对图像进行符号化的描述。这种描述不仅能对图像中是否存在某一特定对象作出

图 5-25　图像分割的效果

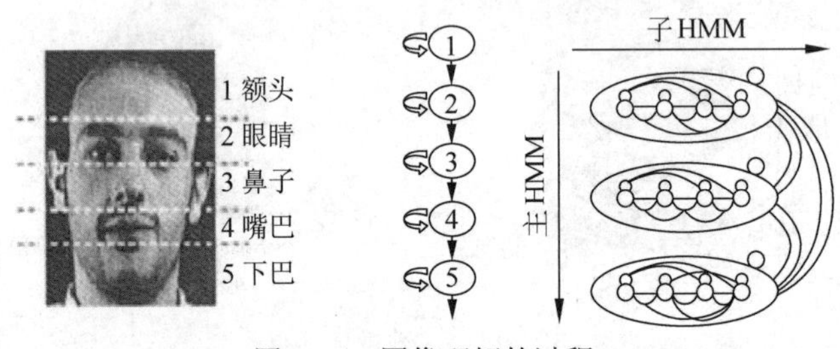

图 5-26　图像理解的过程

回答，还能对图像内容作出详细描述。

四、数字图像处理系统的构成

数字图像处理的各个内容是互相联系的。一个实用的数字图像处理系统往往需要运用几种图像处理技术，才能得到所需要的结果。图像数字化是将一个图像变换为适合计算机处理形式的第一步。图像编码技术可用以传输和存储图像。图像增强和复原可以是图像处理的最终目的，也可以是为进一步的处理作准备。通过图像分割得出的图像特征可以作为最终结果，也可以作为下一步图像分析的基础。

数字图像处理系统常分成预处理、检测与定位、特征提取、分类识别几部分。

1．预处理

图像在传输和保存的过程中，可能会由于各种原因（如成像、复制、扫描、传输以及显示等）受到一些干扰，使得图像的质量发生一些变化；也许有时人的肉眼不能发现图像的变化，但是对于机器而言，它的影响是很大的，可能导致出现检测结果不精确、识别结果误判或漏检等问题。预处理过程的目的就是消除这些干扰因素对图像的影响，改善图像的质量。

常见的图像预处理方法可分成两种：空间域的预处理方法和变换域的预处理方法。空间域的预处理方法有灰度均衡化处理、尺寸归一化处理、色彩空间归一化处理等。变换域的预处理方法有 DCT 变换、DFT 变换、小波变换、滤波处理等。

2．检测与定位

针对一幅未知图像，需要首先利用数字图像处理技术进行分析，确定图像中是否有目标图像。如果有，则对其进行定位；如果没有，给出检测结果。这样将便于进一步的图像处理工作。同时这一环节也是后续处理的关键，会直接影响识别结果的效果。

常见的检测方法有基于模板的检测方法、基于几何特征的检测方法和基于彩色信息的检测方法等。

3．特征提取

所谓特征提取，在广义上讲，就是指一种变换。对于一个样本，它的原始特征的数量可能很大，此时可以说样本处于一个高维空间中，而通过映射（或变换）的方法用低维空间来表示样本，这个过程叫作特征提取（feature extraction）。映射后的特征被称为二次特征，它们是原始特征的某种组合（通常是线性组合）。若 Y 是数据空间，X 是特征空间，则变换 A：Y－X 叫作特征提取器。

常见的特征提取方法有基于代数特征的提取方法和基于几何特征的提取方法。

4．分类识别

分类识别是指利用掌握的特征信息，对未知的训练样本按照某种判别准则进行分析，得出分类后的结果。常见的有两种分类识别方式：监督分类识别方式和非监督分类识别方式。例如属于监督分类识别的距离分类器、神经网络分类器、支持向量机分类器，属于非监督分类识别的聚类分类器等。

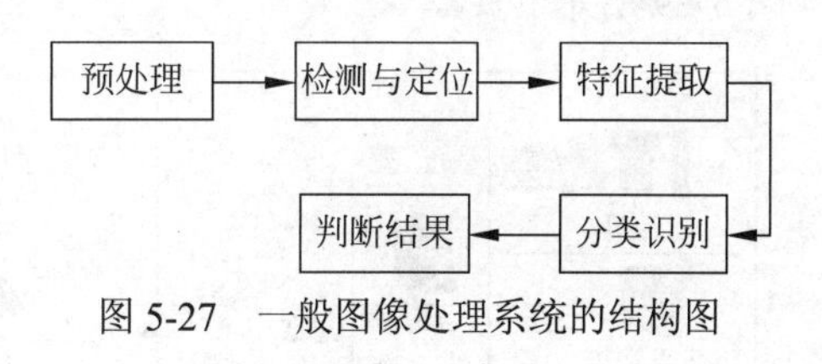

图 5-27　一般图像处理系统的结构图

一般的图像处理系统可以用如图 5-27 所示的结构图来描述。

如果系统是一个自学习的自动识别系统，还可以通过如图 5-28 所示的结构图来描述。在实际中，可以根据需要对上述系统进行修改，以期达到自动识别的目的。

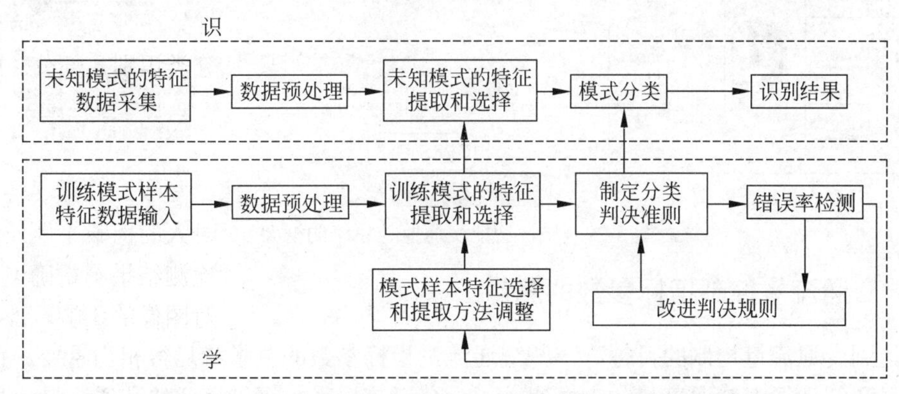

图 5-28　具备自学习能力的自动识别图像处理系统的结构图

第三节　数字图像处理技术的应用案例

图像是人类获取和交换信息的主要来源，因此，图像处理的应用领域必然涉及人类生活和工作的方方面面。随着人类活动范围的不断扩大，图像处理的应用领域也不断扩大。目前的图像处理技术主要应用于遥感、医疗、工业、军事公安、文化艺术、体育等方面。下面详细介绍基于数字图像处理的车辆牌照自动识别系统以及数字图像处理在其他领域的应用。

一、汽车牌照自动识别系统

背景介绍：汽车牌照自动识别系统引入了数字摄像和计算机信息管理，采用先进的图像处理、模式识别和人工智能技术，通过对图像的采集和处理，获得更多的信息，从而进行智能化的管理。汽车牌照自动识别系统可安装于公路收费站、停车场、十字路口等交通关卡处，其应用前景如下所述。

1．交通监控

利用车牌识别系统的摄像设备，可以直接监视相应路段的交通状况，获得车辆密度、队长、排队规模等交通信息，防范和观察交通事故。城市智能交通监控系统的框架如图 5-29 所示。

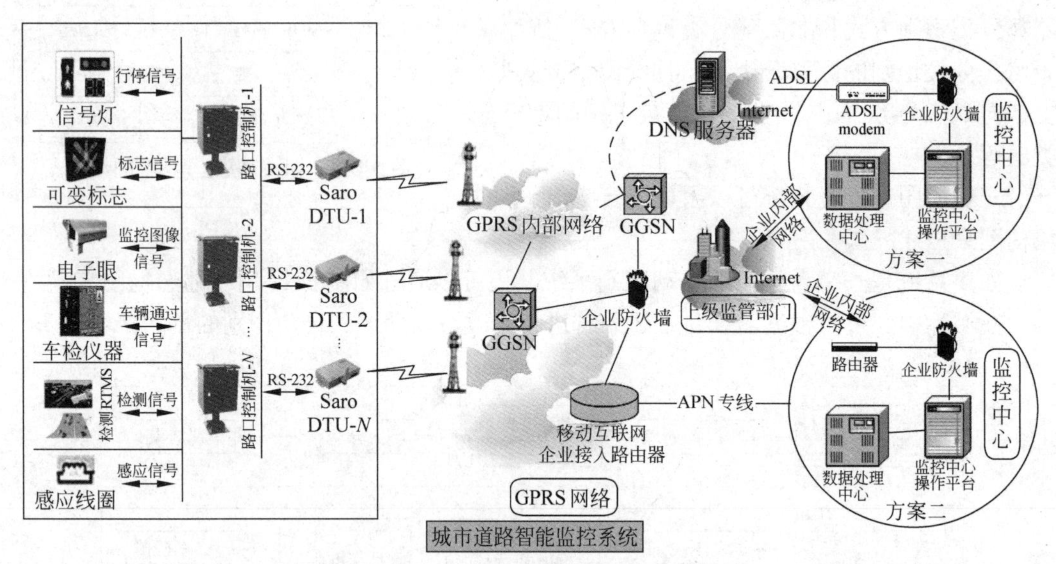

图 5-29　城市智能交通监控系统的框架

2．交通流量控制指标参数的测量

为达到交通流量控制的目标，一些交通流量指标参数的测量就显得相当重要。该系统能够测量和统计很多交通流量的指标参数，为交通疏导系统提供必要的交通流量信息。如图 5-30 所示为交通流量监控的照片。

3．高速公路上的事故自动测报

该系统能够监视道路情况和测量交通流量指标，从而能及时发现高速公路上的超速、堵车、排队、事故等异常现象。

4．养路费交纳、安全检查、运营管理实行不停车检查

根据识别出的车牌号码，从数据库中调出该车档案材料，可发现没及时交纳养路费的车辆。此外，该系统还可发现无车牌车辆。若与车型检测器联用，还可迅速发现所挂车牌与车型不符的车辆。如图 5-31 所示为交通流动监管的照片。

图 5-30　交通流量监控

图 5-31　交通流动监管

5．车辆定位

由于该系统能自动识别车牌号码，因此，极易发现被盗车辆，以及定位出车辆在路上的行驶位置。这对防范、发现和追踪涉及车辆的犯罪，保护重要车辆（如运钞车）的安全有重大作用，从而对城市治安及交通安全起到重要的保障作用。

6．自动识别非法车辆

将摄像机车辆自动识别系统应用于警务查报站，可以把那些隐藏在合法车辆中的套牌车、黑车、逃逸车、盗抢车等不法车辆全部挖掘出来。这种模式的应用可以大大提高涉车、人管理以及涉车治安管理的实现效能，可以解决以下几种问题：①出租车管理及对“黑”出租车的挖掘；②套牌、无牌车辆的稽查；③危险品运输车、渣土车等特种车辆的管理；④涉车案件刑侦和被盗抢车辆的追查；⑤未年审、未交费车辆的查处。

如图 5-32 所示为 ETC 电子收费系统的工作示意图。

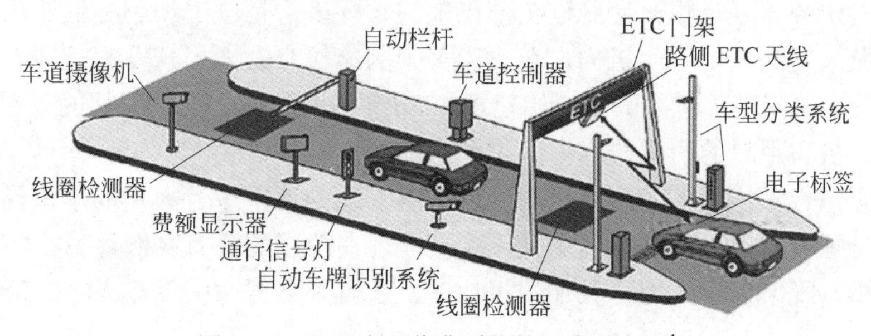

图 5-32　ETC 电子收费系统的工作示意图[1]

1　图片来源：新华网。

【知识链接 5-1】　　我国现有车牌的 7 种类型

如图 5-33 所示为我国现有车牌的 6 种主要类型，除此之外，还有 1 种就是近年来新增加的绿底黑字车牌，这种车牌主要用于新能源汽车。现以第 1 种小型车使用的蓝底白字前车牌为例进行说明。车牌的标准尺寸为 440mm × 140mm，共有 8 个字符。具体分配为第 1 个字符为汉字，是各省、直辖市、自治区的简称，如“辽”“吉”“黑”“京”等；第 2 个字符为除去 I 以外的 25 个大写英文字母，代表具体的城市；第 3 个字符为间隔符“•”；从第 4 个字符开始，可以为英文和数字组合的形式，也可以全部是数字，其中每个字符的尺寸为 90mm × 45mm，字符间隔为 12mm，分隔符为 10mm。

（a）小型车使用的蓝底白字车牌

（b）大型车使用的黄底黑字车牌

（c）军用或警用的白底黑字/红字车牌

（d）国外驻华机构使用的黑底白字车牌

（e）摩托车牌

（f）农用车、拖拉机车牌

图 5-33　我国现有车牌的主要类型

二、数字图像处理技术在其他领域的应用

1．航空航天领域

数字图像处理技术在航天和航空技术方面的应用，除了 JPL（美国一个以无人飞行器探索太阳系的中心，其飞船已经到过全部已知的大行星，是位于加利福尼亚州帕萨迪纳美国国家航空航天局的一个下属机构，负责为美国国家航空航天局开发和管理无人空间探测任务。行政上由加州理工学院管理，始建于 1936 年）对月球、火星照片的处理之外，另一方面是用于飞机和卫星的遥感技术中（见图 5-34）。

许多国家每天派出很多侦察飞机对地球上感兴趣的地区进行大量的空中摄影。对得到的照片进行处理分析，以前需要雇用几千人，而现在改用配备有高级计算机的图像处理系统来判读分析，既节省了人力，又加快了速度，还可以从照片中提取人工不能发现的大量有用情报。

20 世纪 60 年代末，美国及一些国际组织发射了资源遥感卫星（如 LAND SAT 系列）和天空实验室（如 SKY LAB），由于成像条件受飞行器位置、姿态、环境条件等影响，图

（a）遥感卫星

（b）遥感图像

图 5-34　航空领域的应用

像质量不是很高。以如此昂贵的代价进行简单直观的判读来获取图像是不合算的，必须采用数字图像处理技术。

如 LAND SAT 系列陆地卫星，采用多波段扫描器（MSS），在 900km 高空对地球每一地区以 18 天为一周期进行扫描成像，图像分辨率大致相当于地面上十几米或 100m 左右（如 1983 年发射的 LAND SAT-4，分辨率为 30m）。

这些图像在空中先被处理（数字化、编码）成数字信号存入磁带中，在卫星经过地面站上空时再高速传送下来，交由处理中心分析判读。这些图像无论是在成像、存储、传输或是在判读分析中，都必须采用很多数字图像处理方法。

现在，世界各国都在利用陆地卫星所获取的图像进行资源调查（如森林调查、海洋泥沙和渔业调查、水资源调查等）、灾害检测（如病虫害检测、水火检测、环境污染检测等）、资源勘察（如石油勘查、矿产量探测、大型工程地理位置勘探分析等）、农业规划（如土壤营养、水分和农作物生长、产量的估算等）、城市规划（如地质结构、水源及环境分析等）。中国也陆续开展了以上诸多方面的一些实际应用，并获得了良好的效果。在气象预报和对太空其他星球的研究方面，数字图像处理技术也发挥了相当大的作用。

2．生物医学工程

数字图像处理在生物医学工程方面的应用十分广泛，而且很有成效。除了上面介绍的 CT 技术外，还有一类是对医用显微图像的处理分析（见图 5-35（a）、（b）），如红细胞、白细胞分类，染色体分析，癌细胞识别等。此外，在 X 射线肺部图像增晰、超声波图像处理、心电图分析、立体定向放射治疗等医学诊断方面，都广泛地应用了图像处理技术，如图 5-35（c）、（d）所示。

（a）显微诊断系统

（b）显微图像

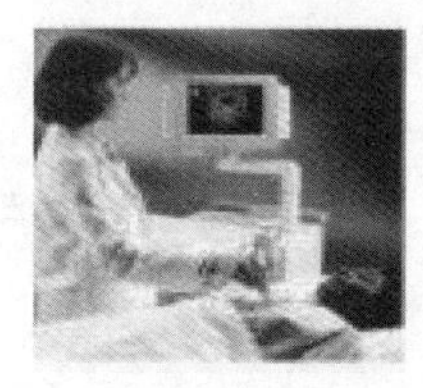

（c）B 超诊断系统

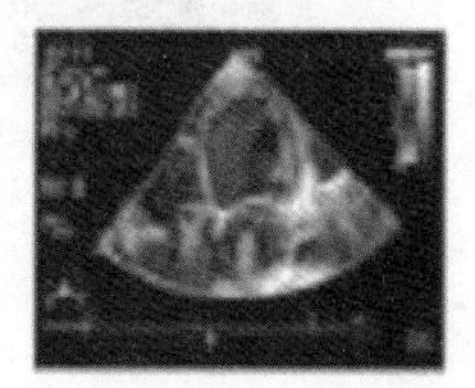

（d）B 超图像

图 5-35　数字图像处理在生物医学方面的应用

3. 图像通信

当前通信的主要发展方向是声音、文字、图像和数据相结合的多媒体通信，具体来讲，是将电话、电视和计算机三网合一，在数字通信网络上传输信号。其中，以图像通信最为复杂和困难，因为图像的数据量巨大，如传送彩色电视信号的速率达 100Mb/s 以上。要将这样高速率的数据实时传送出去，必须采用编码技术来压缩信息的比特量，从一定意义上讲，编码压缩是这些技术成败的关键。除了已应用较广泛的熵编码、DPCM 编码、变换编码外，目前国内外正在大力研发新的编码方法，如分行编码、自适应网络编码、小波变换图像压缩编码等。如图 5-36 所示为数字图像处理在图像通信方面的应用。

（a）远程会诊

（b）视频会议

图 5-36 数字图像处理在图像通信方面的应用

4. 工业工程

在工业和工程领域中，数字图像处理技术有着广泛的应用，如自动装配线中检测零件的质量并对零件进行分类，印制电路板疵病检查，弹性力学照片的应力分析，流体力学图片的阻力和升力分析，邮政信件的自动分拣，在一些有毒、放射性环境内识别工件及物体的形状和排列状态，先进的设计和制造技术中采用工业视觉等。值得一提的是，研制出具备视觉、听觉和触觉功能的智能机器人，将会给工农业生产带来新的激励，目前已在工业生产中的喷漆、焊接、装配中得到有效的利用。如图 5-37 所示为数字图像处理在工业方面的应用。

（a）自动装线系统

（b）火腿肠质量在线自动检测系统

图 5-37 数字图像处理在工业方面的应用

5. 军事、公安

在军事方面，数字图像处理和识别技术主要用于导弹的精确制导，各种侦察照片的判读，以及具有图像传输、存储和显示的军事自动化指挥系统，飞机、坦克和军舰的模拟训练系统等；公安业务方面，主要用于对图片的判读分析，指纹识别、人脸鉴别、不完整图片的复原，以及交通监控、事故分析等。目前，已投入运行的高速公路不停车自动收费系统中的车辆和车牌的自动识别系统，都是数字图像处理技术成功应用的例子。如图 5-38 所示为数字图像处理在军事、公安方面的应用——人脸识别系统的示意图。

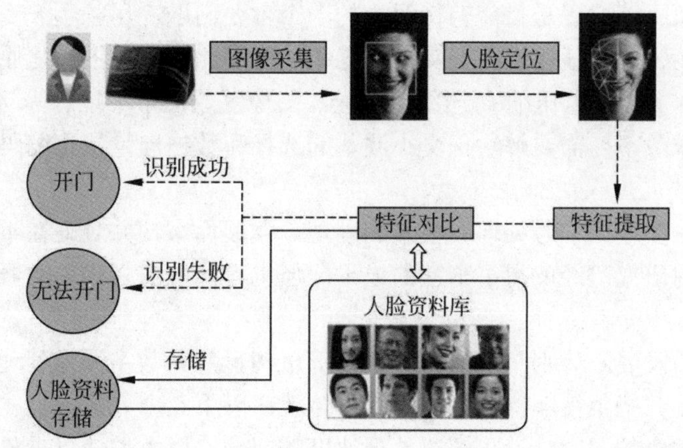

图 5-38　数字图像处理在军事、公安方面的应用——人脸识别系统[1]

三、数字图像处理技术展望

1. 研究现状及存在的问题[2]

图像提取技术得到了越来越多学者的关注，出现了很多的研究成果，但是目前仍存在着一些不足和有待解决的问题。

（1）缺乏统一的评价标准。数字图像处理技术在国内外发展十分迅速，应用也非常广泛，但是就其学科建设来说，还不成熟，还没有广泛适用的研究模型和齐全的质量评价体系指标，多数方法的适用性都随分析处理对象而各异。数字图像处理的研究方向是建立完整的理论体系。

（2）缺乏先验的知识来支持系统。图像理解虽然在理论方法研究上已取得不小的进展，但它本身是一个比较难的研究领域，存在不少困难，因人类本身对自己的视觉过程还了解甚少，因此计算机视觉是一个有待人们进一步探索的新领域。

（3）最终提取边界很大程度上依赖于 Trimap（Trimap 是指将图像中的像素归为 3 类：确定的前景、确定的背景和未知区域，未知区域中的像素既受到前景像素的影响，也受到背景像素的影响）。

（4）图像提取系统的计算量都比较大。

图像提取技术作为图像处理中的一个重要研究分支，引入了大量概率统计理论，目前此类研究非常活跃。如华盛顿大学专门成立了图形图像实验室（GRAIL），SONY 等企业联合一些大学也展开了相关的研究，Microsoft 在其微软亚洲研究院（MRA）专门设有图形图像处理技术和交互可视媒体方向的研究组，北京大学、浙江大学等相继成立了从事数字图

1　图片来源：天下信息网。

2　参考资料：百度文库。

像处理技术研究的国家重点实验室，天津大学从研制数字电视及电影制作设备（如切换台等）的角度，也对图像提取技术进行了较为深入的研究。目前，前景与背景间交界区域的估计模型是该领域研究的一个重点。

小波变换图像压缩编码是目前有待解决的一个主要问题。尽管小波变换图像压缩编码算法具有结构简单、无须任何训练、支持多码率、压缩比较大、图像复原质量较理想等特点，但在不同程度上存在着压缩/解压缩速度慢、图像复原质量不理想等问题。为了进一步提高此算法的工作效率，需要解决正交小波基的选择和数据向量量化编码算法的选择两个主要问题。

纹理研究方法多根据信号处理、模式识别理论发展而来，并且处在不断的发展之中。纹理的理论和应用研究已经取得了丰富的成果，但也有一些与之相关的概念和理论尚未取得一致看法。

经过近百年的发展，特别是第 3 代数字计算机问世后，数字图像处理技术获得了空前的进步。但仍存在一些亟待解决的问题，具体体现在以下 5 个方面。

（1）在提高精度的同时，着重解决处理速度的问题，巨大的信息量与数据量和处理速度仍然是一对主要矛盾。

（2）加强软件的研究和开发新的处理方法，重点是移植其他学科的技术和研究成果。

（3）边缘学科的研究（如人的视觉特性、心理学特性研究）将促进图像处理技术的发展。

（4）专门用于各种处理算法的高性能高速芯片的研究，即图像处理专用芯片。

（5）虽然已建立图像信息库和标准子程序，但存放格式不统一，检索图像信息量大，若没有图像处理领域的标准化，图像信息的建立、检索和交流将是一个极严重的问题，交流和使用极为不便，会造成资源共享的严重阻碍。

2. 未来的发展方向

图像处理技术的未来发展大致体现在以下 4 个方面。

（1）朝高速、高分辨率、立体化、多媒体、智能化和标准化方向发展，具体如下：

① 提高硬件速度：不仅要提高计算机的速度，而且 A/D 和 D/A 的速度要实时化。

② 提高分辨率：主要是提高采集分辨率和显示分辨率，主要困难在于显像管的制造和图像图形的刷新存取速度。

③ 立体化：图像是二维信息，信息量更大的三维图像将随计算图形学及虚拟现实技术的发展得到更广泛的应用。

④ 多媒体化：20 世纪 90 年代出现的多媒体技术，其关键技术就是图像数据的压缩。目前，数据压缩的国际标准有多个，而且还在发展中，它将朝着人类接收和处理信息最自然的方向发展。

⑤ 智能化：力争使计算机识别和理解按照人的认识和思维方式工作，考虑到主观概率和非逻辑思维。

⑥ 标准化：从整体上看，有关图像处理技术的国际标准还不完善。

（2）图像和图形相结合，朝着三维成像或多维成像的方向发展。

（3）硬件芯片的开发研究。目前结合多媒体的研究，硬件芯片越来越多，如 Thomson

公司的 ST13220 采用 Systolic 结构设计了运动预测器，把图像处理的众多功能固化在芯片上，为实践服务。

（4）新理论和新算法的研究。图像处理科学经过初创期、发展期、普及期和广泛应用期的发展，近年来，引入了一些新的理论并提出了一些新的算法，如 Wavelet、Fractal、Morphology、遗传算法和神经网络等，其中，Fractal 广泛地应用于图像处理、图形处理、纹理分析，同时还可用于物理、数学、生物、神经和音乐等方面。

第四节　数字图像处理技术的硬件设备

数字图像处理系统的基本结构如图 5-39 所示，由图像输入设备、图像运算处理设备（计算机）、图像存储器、图像输出设备等组成。

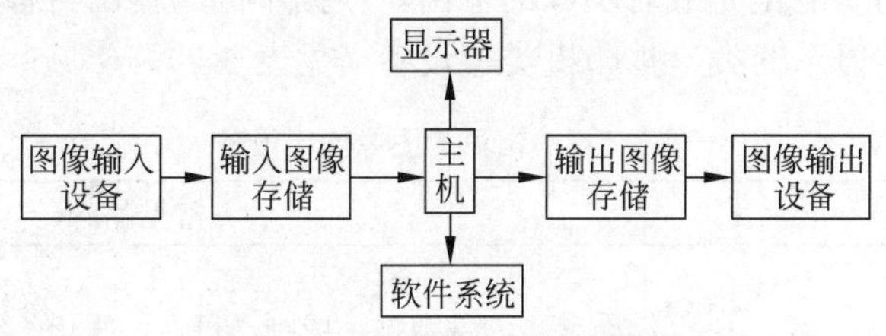

图 5-39　数字图像处理系统框图

数字图像处理系统是进行图像数字处理及数字制图的设备系统，包括计算机硬件和软件系统。硬件部分的组成包括：

（1）计算机。按照程序控制，计算机可执行范围广泛的数据处理任务。

（2）图像阵列处理机及显示设备，它具有多种图像存储、处理和显示功能，可大大提高图像处理速度，方便用户对图像进行交互分析处理。

（3）大容量存储设备。

（4）输入、输出设备等。

软件部分由数据输入、图像变换、图像恢复和增强、图像分类、统计分析以及编辑输出等方面的程序组成。系统服务对象包括专门用于科学研究、产品生产以及两者并用 3 种情况。

一、常见的图像采集设备

图像采集设备的功能是完成图像的采集、数字化转换、存储，并通过专用接口与主机通信，完成图像信息的输入。主要设备包括扫描仪、数码相机、摄像机和图像采集卡等（见表 5-1）。

表 5-1　常见的图像采集设备

设备类别	图　　片	常见品牌
扫描仪		中晶、尼康、佳能、联想、明基、惠普、爱普生、松下、富士通、柯达、方正、清华紫光、汉王、虹光、蒙恬、柯尼卡、美能达等

续表

设备类别	图　　片	常见品牌
数码相机		佳能、尼康、索尼、富士、松下、三星、宾得、奥林巴斯、徕卡、卡西欧、柯达、明基、哈苏、理光、爱国者、飞思、适马、禄来、海尔、惠普、拍卡、京华数码、三洋、纽曼等
摄像机		索尼、松下、佳能、JVC、三星、莱彩、明基、爱国者、海尔、AEE、菲星、三洋、拍美乐、东芝、柯达、TCL、德浦、索立信、日立等

二、常见的图像输出设备

图像输出设备的功能是完成对图像的输出。根据不同的输出目标和载体，可以分为以下 3 类：存储器类、显示器类、打印机类等设备（见表 5-2）。

表 5-2　常见的图像输出设备

设备类别	图片	常见品牌
存储器类（硬盘、软盘、U盘、移动硬盘、光盘、磁带等）		东芝、西部数据、威刚、日立、联想、纽曼、巴法络、三星、希捷、爱国者等
显示器类		联想、三星、飞利浦、宏基、AOC 等
打印机类		喷墨打印机：惠普、利盟、爱普生、佳能、三星、联想、明基等。 激光打印机：爱普生、富士施乐、方正、联想、利盟、佳能、惠普、三星、柯尼卡、美能达、映美、松下、OKI、兄弟等。 针式打印机：爱普生、映美、松下、富士通、实达、OKI、Star、得实等。 条码打印机：Argox、GODEX、Intermec、TSC 等。 票据打印机：爱普生、富士通等。 证卡打印机：FARGO、Datacard 等

三、数字图像处理技术的硬件芯片

1．数字信号处理器

数字信号处理器（digital signal processor，DSP）是一种独特的微处理器，是以数字信号来处理大量信息的器件。其工作原理是将接收到的模拟信号转换为用 0 和 1 表示的数字信号，再对数字信号进行修改、删除、强化，并在其他系统芯片中把数字数据解译回模拟数据或实际环境格式。

DSP 不仅具有可编程性，而且其实时运行的速度可达每秒数以千万条的复杂指令程序，远远超过了通用微处理器，是数字化电子世界中日益重要的计算机芯片。它的强大数据处理能力和高运行速度，是最值得称道的两大特色。

目前，德州仪器（TI）、飞思卡尔（Freescale）等半导体厂商在这一领域具有很强的实力。DSP 芯片实物的照片如图 5-40（a）所示。

（a）DSP 芯片

（b）FPGA 芯片

（c）ARM 公司的芯片

图 5-40　数字图像处理相关芯片

2. 现场可编程逻辑门阵列

现场可编程逻辑门阵列（field programmable gate array，FPGA）是一个含有可编辑元件的半导体设备，是可供使用者现场程序化的逻辑门阵列元件，实物如图 5-40（b）所示。一般来说，FPGA 比专用集成电路（ASIC）的速度慢，无法完成更复杂的设计，而且会消耗更多的电能。

但是，FPGA 具有很多其他优点，比如可以快速成品，而且其内部逻辑可以被设计者反复修改，从而改正程序中的错误。此外，使用 FPGA 进行调试的成本较低，在一些技术更新较快的行业，FPGA 几乎是电子系统中的必要部件。因为在大批量供货前，必须迅速抢占市场，这时 FPGA 方便灵活的优势就显现出来了。

目前，生产 FPGA 的领先企业为 Xilinx 和 Altera 公司。

3. ARM 公司

ARM（Advanced RISC Machines）公司是微处理器行业的一家知名企业，设计了大量高性能、廉价、耗能低的 RISC 处理器、相关技术及软件。该技术具有性能高、成本低和能耗省的特点，适用于多个领域，比如嵌入控制、消费/教育类多媒体、DSP 和移动式应用等。ARM 生产的芯片实物照片如图 5-40（c）所示。

目前，ARM 公司正以强劲的势头扩大占据的高端电子产品市场的份额。

第五节　光符识别技术

光学字符识别（OCR）技术是指对文本资料进行扫描，然后对图像文件进行分析处理，获取文字及版面信息的过程。近年来，又出现了图像字符识别（image character recognition，ICR）技术和智能字符识别（intelligent character recognition，ICR）技术，实际上，这三种自动识别技术的基本原理是大致相同的。

OCR 技术是图像识别技术之一，它是针对印刷体字符，采用光学的方式将文档资料转换成原始资料黑白点阵的图像文件，然后通过识别软件，将图像中的文字转换成文本格式，以便文字处理软件进一步编辑加工的系统技术。其目的就是让计算机知道它到底看到了什么，尤其是文字资料。本节将详细介绍 OCR 技术的发展及应用。

一、OCR 技术的发展历程

也许提到 OCR，许多人都会觉得非常陌生，实际上，OCR 技术的应用无处不在，如手机上的汉字的手写输入或利用 OCR 软件进行印刷文字的识别等，而 OCR 技术也在时刻改变着人们的生活。

1．OCR 技术的历史

1929 年，德国科学家 Tausheck 首先提出了 OCR 技术的概念，并且申请了专利。几年后，美国科学家 Handel 也提出了利用光学图像技术对文字进行识别的想法。但这种梦想直到计算机诞生后才变成现实。OCR 的意思就演变为利用光学技术对文字和字符进行扫描识别，转化成计算机内码。

20 世纪 60—70 年代，世界各国相继开始了对 OCR 技术的研究，而研究的初期多以文字的识别方法研究为主，且识别的文字仅为 0～9 的数字。以同样拥有方块文字的日本为例，1960 年前后开始研究 OCR 技术的基本识别理论，初期以数字为对象，直至 1965—1970 年间，开始有一些简单的产品出现，如印刷文字的邮政编码识别系统，用于识别邮件上的邮政编码，帮助邮局进行区域分信的作业。至今，邮政编码一直是各国所倡导的地址书写方式。

OCR 通过光学技术对文字进行识别。这种技术能够使设备通过光学机制来识别字符，即利用扫描仪或摄像机等光学设备，将各种介质上的字符输入计算机中，再由计算机对影像进行分析识别，从而得到相应的文本。

OCR 系统把影像作一个转换，使影像内的图形得以保存，表格内资料及影像内的文字一律变成文本格式，然后对这个文本再进行编辑和排版，以节省键盘输入的人力和时间及硬盘的存储空间。

OCR 通常按文字体系分为西文识别、数字识别和汉字识别三种；按字体形式可以分为手写字体识别和印刷字体识别两种；按输入设备可以分为联机识别和脱机识别两种。

2．汉字 OCR 技术的迅速发展

对于汉字的识别最早可以追溯到 20 世纪 60 年代。1966 年，IBM 公司的 Casey 和 Nagy 发表了第一篇关于印刷体汉字识别的论文，在这篇论文中，他们利用简单的模板匹配法识别了 1000 个印刷体汉字。

20 世纪 70 年代以来，日本学者对汉字识别做了许多工作，其中有代表性的系统有 1977 年东芝综合研究所研发的可识别 2000 个汉字的单体印刷汉字识别系统；80 年代初期，日本武藏野电气研究所研发的可识别 2300 个汉字的多体印刷体汉字识别系统，代表了当时汉字识别的最高水平。此外，日本的三洋、松下、理光和富士等公司也研发了印刷体汉字识别系统。这些系统在方法上大都采用基于 K-L 数字变换的匹配方案，使用了

大量专用硬件，有的设备相当于小型机甚至大型机，价格极其昂贵，没有得到广泛应用。

同国外相比，我国的OCR技术研究起步较晚，自20世纪70年代才开始对数字、英文字母及符号的识别进行研究。80年代开始，我国政府对汉字自动识别输入的研究给予了充分的重视和支持。

到1986年，我国提出“863”高新科技研究计划，汉字识别的研究进入一个实质性的阶段，不少研究单位相继推出了中文OCR产品。清华大学的丁晓青教授和中国科学院分别开发研究，相继推出了中文OCR产品，为中国最领先的汉字OCR技术。

早期的OCR软件，由于识别率及产品化等多方面的因素，未能达到实际要求。同时，由于硬件设备成本高，运行速度慢，也没有达到实用的程度。只有个别部门，如信息部门、新闻出版单位等使用OCR软件。

1986年以后，我国的OCR研究有了很大进展，在汉字建模和识别方法上都有所创新，在系统研发和开发应用中都取得了丰硕的成果，不少单位相继推出了中文OCR产品。进入20世纪90年代后，随着平台式扫描仪的广泛应用，以及我国信息自动化和办公自动化的普及，大大推动了OCR技术的进一步发展，使得OCR的识别正确率、识别速度满足了广大用户的要求。

经过科研人员数十年的辛勤努力，汉字识别技术的发展和应用有了长足进步。从简单的单体识别发展到多种字体混排的多体识别，从中文印刷材料的识别发展到中英混排印刷材料的双语识别，可以支持简、繁体汉字的识别，解决了多体多字号混排文本的识别问题。同时，汉字的识别率已达到98%以上。

二、OCR技术的应用

2020年9月28日，在工业和信息化部、北京市人民政府、国际电信联盟（ITU-T）指导的2020 AIIA人工智能开发者大会上，主办方正式发布国内首份智能文字识别能力测评与应用白皮书。该白皮书从OCR发展背景、技术沿革、产业发展现状、技术标准化、发展趋势等多个维度，对当前国内OCR产业进行了梳理，全面助推OCR技术产业化加速落地及可持续发展。

OCR产品的三个重要的应用领域是办公室自动化中的文本输入、邮件自动处理，以及与自动获取文本过程相关的其他领域。这些领域包括零售价格识读，订单数据输入，单证、支票和文件识读，微电路及小件产品上状态特征识读等。

1. OCR技术的“三级跳”

任何一项技术要从实验室走向市场，都要实现技术、产品和应用的“三级跳”，对于OCR技术来说也是如此。如前所述，OCR技术在中国经历了几十年的发展，技术和产品已经非常成熟，识别率也达到相当高的水平；而在应用方面，却落后于欧美及日本等国家和地区。因此，实现OCR从技术、产品顺利“跳入”应用领域，就成为许多有识之士的奋斗目标。

从行业消费者的需求来看，电子政务、金融、保险、税务、工商等行业用户对信息识别的需求已经越来越广泛，由此大力促进了OCR技术的大规模应用。而个人消费者对资料电子化、手写识别技术等的需求，也拓展了OCR技术在这一领域的应用之路。

与此同时，网络时代的特征也在影响着OCR应用市场的前进步伐。政府、公司、家庭、个人均是网络时代的组成部分，个人资料电子化、商务办公自动化等需求的呼声越来越高涨，从这个角度来看，OCR应用市场的崛起颇有“时势造英雄”的意味。

在成熟的技术应用和市场的需求下，以成熟完备的技术积累为基础，信息识别领域的应用导向将OCR市场送上了更高的一级台阶。

2. 无处不在的OCR

当前，OCR产品已经逐步进入了人们日常的学习、生活、工作等各个应用领域。我们知道，银行的客户存单一般都需进行图像存档，以前的存档方法是通过微拍的方式，非常耗时、耗力。现在通过OCR技术，可以通过扫描仪对存单进行扫描，并使用OCR技术对存单的关键字段进行识别，然后进行索引、存入光盘，极大地方便了查找。

从上面的应用中我们不难发现，只要涉及表格、文字方面的信息处理，OCR技术就会很好地发挥优势。因此，保险公司的保单、超市的进货单、增值税发票，甚至人大代表的选票也都可以用OCR技术进行识别，而且识别率相当高。

【知识链接5-2】 OCR系统的工作流程

一个OCR系统，从影像到结果输出，必须经过影像输入、影像前处理、文字特征抽取、比对识别，然后经人工校正将认错的文字更正，最后将结果输出。

（1）影像输入：欲进行OCR处理的档案必须通过光学仪器（如影像扫描仪、传真机或任何摄影器材），将影像传入计算机。

（2）影像前处理：影像前处理是OCR系统中需要解决问题最多的一个模块，它包含影像正规化、去除噪声、影像矫正等的影像处理，以及图文分析、文字行与字分离的文件前处理。

（3）文字特征抽取：单以识别率而言，特征抽取可以说是OCR技术的核心。特征简易地区分为两类：一类为统计的特征；另一类为结构的特征。

（4）比对数据库：当输入文字运算完特征后，不管是用统计或是用结构的特征，都必须有一比对数据库或特征数据库来进行比对。

（5）比对识别：根据不同的特征特性，选用不同的数学距离函数，利用各种特征比对方法的相异互补性识别出结果。

（6）字词后处理：字词后处理是指利用比对后的识别文字在其可能的相似候选字群中，根据前后的识别文字找出最合乎逻辑的词，做出更正确的处理。

（7）字词数据库：为字词后处理所建立的词库。

（8）人工校正：OCR技术最后的关卡，在此之前，使用者可能只是拿只鼠标，跟着软件设计的节奏操作或仅是观看，有可能特别耗费使用者的精力及时间，去更正甚至找寻可能是OCR出错的地方。

（9）结果输出：输出需要的档案格式。

三、光标识别技术

光标阅读器（optical mark reader，OMR），又称光电阅读器，是用光学扫描的方法来识别按一定格式印刷或书写的标记，并将其转换为计算机能接受的电信号的设备，它发明于20 世纪 50 年代的英国，主要用于处理一些标准化信息的表格。当时只在英语一科使用。目前，已普遍地应用于高考阅卷、选举、调查问卷统计等领域。

作为一种计算机外设，它是一种快速、准确的信息输入设备。利用光标阅读机可以把按一定格式印刷或书写的标记信息迅速输入计算机中，计算机便可以对相关信息快速准确地进行分析、处理，取代了过去利用键盘把数据一个个输入计算机的传统输入方式，使此类大量数据录入计算机的难题得以解决。

光标阅读机的特点是阅读准确，即对涂点的识别有极高的精确度，误码率小于千万分之一；阅读速度快，每秒钟可以处理 1000 多个信息点，处理速度以 A4 幅面计，每小时5000 张。就快速和准确性而言，目前计算机输入设备中还没有一种设备能与光标阅读机相比。

20 世纪 80 年代中期，我国的高考开始标准化，各科都普遍采用标准化试题，这也带来了阅卷非常困难的问题。80 年代末，教育部提出了在阅卷的过程中使用 OMR 的想法。

最初有些地方引进了英国的设备，该设备在技术上比较成熟，但价格太高，每台设备大概要 2 万～4 万美元，如果普遍使用，很多地区无法承受。因为价格的因素，1991 年，国内决定自主研发 OMR。我国两所知名大学——清华大学和山东大学，边学习国外先进经验边研究创新，终于生产出第一台国产的 OMR。后来技术进一步成熟，国内涌现出一大批优秀的 OMR 生产厂家。

随着计算机价格的下降、计算机广泛的应用，光标阅读机已成为计算机外设中的新贵。国产光标阅读机的误码率、卡纸率、双张率、读卡速度等各项指标均达到或超过国外的同类产品，而价格却仅为进口机的十分之一。

因此，其应用领域也日趋广泛，特别是在教育领域，仅以高考为例，利用光标阅读机这一先进的设备可以快速、准确地采集考生的各种信息（报名信息、志愿信息等），迅速准确地建立考生信息档案，将传统的人工阅卷改为光标阅读机自动阅卷，更为快速、准确、低耗。经过多年的探索和不断改进，已经全面实现从考生报名录入、志愿录入、编排考场、阅卷、录取到各种信息统计与分析等工作的计算机管理，从而实现高考信息管理自动化、网络化、科学化、规范化，使考务工作向现代化管理迈了一大步。

目前，我国几乎所有的招生、会考、自考等都采用 OMR 进行考试阅卷工作。此外，全国各类大型水平考试、职称考试（如全国英语水平考试、会计资格考试、律师资格考试、公务员考试等）也采用 OMR 来阅卷。随着我国信息产业的发展，大量的信息、数据需要处理，教育、考试标准化的范围扩大，因此，光标阅读器大有用武之地。

而财政统计、税务管理、干部选举、大型问卷、各类评估、人口普查等工作，所有这些涉及大型数据处理的工作，都可以由 OMR 来完成，节省大量的人力、物力，产生良好的社会效益和经济效益。

因此，OMR 作为一种计算机外部设备，具有其他设备不可取代的优点，未来将具有越来越广阔的生存和发展空间。

下面列举一些国内主要的 OMR 生产厂家。

河北南昊；山大鸥玛；清华紫光光标阅读机；北京五岳鑫/五岳科技；万方汇博；北京贝格特；南京怀宇。

下面以 40D 型 OMR（见图 5-41）为例，对 OMR 的一些功能特点进行详细讲解。

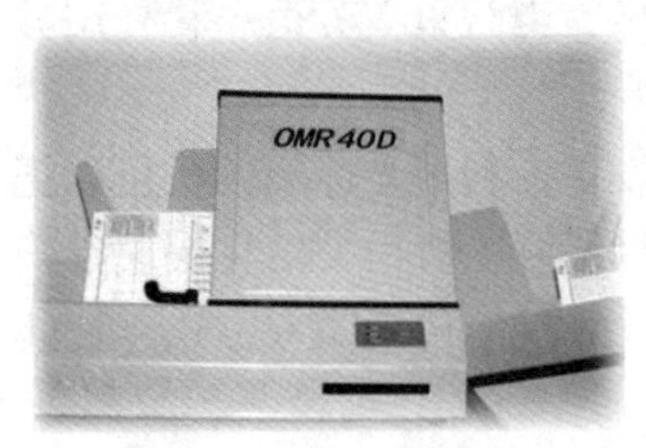

图 5-41　40D 型 OMR

40D 型 OMR 采用先进的 DSP 处理器来实现阅读机的扫描控制、信息采集以及模糊识别等功能，无须 PC 工控机，启动速度快、联机可靠性高。主要具有以下特点。

（1）机器内部电路简洁，可靠性高，为完全的自主设备，便于系统的维护与升级。

（2）读卡速度可以在格式文件中设置。

（3）采用高频数字电路的抗干扰技术，彻底解决了老式阅读机因硬件造成的冒点问题，增加了系统的稳定性。

（4）用户自行调试时，只需用一张标准测试卡，在调试软件中标定所有光电管，并保存即可。无须任何专业知识，可大大减少调试的工作量。

（5）采用比较通用的 RS-232 串行口或 USB 接口，适用于各种型号、品牌的计算机。

（6）用高速采样控制和智能模糊识别算法，与老式阅读机相比，大大改善了涂点识别的准确性和智能化程度。

40D 型 OMR 的主要性能指标如下：

（1）光电传感器支持读取信息卡信息位的路数最高可达 60 位。

（2）读卡速度可调，最高速度达 6 张/s。

（3）数据形式的最大长度由 26 增至 90。

（4）支持“七选多”。所谓“七选多”，是指多选题有 7 个选项，如 A、B、C、D、E、F、G。

【阅读文章 5-1】

数字 OMR 的应用前景

一、D-OMR 的含义

D-OMR 是采用“扫描识别技术＋高速扫描仪”来实现标准化考试的自动阅卷与教学测评信息化的智能评卷与教学测评系统。之所以将其称为 D-OMR，主要是为了突出其核心功能及用途，该名称并非其全部功能及用途的缩写或简称。此外，也是为了与传统的 OMR 相区别。

由于 OMR 是英文 Optical Mark Reader（光标阅读器）首字母的缩写，D 是英文 Digital（数字）的首字母，因此，D-OMR 也可称为数字 OMR。

二、D-OMR 类产品的关键

这类产品是指采用“高速扫描仪＋软件系统”实现标准化信息点填涂识别的产品。影响这类产品的功能、性能及用途最为关键的因素包括以下几个。

（1）扫描识别模块的技术及功能。这是决定扫描识别效率及准确性的关键所在，也是决定系统功能及其易用性的主要因素。因为采用不同技术（如定位或非定位，固定定位或相对定位）设计的产品，其功能强弱、性能优劣及操作难易等方面均存在着巨大的差异。因此，它是用户选择产品时需要首要考虑的关键因素。

（2）统计分析的专业性与完善性程度。无论是用于标准化考试阅卷，还是用于其他用途，系统扫描识别出来的原始数据均须通过专业的分析，才能充分发挥其效用（比如教学诊断、针对性教学所需的依据），否则就只是一堆杂乱无序或毫无价值的数据。因此，这同样是用户选择产品时必须考虑的重要因素。

（3）配套设备的功能及性能指标。采用“高速扫描仪＋软件系统”实现标准化信息点填涂识别的产品，最为重要的配套设备就是高速扫描仪。因此，对其品牌和技术参数的考察，也是用户选择产品时不可忽视的因素。

三、D-OMR 与 OMR 的区别

首先，两者实现标准化信息涂点识别的原理不同。OMR 采用光机电技术中的反射阅读技术实现，而 D-OMR 则采用计算机图像识别与处理技术完成。

其次，两者的表现形式及功能与用途不同。OMR 是主要应用于标准化考试阅卷的专用设备，是偏向于硬件类的产品；而 D-OMR 除具有 OMR 的全部功能外，还可广泛地应用于各种题卡合一模式的教学测评、问卷调查、干部评议与会议选举等领域，是偏向于软件类的产品。

再次，两者应用的要求及条件不同。OMR 需要购买厂家印刷的专用且精致的答题卡，而 D-OMR 则支持用户采用 60g 以上普通纸自行印刷答题卡。两者在使用成本上存在着巨大的差异（前者的答题卡成本是后者的 4 倍以上）。

四、D-OMR 取代 OMR 是必然的趋势

D-OMR 必然取代 OMR 是由如下因素决定的。

（1）强大的功能：D-OMR 除具有 OMR 的全部功能外，在各种题卡合一模式的测评、调查、评议及选举等应用上，具有 OMR 无法比拟的绝对优势。

（2）超低的成本：D-OMR 彻底摆脱了 OMR 对精致答题卡的依赖，其采用的 60g 普通纸自行印刷的答题卡成本还不足 OMR 专用答题卡的 1/4。

（3）高效的运行：D-OMR 独特的技术决定了它在答题卡扫描过程中不存在 OMR 的卡纸或停机查错与纠错现象（俗称卡机现象）。尽管单一的扫描速度指标或许低于 OMR 的读卡速度，但 D-OMR 的整体效率远高于 OMR。

（4）广泛的用途：D-OMR 除了软件与设备联合的综合用途远多于 OMR 外，其单一的高速扫描仪也可独立地应用于办公及个人用途。而 OMR 除用于标准化考试的阅卷外，很难扩展到其他领域。单一用途的局限性，制约了 OMR 的后续发展。

（5）快速的回报：D-OMR 的价格与高端的 OMR 相当，但其超低的使用成本，可使中等规模的学校正常使用两年后，从节省的答题卡成本中回收前期投资。换句话说，与越用成本越高的 OMR 相比，D-OMR 具有相当高的投资回报率。

五、如何正确选择 D-OMR 类产品

用户如需购买 D-OMR 类产品，建议按以下流程进行采购，确保质量。

（1）考察产品采用的核心技术，看其是否具备普及化应用的能力。如果产品存在使用要求太高，操作过于复杂；效率或准确性缺乏保障等问题，势必会影响使用效率，也难以达到普及化应用的要求。

（2）考察产品的功能及性能，看其是否符合用户的实际使用需要。如果产品功能过于简单或性能不稳定，势必会影响产品的应用范围，难以满足用户的实际需要。

（3）考察配套设备的功能及技术指标，看其是否符合用户使用的要求和是否具有良好的性价比。如果设备功能及性能较差，不但会影响其使用寿命，还可能导致结果的准确性缺乏保障，无法满足使用要求。

摘编自：百度百科。

【阅读文章 5-2】

5G 给我们带来了什么？

移动通信延续着每十年一代技术的发展规律，已历经 1G、2G、3G、4G 的发展。每一次代际跃迁，每一次技术进步，都极大地促进了产业升级和经济社会发展。从 1G 到 2G，实现了模拟通信到数字通信的过渡，移动通信走进了千家万户；从 2G 到 3G、4G，实现了语音业务到数据业务的转变，传输速率成百倍提升，促进了移动互联网应用的普及和繁荣。

当前，移动网络已融入社会生活的方方面面，深刻改变了人们的沟通、交流乃至整个生活方式。4G 网络造就了繁荣的互联网经济，解决了人与人随时随地通信的问题；随着移动互联网快速发展，新服务、新业务不断涌现，移动数据业务流量爆炸式增长，4G 移动通信系统难以满足未来移动数据流量暴涨的需求，急需研发下一代移动通信（5G）系统。

1．5G 是什么？

第五代移动通信技术（5th Generation Mobile Communication Technology，简称 5G）是具有高速率、低时延和大连接特点的新一代宽带移动通信技术，5G 通信设施是实现人机物互联的网络基础设施。

国际电信联盟（ITU）定义了 5G 的三大类应用场景，即增强移动宽带（eMBB）、超高可靠低时延通信（uRLLC）和海量机器类通信（mMTC）。eMBB 主要面向移动互联网流量爆炸式增长，为移动互联网用户提供更加极致的应用体验；uRLLC 主要面向工业控制、远程医疗、自动驾驶等对时延和可靠性具有极高要求的垂直行业应用需求；mMTC 主要面向智慧城市、智能家居、环境监测等以传感和数据采集为目标的应用需求。

为满足 5G 多样化的应用场景需求，5G 的关键性能指标更加多元化。ITU 定义了 5G 八大关键性能指标，其中高速率、低时延、大连接成为 5G 最突出的特征，用户体验速率达 1Gb/s，时延低至 1ms，用户连接能力达 100 万连接/km^2。

2021 年 12 月 14 日，中国工程院发布“2021 年度全球十大工程成就”，第五代移动通信技术入选。2023 年 5 月 17 日，中国电信、中国移动、中国联通、中国广电宣布正式启动全球首个 5G 异网漫游试商用。

截至 2023 年 9 月底，我国已累计建成 5G 基站 318.9 万个，5G 移动电话用户达 7.37 亿户，千兆光网已具备覆盖超过 5 亿户家庭的能力。我国 5G 商用四年以来，5G 基站部署突破 300 万个，建成全球规模最大的 5G SA 网络，5G 规模化增长关键指标持续刷新。

2．5G 的典型应用领域

1）工业领域

以 5G 为代表的新一代信息通信技术与工业经济深度融合，为工业乃至产业数字化、网络化、智能化发展提供了新的实现途径。

5G 在工业领域的应用涵盖研发设计、生产制造、运营管理及产品服务 4 个大的工业环节，主要包括 16 类应用场景，分别为 AR/VR 研发实验协同、AR/VR 远程协同设计、远程控制、AR 辅助装配、机器视觉、AGV 物流、自动驾驶、超高清视频、设备感知、物料信息采集、环境信息采集、AR 产品需求导入、远程售后、产品状态监测、设备预测性维护、AR/VR 远程培训。

当前，机器视觉、AGV 物流、超高清视频等场景已取得了规模化复制的效果，实现“机器换人”，大幅降低人工成本，有效提高产品检测准确率，达到了生产效率提升的目的。未来，远程控制、设备预测性维护等场景预计将会产生较高的商业价值。

5G 在工业领域丰富的融合应用场景将为工业体系变革带来极大潜力，使能工业智能化、绿色化发展。“5G+工业互联网”512 工程实施以来，行业应用水平不断提升，从生产外围环节逐步延伸至研发设计、生产制造、质量检测、故障运维、物流运输、安全管理等核心环节，在电子设备制造、装备制造、钢铁、采矿、电力等 5 个行业率先发展，培育形成协同研发设计、远程设备操控、设备协同作业、柔性生产制造、现场辅助装配、机器视觉质检、设备故障诊断、厂区智能物流、无人智能巡检、生产现场监测 10 大典型应用场景，助力企业降本提质和安全生产。

2）车联网与自动驾驶

5G 车联网助力汽车、交通应用服务的智能化升级。5G 网络的大带宽、低时延等特性，支持实现车载 VR 视频通话、实景导航等实时业务。借助于车联网 C-V2X（包含直连通信和 5G 网络通信）的低时延、高可靠和广播传输特性，车辆可实时对外广播自身定位、运行状态等基本安全消息，交通灯或电子标志标识等可广播交通管理与指示信息，支持实现路口碰撞预警、红绿灯诱导通行等应用，显著提升车辆行驶安全和出行效率，后续还将支持实现更高等级、复杂场景的自动驾驶服务，如远程遥控驾驶、车辆编队行驶等。

5G 网络可支持港口岸桥区的自动远程控制、装卸区的自动码货以及港区的车辆无人驾驶应用，显著降低自动导引运输车控制信号的时延以保障无线通信质量与作业可靠性，可使智能理货数据传输系统实现全天候全流程的实时在线监控。

3）能源领域

在电力领域，能源电力生产包括发电、输电、变电、配电、用电五个环节，5G 在电力领域的应用主要面向输电、变电、配电、用电四个环节开展，应用场景主要涵盖了采集监控类业务及实时控制类业务，包括输电线无人机巡检、变电站机器人巡检、电能质量监测、配电自动化、配网差动保护、分布式能源控制、高级计量、精准负荷控制、电力充电桩等。

当前，基于 5G 大带宽特性的移动巡检业务较为成熟，可实现应用复制推广，通过无人机巡检、机器人巡检等新型运维业务的应用，促进监控、作业、安防向智能化、可视化、高清化升级，大幅提升输电线路与变电站的巡检效率；配网差动保护、配电自动化等控制类业务现处于探索验证阶段，未来随着网络安全架构、终端模组等技术的逐渐成熟，控制类业务将会进入高速发展期，提升配电环节故障定位精准度和处理效率。

在煤矿领域，5G 应用涉及井下生产与安全保障两大部分，应用场景主要包括作业场所视频监控、环境信息采集、设备数据传输、移动巡检、作业设备远程控制等。

当前，煤矿利用 5G 技术实现地面操作中心对井下综采面采煤机、液压支架、掘进机等设备的远程控制，大幅减少了原有线缆维护量及井下作业人员；在井下机电硐室等场景部署 5G 智能巡检机器人，实现机房硐室自动巡检，极大提高检修效率；在井下关键场所部署 5G 超高清摄像头，实现环境与人员的精准实时管控。煤矿利用 5G 技术的智能化改造能够有效减少井下作业人员，降低井下事故发生率，遏制重特大事故，实现煤矿的安全生产。当前取得的应用实践经验已逐步开始规模推广。

4）教育领域

5G 在教育领域的应用主要围绕智慧课堂及智慧校园两方面开展。

5G+智慧课堂，凭借 5G 的低时延、高速率特性，结合 VR/AR/全息影像等技术，可实现实时传输影像信息，为两地提供全息、互动的教学服务，提升教学体验；5G 智能终端可通过 5G 网络收集教学过程中的全场景数据，结合大数据及人工智能技术，构建学生的学情画像，为教学等提供全面、客观的数据分析，提升教育教学精准度。

5G+智慧校园，基于超高清视频的安防监控可为校园提供远程巡考、校园人员管理、学生作息管理、门禁管理等应用，解决校园陌生人进校、危险探测不及时等安全问题，提高校园管理效率和水平；基于 AI 图像分析、GIS（地理信息系统）等技术，可对学生出行、活动、饮食安全等环节提供全面的安全保障服务，让家长及时了解学生的在校位置及表现，打造安全的学习环境。

5）医疗领域

5G 通过赋能现有智慧医疗服务体系，提升远程医疗、应急救护等服务能力和管理效率，并催生 5G+远程超声检查、重症监护等新型应用场景。5G+超高清远程会诊、远程影像诊断、移动医护等应用，在现有智慧医疗服务体系上，叠加 5G 网络能力，极大提升远程会诊、医学影像、电子病历等数据传输速度和服务保障能力。

5G+应急救护等应用，在急救人员、救护车、应急指挥中心、医院之间快速构建 5G 应急救援网络，在救护车接到患者的第一时间，将病患体征数据、病情图像、急症病情记录等以毫秒级速度、无损实时传输到医院，帮助院内医生做出正确指导并提前制定抢救方案，实现患者“上车即入院”的愿景。

5G+远程手术、重症监护等治疗类应用，由于容错率极低，并涉及医疗质量、患者安全、社会伦理等复杂问题，其技术应用的安全性、可靠性需进一步研究和验证，预计短期内难以在医疗领域实际应用。

6）智慧城市

5G 助力智慧城市在安防、巡检、救援等方面提升管理与服务水平。

在城市安防监控方面，结合大数据及人工智能技术，5G+超高清视频监控可实现对人脸、行为、特殊物品、车等精确识别，形成对潜在危险的预判能力和紧急事件的快速响应能力；在城市安全巡检方面，5G 结合无人机、无人车、机器人等安防巡检终端，可实现城市立体化智能巡检，提高城市日常巡查的效率；在城市应急救援方面，利用 5G 通信保障车与卫星回传技术可实现建立救援区域海陆空一体化的 5G 网络覆盖；5G+VR/AR 可协助中台应急调度指挥人员直观、及时地了解现场情况，更快速、更科学地制定应急救援方案，提高应急救援效率。

公共安全和社区治安成为城市治理的热点领域，以远程巡检应用为代表的环境监测也将成为城市发展的关注重点。未来，城市全域感知和精细管理成为必然发展趋势，仍需长期持续探索。

7）信息消费领域

5G给垂直行业带来变革与创新的同时，也孕育新兴信息产品和服务，改变人们的生活方式。在5G+云游戏方面，5G可实现将云端服务器上渲染压缩后的视频和音频传送至用户终端，解决了云端算力下发与本地计算力不足的问题，解除了游戏优质内容对终端硬件的束缚和依赖，对于消费端成本控制和产业链降本增效起到了积极的推动作用。

在5G+4K/8K VR直播方面，5G技术可解决网线组网烦琐、传统无线网络带宽不足、专线开通成本高等问题，可满足大型活动现场海量终端的连接需求，并带给观众超高清、沉浸式的视听体验；5G+多视角视频，可实现同时向用户推送多个独立的视角画面，用户可自行选择视角观看，带来更自由的观看体验。

在智慧商业综合体领域，5G+AI智慧导航、5G+AR数字景观、5G+VR电竞娱乐空间、5G+VR/AR全景直播、5G+VR/AR导购及互动营销等应用已开始在商圈及购物中心落地应用，并逐步规模化推广。

未来随着5G网络的全面覆盖以及网络能力的提升，5G+沉浸式云XR、5G+数字孪生等应用场景也将实现，让购物消费更具活力。

摘编自：百度百科。

【阅读文章5-3】

车牌照的字符结构规律

车牌照的字符结构规律见表5-3。

表5-3　车牌照的字符结构规律

车牌特征	适用车型	式　样
蓝牌白字	普通小型车（其中包括政府机关专用号段、除政法部门的警车以外的行政用车）的牌照	标准式样为[某A・12345] ①“某”：各省/直辖市/自治区的简称，例如“京”（北京）、“皖”（安徽）。 ②字母：所在城市的代号。“A”表示省会城市；“O”为公安厅直属车管所发放的牌照，一般是省直机关车牌，也有企业（包括外企）车牌；“OA”是公安行政车牌（不同省份在政法部门行政车牌的排号上会有所不同，但公安机关的均为“OA”，在全国都是一致的）
黄牌黑字	大型车辆、摩托车、驾校教练车牌照	式样与蓝牌相同。 教练车的式样稍有不同，为[某A・1234学]
绿牌黑字	新能源车	标准式样为[某A・123456]
黑牌白字	涉外车辆牌照	式样和蓝牌基本相同。 领事馆车牌式样为[某O・1234领]，其中“领”为红字

续表

车牌特征	适用车型	式　样
白牌	政法部门（公安、法院、检察院、国安、司法）警车、武警部队车辆、解放军军车的牌照	① 警车：公安警车的牌照式样为[某・A1234 警]，除“警”为红字外，其他都为黑字，一共 4 位数字，含义与普通牌照相同。 ② 法院警务车牌式样为[某・AA123 警]，其中第二个“A”代表法院，若为“B”则代表检察院，“C”和“D”分别代表国安和司法（比如[川・OC123 警]是四川省国家安全厅的警务车牌），除公安系统外的警车牌照只有 3 位数字。 ③ 武装警察序列一共有 8 个警种，其中内卫部队的车牌号为 5 位数字，式样为[WJ01 12345]，其中“WJ”是“武警”的拼音缩写，代表武警序列；字体较小的“01”代表武警总部，其他数字则表示部队驻地，比如“32”代表重庆；数字是编号。 内卫部队以外的武警车牌与内卫车牌式样相似，但只有 4 位数字，数字前加一个字母表示警种。以武警交通部队为例，其车牌式样为[WJ01 T1234]，其中“T”为交通部队警种代号，“D”“H”“S”分别表示武警水电、黄金、森林部队，“01”则不表示总部，而是总部下设的各警种指挥部；“X”“B”“J”分别表示公安消防、边防、警卫部队，“01”则表示公安部消防、边防、警卫局。公安部八局（警卫局）的车牌式样为[WJ01 J1234]。 ④ 军车：全军和武警部队从 2013 年 5 月 1 日起统一使用新式军车号牌，这是我军第七代军车号牌。2016 年因为军改，军队体制编制发生了比较大的变化，比如，七大军区变成五大战区，新组建陆军、战略支援部队、联勤保障部队等，所以对车牌的编号规则进行了相应调整，但牌照式样未变，仍是“2012 式”。军车车牌首字母含义：V（军委及各总部机关）、L（陆军）、K（空军）、H（海军）、Y（战略支援部队）、WJ（武警）、Q（战区机关），以此类推；第二位字母含义：Z（中部战区）、B（北部战区）、X（西部战区）、N（南部战区）、D（东部战区）。如 L（陆军）D（东部战区）－00001 即为 LD・00001

本章小结

数字图像处理技术指的是用计算机对图像信息进行处理的一门技术，包括利用计算机对图像进行各种处理的技术和方法。20 世纪 20 年代，数字图像处理技术首次得到应用。20 世纪 60 年代中期，随电子计算机的发展而得到普遍应用。

数字图像处理的基本特点：处理信息量大；占用频带较宽；数字图像中各个像素是不独立的，其相关性大；可进行图像的三维处理；受人为因素影响较大。

数字图像处理的优点：再现性好、处理精度高、适用面宽、灵活性高。

数字图像处理研究的内容：图像数字化、图像变换和编码、图像增强、图像复原、图像分割、图像描述和分析。

主要的应用领域集中在汽车牌照自动识别、航空航天、生物医学工程、图像信息通信、工业工程、军事公安等领域。

OCR 技术是图像识别技术的一种，它主要针对印刷体字符，是采用光学的方式，将文档资料转换成原始资料黑白点阵的图像文件，然后通过识别软件，将图像中的文字转换成文本格式，以便文字处理软件进一步编辑加工的系统技术。

OMR是OCR技术的一种特殊形式，主要应用于高考、各类大型水平考试、职称考试、选举、调查问卷统计等。

本章内容结构

- 图像识别技术
  - 数字图像处理技术概述
    - 图像处理技术的起源
    - 图像处理技术的发展历程
    - 数字图像处理的三个层次
    - 数字图像处理的基本特点
    - 数字图像处理的优点
    - 数字图像技术与电磁波技术
  - 数字图像识别技术基础
    - 图像的分类
    - 数字图像的描述
    - 数字图像处理的研究内容
    - 数字图像处理系统的构成
  - 数字图像处理技术的应用案例
    - 汽车牌照自动识别系统
    - 数字图像处理技术在其他领域的应用
    - 数字图像处理技术展望
  - 数字图像处理技术的硬件设备
    - 常见的图像采集设备
    - 常见的图像输出设备
    - 数字图像处理技术的硬件芯片
  - 光符识别技术
    - OCR技术的发展历程
    - OCR技术的应用
    - 光标识别技术

综合练习

一、名词解释

图像处理　数字图像处理技术　OCR　OMR

二、简述题

1. 模拟图像是如何数字化转成数字图像的？
2. 常见的数字图像处理系统由哪几部分构成？每一部分完成哪些功能？
3. 简述车牌识别系统的构成。

三、思考题

1. 比较模拟图像处理技术与数字图像处理技术的异同。
2. 比较数字图像识别技术与OCR技术的异同。
3. 比较OCR技术与OMR技术的异同。

四、实际观察题

1. 图像处理技术在我们生活中有哪些具体应用？请举例说明。

2．结合亲身经历，谈一下对数字图像处理的体会。

参考书目及相关网站

[1] 数字图像处理[EB/OL]. (2023-2-6). https://baike.baidu.com /item/数字图像处理/5199259?fr=ge_ala.

[2] 光学字符识别[EB/OL]. (2023-2-6). https://baike.baidu.com /item/光学字符识别/4162921?fr=ge_ala.

[3] 光标阅读机[EB/OL]. (2023-2-6). https://baike.baidu.com /item/光标阅读机/4170146?fr=ge_ala.

[4] 数字 OMR [EB/OL]. (2023-2-6). https://baike.baidu.com/item/数字 OMR/8391838?fr=ge_ala.

[5] 5G [EB/OL]. (2023-2-6). https://baike.baidu.com/item/5G/29780?fr=ge_ala.

[6] 王震.数读中国|我国数字经济发展保持强劲势头[EB/OL].(2023-11-14). http://finance.people.com.cn/n1/2023/1114/c1004-40117690.html.

[7] 中国自动识别技术协会. 我国自动识别技术发展现状与趋势分析[J]. 中国自动识别技术，2023(1): 1-3.

[8] 马昌凤.数字图像处理（MATLAB）[M]. 北京：电子工业出版社，2022.

[9] 阮秋琦，阮宇智. 数字图像处理[M]. 4 版. 北京：电子工业出版社，2020.

[10] 章毓晋. 图像工程（下册）：图像理解[M]. 4 版. 北京：清华大学出版社，2018.

[11] 张德丰.数字图像处理（MATLAB）[M]. 2 版. 北京：人民邮电出版社，2015.

[12] 田岩，彭复员. 数字图像处理与分析[M]. 武汉：华中科技大学出版社，2009.

[13] 王慧琴. 数字图像处理[M]. 北京：北京邮电大学出版社，2006.

[14] 麦特尔. 现代数字图像处理[M]. 孙洪，译. 北京：电子工业出版社，2006.

[15] COX I J, MILLER M L. The First 50 Years of Electronic Watermarking[J]. EURASIA J. of Applied Signal Processing，2002（2）：126-132.

第六章

生物特征识别技术

内容提要

生物特征识别技术主要是指通过人类生物特征进行身份识别和认证的一种技术。这里的生物特征通常具有唯一性（与他人不同），可以测量或可自动识别与验证性、遗传性或终身不变性等特点。因此，生物特征识别技术是一种十分方便与安全的识别技术。本章主要介绍指纹识别技术、人脸识别技术、虹膜识别技术、语音识别技术等内容。

学习目标与重点

- 了解生物特征识别技术的发展历程。
- 重点掌握生物特征识别技术的应用现状。
- 掌握不同生物特征识别技术的特点和典型应用案例。

关键术语

生物特征识别技术、指纹识别技术、人脸识别技术、虹膜识别技术、语音识别技术

【引入案例】　　寻找阿富汗少女

1985 年，美国国家地理杂志的资深摄影记者史蒂夫・迈克凯瑞（Steve Mc Curry）来到巴基斯坦白夏瓦（Peshawar）附近的难民营采访，其间为一位名为莎尔巴特・古拉（Sharbat Gula）的女孩拍摄了一张照片。几个月后，这张《阿富汗少女》出现在 1985 年 6 月的美国《国家地理》杂志的封面上。

2002 年 1 月，史蒂夫・迈克凯瑞重返巴基斯坦，试图寻找这位有着摄人眼神的神秘少女的下落，了解这些年在她身上发生过的故事。

面对数不胜数的阿富汗难民，史蒂夫・迈克凯瑞利用美国联邦调查局分析案件的手法——面部辨识和虹膜技术分析真伪后，终于在偏僻山区找到了如今已是 3 个孩子的母亲，而且面容略显苍老的莎尔巴特・古拉。

时隔 17 年，史蒂夫・迈克凯瑞再次为她拍下了一组照片，并再次出现在了《国家地理》的封面上（见图 6-1）。同时，寻找和确认其身份的过程也拍摄成纪录片，在国家地理频道做全球性播出。17 年沧海桑田，尽管人的面貌已有了很大的变化，但其生物特征却始终没有改变。

图 6-1　17 年前、后的阿富汗少女照片[1]

第一节　生物特征识别技术概述

生物特征识别（biometric recognition 或 biometric authentication）技术主要是指通过人的生理特征或行为特征对其进行身份识别与认证的一种技术。这里的生理特征或行为特征通常具有唯一性（与他人不同），可以测量或可以自动识别与验证性、遗传性或终身不变性等特点。目前比较成熟并已大规模使用的方式主要为指纹、虹膜、人脸、语音识别等。此外，近年来，耳、掌纹、手掌静脉、脑电波识别、唾液提取 DNA、步态识别、多模态（即多生物特征融合）识别等研究也有所突破，有望进入商用阶段。

一、生物特征识别技术的起源及发展

生物特征识别的应用可以追溯到古埃及时期，当时人们对人身体的某一个特定部位进行测量，并记录下数据，当要证明某人的身份时，就与记录的数据进行比对。

在我国古代也用到了生物特征识别技术。秦汉时期，人们将写好的文书用黏土封口，然后再摁上自己的指纹作为凭证。

到了 19 世纪，科学家发现每个人的指纹都是独一无二的，并意识到指纹可以作为身份识别的可行性。从此，测量个人身体特征的概念就确定下来，指纹也成为安全部门进行身份确认的国际通用方法。

20 世纪 60 年代以后，一些公司开发出能自动识别指纹的仪器，应用于安全级别要求较高的原子能实验、生产基地等地的安保工作。美国联邦调查局（Federal Bureau of Investigation，FBI）也开始使用能自动识别指纹的设备。但是由于生物特征识别设备在当时是一个高成本产物，无法得到普及，只能在一些高度安保环境中使用。

到了 20 世纪 70 年代中期，随着成本的下降，已经有一定数量的自动识别指纹的设备开始在美国大范围使用。80 年代，利用除指纹之外的生物特征，如虹膜识别、掌纹识别、

1　资料来源：百家号。

面部识别等进行身份鉴定的技术逐步发展起来。1987 年，Drs.Flom & Safir 研究发现，没有两个人的虹膜是相同的，这一理论为生物特征识别技术的快速发展作出了贡献。

到了 20 世纪末期，近代的生物特征识别技术开始蓬勃发展。随着计算机应用的发展，生物特征识别技术越来越成熟，生物特征识别产品的成本也越来越低。生物特征识别技术已经在刑侦、政府、军队、电信、金融、商业等领域得到了广泛的应用。

进入 21 世纪，生物特征识别技术受到格外重视，广泛用于反恐、信息安全、金融安全等方面。2001 年，美国在“9·11”事件后连续签发了《爱国者法案》《边境签证法案》《航空安全法案》，都要求必须采用生物识别技术作为法律实施的保证，要求将指纹、虹膜等生物特征加入护照中。

2004 年 4 月，国际民用航空组织（ICAO）要求 188 个成员国将含有持证人信息以及虹膜、指纹等特定生物信息的 IC 芯片嵌入电子护照，并要求在进入各国的边境时进行个人身份的确认。此规划已获得美国、欧盟、澳大利亚、日本、韩国、南非等国家和地区的支持。我国的第二代身份证就为虹膜、指纹等生物特征识别预留了空间。

在各国政府的重视与推动下，生物特征识别技术将越来越深入到人们的日常生活中。以身份证、护照为基础的生物特征识别技术的应用，将在社会生活的各个方面逐步展开。中国政府也拟在第三代居民身份证中加入个人的指纹信息。

我国生物特征识别行业最早发展的是指纹识别技术，基本与国外同步，早在 20 世纪 80 年代初就开始了研究，并掌握了核心技术，产业发展相对比较成熟。而人脸识别、虹膜识别、掌形识别等生物特征识别技术研究的开展则是在 1996 年之后。

1996 年，原任中国科学院副秘书长、模式识别国家重点实验室主任的谭铁牛入选中国科学院的“百人计划”，辞去英国雷丁大学的终身教授职务回国，开辟了我国基于人类生物特征的身份鉴别等国际前沿领域的学科研究方向，开始了我国对人脸、虹膜、掌纹等生物特征识别领域的研究。

在目前的研究与应用领域中，生物特征识别主要涉及计算机视觉、图像处理与模式识别、计算机听觉、语音处理、多传感器技术、虚拟现实、计算机图形学、可视化技术、计算机辅助设计、智能机器人感知系统等其他相关的研究。

生物特征包括生物的生理特征和行为特征，其中，生理特征包括指纹、静脉、掌形、视网膜、虹膜、人体气味、脸型，甚至血管、DNA、骨骼、皮肤芯片等；行为特征则包括签名、语音、行走步态、按键力度等。基于这些特征，生物特征识别技术已经在过去的若干年中取得了长足的进展。

生物特征识别系统则对生物特征进行取样，提取其唯一的特征转化成数字代码，并进一步将这些代码组成特征模板。当人们与识别系统交互进行身份认证时，识别系统通过获取其特征，并与数据库中的特征模板进行比对，以确定二者是否匹配，从而决定接受或拒绝该人。

由于人体特征具有人体所固有的不可复制的唯一性，这一生物密钥具有无法复制、失窃或被遗忘的特性，因此比传统的身份鉴定方法更安全、更保密和更方便。

生物特征识别技术的应用相当广泛，尤其在计算机应用领域居于重要地位。在计算机安全学中，生物特征识别是认证（authentication）的重要手段，生物测定（biostatistics）则被广泛地应用于安全防范，国家安全、公共安全等领域。

对生物特征识别技术来说，被广泛地应用意味着它能在影响亿万人日常生活的各个地方使用。通过取代个人识别码和口令，生物特征识别技术可以阻止非授权的“访问”，可以防止盗用 ATM、蜂窝电话、智能卡、个人计算机、工作站及其计算机网络；在通过电话、网络进行金融交易时进行身份认证；在建筑物或工作场所，生物特征识别技术可以取代钥匙、证件、图章等。生物特征识别技术的飞速发展及其广泛的应用，将开创个人身份鉴别的新时代。

在当今的信息化、数字化时代，如何准确鉴定一个人的身份、保护数据信息安全，已成为一个必须解决的关键社会问题。传统的身份认证由于极易伪造，越来越难以满足社会的需求，目前最为便捷与安全的解决方案无疑就是生物特征识别技术。它不但简洁快速，而且利用它进行身份的认定，安全、可靠、准确。同时更易于配合计算机和安全、监控、管理系统整合，实现自动化管理。由于其广阔的应用前景、巨大的社会效益和经济效益，已引起各国的广泛关注和高度重视。

目前，世界各国已将生物识别技术广泛应用于国防安保、公共安全、信息安全以及军事领域中，并制定法案和战略规范该技术的使用。

2017 年 1 月，澳大利亚总理马尔科姆·特恩布尔（Malcolm Bligh Turnbull）宣布使用生物识别技术核验入境人员身份的计划，即使用虹膜扫描、面部识别和指纹扫描等非接触式生物识别技术对入境人员进行身份核验，以防恐怖分子入境。

2018 年 6 月，英国内政部发布《生物识别战略》（*the UK Home Office Biometric Strategy*），提出了生物识别技术使用和发展的总体框架，涉及指纹、DNA、面部图像、质量、隐私保护、道德，以及监管和标准 7 个方面。

2018 年 8 月，美国众议院国土安全委员会（House Homeland Security Committee）提出《2018 年生物识别跨国移民警报计划（BITMAP）授权法案》（*Biometric Identification Migration Alert Program Authorization Act of 2018*），旨在通过与合作伙伴国家共同收集和共享特殊人群的生物特征数据等情报，识别潜在的恐怖分子等危险人员。

2019 年 10 月，俄罗斯通过了有关生物识别技术的《2030 年前人工智能发展的国家战略》（*the National Strategy for the Development of Artificial Intelligence for the period until 2030*），其中界定了未来俄罗斯人工智能技术的具体着力方向，包括面部识别技术在精密武器、无人机和军事协调系统、战略决策和遏制敌人通信方面的跨越式应用。

此外，一些国家又陆续制定了关于保护个人隐私等方面的法案。

2019 年 12 月，印度公布了《个人数据保护法案》（*the Personal Data Protection Bill*，PDP），明确规定在处理任何敏感个人数据，如生物特征数据时必须征得数据主体的同意。

2020 年 8 月，美国参议院提出《2020 年国家生物识别信息隐私法案》（*National Biometric Information Privacy Act of 2020*，NBIPA），要求以类似保护社会安全号码等其他机密和敏感信息的方式保护个人生物识别信息。

2021 年 1 月，英国修订了 2018 年《数据保护法案》（DPA ACT 2018），为用于生物识别的个人生物特征等信息提供更强有力的法律保护。

2021 年 2 月，新加坡《2020 年个人数据保护（修订）法案》（*Personal Data Protection Amendment Act 2020*，PDPAA）正式生效，加强了对生物特征等个人数据的保护。

2021 年 3 月，俄罗斯国家议会提交的用于生物特征数据和刑事调查的个人数据修订法案正式生效，增加了个人数据主体的权利。

2021 年 6 月，日本修订了《个人信息保护法》（*the Act on the Protection of Personal Information*，APPI），引入了新的受监管信息类别，其一便是敏感的个人信息，包括但不局限于财务信息、生物特征信息和位置信息等。

综上，这些立法在具体结构和内容上虽存在较大差异，但在法律保护模式上具有共同性，表现为以下四点：第一，明确生物识别信息的法律属性、功能、作用及特定生成过程；第二，明确生物识别数据属于“特殊敏感类数据”；第三，明确“禁止处理”“明示同意”“法定必需”三大特定法律原则；第四，明确个人生物识别信息法律保护的一般法律原则及权利义务规定。

【概念辨析 6-1】　　生物特征识别技术与其他识别技术

生物特征识别技术主要是对人的身份进行鉴定，是指通过计算机将光学、声学、生物统计学原理与生物传感器等高科技手段密切结合，利用人体固有的生理特性（如指纹、脸像、虹膜等）和行为特征（如笔迹、声音、步态等）来进行个人身份的鉴定。

传统的身份鉴定方法包括身份标识物品（如身份证、其他证件、银行卡等）和身份标识知识（如用户名和密码）等，但这些鉴定方法主要借助于身体以外的物品，一旦证明身份的标识物品和标识知识被盗或遗忘，身份就容易被他人冒充或无法证明。

生物特征识别技术具有不易遗忘、防伪性能好、不易伪造或被盗、随身“携带”和随时随地可用等优点。

二、生物特征识别技术的基本原理

生物特征识别技术的核心在于如何获取这些生物特征，并将之转换为数字信息，存储于计算机中，再利用可靠的匹配算法来完成识别与验证个人身份。

1. 基本原理

生物特征识别技术的原理如图 6-2 所示。

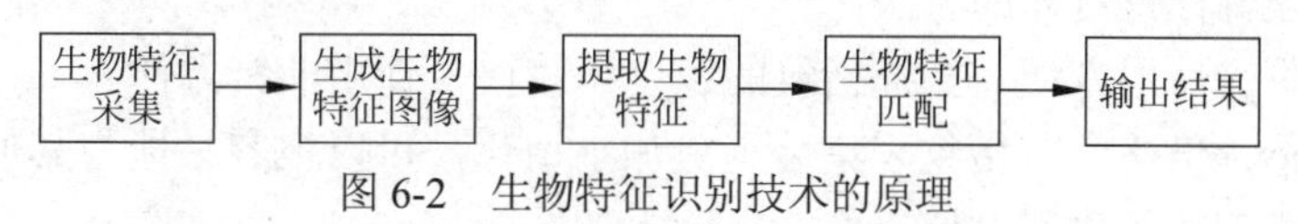

图 6-2　生物特征识别技术的原理

完成生物特征识别，首先要对生物特征进行取样，样品可以是指纹、面相、语音等；其次要利用特征提取系统提取出唯一的生物特征，并转化为特征代码；再将特征代码存入数据库，形成识别数据库。当人们通过生物特征识别系统进行身份认证时，识别系统将获取被认证人的特征，然后利用一种特征匹配算法将被认证人的特征与数据库中的特征代码进行比对，从而决定接受还是拒绝该人。

2．生物特征识别技术的特点

生物特征识别技术的特点决定了该技术是个人身份鉴别的有效手段。其主要特点如下：普遍性、唯一性和稳定性、不可复制性。

1）普遍性

生物特征识别技术所依赖的身体特征基本上是人类与生俱来的，不需要向有关部门申请或制作。

2）唯一性和稳定性

经研究和经验表明，每个人的指纹、掌纹、面部、发音、虹膜、视网膜、骨架等都与别人不同，且终生不变。

3）不可复制性

随着计算机技术的发展，复制钥匙、密码卡及盗取密码、口令等都变得越来越容易，然而，要复制人类的活体指纹、掌纹、面部、虹膜等生物特征，就困难得多。

综上所述，利用生物特征进行身份验证的方法，无须依赖于各种人造的和附加的物品来证明人的自身，而用来证明自身的恰恰是人的本身。所以，它不会丢失、不会遗忘、很难伪造和假冒，是一种“只认人、不认物”的、方便安全的安保手段。

三、生物特征识别技术的主要内容

1．指纹

指纹在我国古代就被用来代替签字画押，证明身份。大致可分为“弓”“箕”“斗”3 种基本类型，具有各人不同、终生不变的特性。指纹识别是目前最成熟、最方便可靠、无损伤且价格便宜的生物特征识别技术解决方案，已在许多行业领域中得到广泛的应用。

1）优点

（1）专一性强，复杂程度高。指纹是人体独一无二的特征，并且它们的复杂度足以提供用于鉴别的足够特征。

（2）可靠性高。如果想要增加可靠性，只需登记更多的指纹，鉴别更多的手指，最多可以多达 10 个，而且，每一个指纹都是独一无二的。用户将手指与指纹采集头直接接触，是读取人体生物特征最可靠的方法。

（3）速度快、使用方便。扫描指纹的速度比较快，使用非常方便。

（4）设备小、价格低。指纹采集装置更加小型化，可以很容易地与其他设备结合，而且随着电子传感芯片的快速发展，价格也会更加低廉。

2）缺点

（1）某些人或某些群体的指纹因为指纹特征很少，很难成像。

（2）由于现在的指纹鉴别技术都可不存储任何含有指纹图像的数据，而只是存储从指纹中得到的加密的指纹特征数据，每一次使用指纹时，都会在指纹采集装置上留下用户的指纹印痕，而这些指纹痕迹存在被用来复制指纹的可能性。

2．掌纹

手掌几何学是基于几乎每个人的手的形状都是不同的，而且这个手的形状在人达到一定年龄之后就不再发生显著变化的基础上的事实。当用户把他的手放在手形读取器上时，一个手的三维图像就会被捕捉下来。然后，可以对手指和指关节的形状和长度进行测量。

根据用来识别的数据的不同，手形读取技术可划分为下列三种范畴：手掌的应用、手中血管的模式，以及手指的几何分析。映射出手的不同特征是相当简单的，不会产生大量数据集。但是，即使有了相当数量的记录，手掌几何学也不一定能够把人区分开来，这是因为手的特征是很相似的。与其他生物特征识别方法相比较，手掌几何学不能获得最高程度的准确度。当数据库持续增大时，就需要在数量上增加手掌的明显特征，用以清楚地将人与模板进行辨认和比较。

3．眼睛

基于分析眼睛的复杂和独特特征的生物特征识别技术主要包括虹膜识别技术、视网膜识别技术和角膜识别技术。其中常用的是虹膜识别和视网膜识别。

1）虹膜识别

虹膜是位于人眼表面黑色瞳孔和白色巩膜之间的圆环状区域，它在红外光下会呈现出丰富的纹理信息，如斑点、条纹、细丝、冠状、隐窝等细节特征。

虹膜识别技术是通过比对虹膜图像特征之间的相似性来确定人的身份的，其核心是使用模式识别、图像处理等方法，对人眼睛的虹膜特征进行描述和匹配，从而实现自动的个人身份认证。英国国家物理实验室的测试结果表明：虹膜识别是各种生物特征识别方法中错误率最低的。从普通家庭门禁、单位考勤到银行保险柜、金融交易确认，应用后都可以有效地简化通行验证手续、确保安全。如果手机加载“虹膜识别”，即使丢失也不用担心信息泄露。机场通关安检中采用虹膜识别技术，将缩短通关时间，提高安全等级。

2）视网膜识别

视网膜是眼睛底部的血液细胞层。视网膜扫描是采用低密度的红外线去捕捉视网膜的独特特征，血液细胞的唯一模式就因此被捕捉下来。某些人认为，视网膜是比虹膜更具唯一性的生物特征。

视网膜识别的优点就在于它是一种极其固定的生物特征，因为它是“隐藏”的，因此不可能受到磨损、老化等影响；使用者也无须和设备进行直接接触；同时，它是一个最难欺骗的系统，因为视网膜是不可见的，无法被伪造。另一方面，视网膜识别也有一些不完善的方面，如视网膜技术可能会给使用者带来健康的损坏，这需要进一步研究；设备投入较为昂贵，识别过程的要求也高。因此，视网膜扫描识别在推广应用上具有一定的难度。

4．面部

面部识别系统是通过分析面部特征的唯一形状、模式和位置来辨识人。其采集处理的方法主要是标准视频和热成像技术。

标准视频技术通过一个标准的摄像头来摄取面部的图像或者一系列图像，在面部被捕捉之后，一些核心点被记录，例如眼睛、鼻子和嘴的位置，它们之间的相对位置也被记录下来，然后形成模板。热成像技术是通过分析由面部的毛细血管的血液产生的热线来产生面部图像，它与视频摄像头不同，热成像技术无须较好的光源条件，因此，即使在黑暗环境下也可以使用。

面部生物特征识别技术的吸引力在于它能够人机交互，用户无须和设备直接接触。但相对来说，这套系统的可靠性较差，使用者面部的位置与周围的光环境都可能影响系统的精确性，并且设备十分昂贵，只有比较高级的摄像头才可以有效、高速地捕捉面部图像，设备的小型化也比较困难。

此外，面部生物特征识别系统对于人体面部的如头发、饰物、变老以及其他的变化需要通过人工智能来得到补偿，机器的知识学习系统必须不断地将以前得到的图像和现在的进行比对，以改进核心数据和弥补微小的差别。鉴于以上各种因素，此项技术在推广应用上还存在着一定的困难。

5. 语音

语音识别主要包括两个方面：语言和声音。声音识别是对基于生理学和行为特征的说话者的嗓音和语言学模式的运用，它与语言识别的不同在于，不对说出的词语本身进行辨识，而是通过分析语音的唯一特性（例如发音的频率）来识别出说话的人。声音辨识技术使得人们可以通过说话的嗓音来控制能否出入限制性的区域。

举例来说，通过电话拨入银行。语言识别则要对说话的内容进行识别，主要可用于信息输入、数据库检索、远程控制等方面。现在身份识别方面更多的是采用声音识别。

声音识别也是一种非接触的识别技术，用户可以很自然地接受，使用方便。但由于非人性化的风险、远程控制和低准确度，它并不可靠。并且声音的变化范围（如音量、速度和音质等方面）直接会影响到采集与比对的精确度，例如，一个患上感冒的人有可能被错误地拒认，从而无法使用该声音识别系统。同时随着数字化技术的发展，音频数字处理技术很可能欺骗声音识别系统，其安全性受到了挑战。

6. 签名

签名识别，也被称为签名力学辨识，它是建立在签名时的力度基础上的。它分析的是笔的移动，例如加速度、压力、方向以及笔画的长度，而非签名的图像本身。签名识别和声音识别一样，是一种行为测定学。签名力学的关键在于区分出不同的签名部分，有些是习惯性的，而另一些在每次签名时都不同。

签名作为身份认证的手段已经用了几百年了，应用范围从独立宣言到信用卡都可见到，是一种能很容易被大众接受，公认的、较为成熟的身份识别技术。然而，签名辨识的问题仍然存在于获取辨识过程中使用的度量方式以及签名的重复性。

7. DNA

人体内的DNA在整个人类范围内具有唯一性（除双胞胎可能具有同样结构的DNA外）和永久性。因此，除了对双胞胎个体的鉴别可能失去它应有的功能外，这种方法具有绝对的权威性和准确性。DNA鉴别方法主要根据人体细胞中DNA分子的结构因人而异的特点进行身份鉴别。

这种方法的准确性优于其他任何身份鉴别方法，同时有较好的防伪性。然而，DNA 的获取和鉴别方法（DNA 鉴别必须在一定的化学环境下进行）限制了 DNA 鉴别技术的实时性。此外，某些特殊疾病可能改变人体 DNA 的结构组成，系统无法正确地对这类人群进行鉴别。

8．皮肤芯片

这种方法通过把红外光照进一小块皮肤并通过测定反射光波长来确认人的身份。其理论基础是每块具有不同皮肤厚度和皮下层的人类皮肤都有其特有的标记。由于皮肤、皮层和不同结构具有个性和专一特性，这些都会影响光的不同波长。

目前 Lumidigm 公司开发了一种包含银币大小的两种电子芯片的系统。第一个芯片用光反射二极管照明皮肤的一片斑块，然后收集反射回来的射线，第二个芯片处理由照射产生的“光印”（light print）标识信号。相对于指纹（fingerprinting）和人脸识别（face recognition）所采用的采集原始形象并仔细处理大量数据来从中抽提出需要特征的生物统计学方法，光印不依赖于形象处理，使得设备只需较少的计算能力。

9．步态识别

步态识别技术现在还处在初期阶段，其发展还面临许多艰难的挑战。一种方法为每个人建立“运动信号”来识别。他们从拍摄人走路或跑步的方法开始研究每个人的运动信号，再利用计算机上的模拟照相机捕捉和存储这一运动行为（用软件工具除去冗余，最终只以数字形象存储物体的一系列轮廓）。之后只要把一个人的整个走路过程拍摄下来，指令计算机就能根据存储的形象确定这个人的身份。通过系统很好地归纳所有不同的步伐后，据称现已经获得 90%～95%的正确匹配。另一种方法则是使用结构分析方法去测定一个人的跨步和腿伸展特性。

这两种技术迄今所有的数据库形象是两维的，并很大程度上取决于照相机的角度。当一个系统企图采用不同的角度去比较同一个人两个镜头时，就会出现问题。这在很大程度上直接限制了它的发展。

10．其他

除了以上介绍的生物特征识别技术以外，现在开发和研究中的还有通过静脉、耳朵形状、按键节奏、身体气味等的识别技术。

表 6-1 对 5 类主要的人体生物特征的自然属性进行了比较。

表 6-1　5 类主要的人体生物特征的自然属性

特性	自然属性				
	虹膜	指纹	面部	DNA	静脉
唯一性	因人而异	因人而异	因人而异	同卵双胞胎相同	唯一性
稳定性	终生不变	终生不变	随年龄段改变	终生不变	终生不变
抗磨损性	不易磨损	易磨损	较易磨损	不受影响	不受影响
痕迹残留	不留痕迹	接触时留有痕迹	不留痕迹	体液、细胞中含有	不留痕迹

从表 6-1 列出的特性可以看出，某一应用领域可能特别需要某种生物特征，如应用于刑侦的静脉、指纹识别，亲子鉴定与 DNA 等。与其他生物特征相比，虹膜组织更适用于信息安全和通道控制领域。虽然多种特征都具有因人而异的自然属性，但虹膜的重复率极低，远远低于其他特征识别。另外，容易留痕迹可以给刑侦带来很大方便，但也容易被他人利用来造假，则不利于信息安全。再则，虹膜相对不易因伤受损，更加大大减少了因外伤而导致无法进行识别的可能性。而静脉识别更完美，精确度可以与虹膜识别媲美，无须接触，操作方便，适用人群广泛。

第二节　指纹识别技术

两枚指纹可能具有相同的总体特征，但它们的细节特征却不可能完全相同。每个人的指纹在图案、断点和交叉点上各不相同，呈现出唯一性和终生不变性。据此就可以把一个人同他的指纹对应起来，通过将他的指纹和预先保存的指纹数据进行比较，验证真实身份，这就是指纹识别技术。

指纹识别主要根据人体指纹的纹路、细节特征等信息，对操作者或被操作者进行身份鉴定。指纹识别技术得益于现代电子集成制造技术和快速而可靠的算法研究，最早成功应用于公安刑侦，近年来，已经开始进入我们的日常生活，成为目前生物检测学中研究最深入、应用最广泛、发展最成熟的技术。

一、指纹识别技术的起源与发展

中国是世界上公认的“指纹术”的发源地，在指纹应用方面，具有非常悠久的历史。追溯中华民族的指纹历史，可以上溯到 6000 年前的新石器时代中期。如图 6-3（a）所示为古代丞相指纹印。

（a）古代丞相指纹印

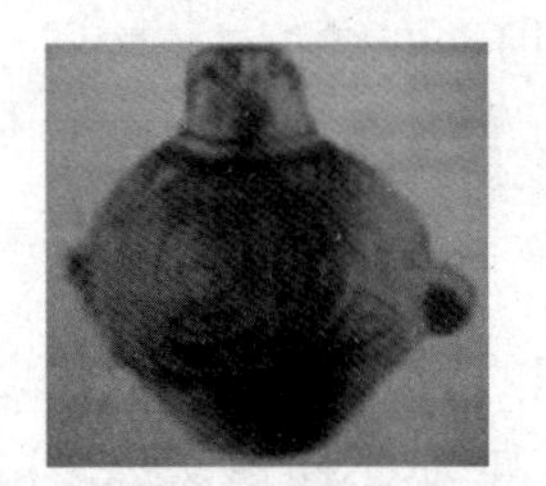

（b）古陶罐上原始斗形指纹画[1]

图 6-3　古代的指纹识别

在半坡遗址出土的陶器上就印有清晰可见的指纹图案。在距今有 5000 年历史的红山文化遗址处（今天的内蒙古赤峰市东郊红山），考古发现的古陶罐上有 3 组几何曲线画，是 3 枚相同的、典型的箕形指纹画，每枚指纹画都有一条中心线和 6 条围线。在位于青海省乐都区柳湾墓地的马家窑出土了距今 5000 年的人像指纹彩陶壶，其上绘有 4 幅原始的螺旋形指纹画。画面上嵴线的起点、终点的细节特征都很明显，并在两组画之间绘制有一个

1　资料来源：刘持平. 指纹无谎言[M].南京：江苏人民出版社，2003。

三角，一个中心花纹配左右两个三角纹，组成了一幅完整的斗形指纹画，如图 6-3（b）所示。

【知识链接 6-1】　“指纹术”在中国古代的应用

指纹学家认为，指纹曾是古人进行陶器纹样设计的模板。被考古学家命名的新石器时代陶器上的几何装饰纹中，如波形纹、弧形纹、圆圈纹、曲线纹、旋涡纹、雷云纹等，在指纹上应有尽有。这是在积累了丰富的指纹观察经验的基础上，创作的准确生动的指纹画。这种创作的成功，是深刻理解指纹特性基础上的再创作，是对指纹术认识的前奏。

中国古代第一个利用指纹的保密措施是秦汉时期（公元前 221 年—公元 25 年）盛行的封泥制。当时的公私文书大都写在木简或木牍上，差发时用绳捆绑，在绳端或交叉处封以黏土，盖上印章或指纹，作为信验，以防私拆。这种泥封指纹作为个人标识，表示真实和信义，同时还可防止伪造，保密措施可靠易行。

中国古代第一个印有指纹的契约文书是 1959 年在新疆米兰古城出土的一份唐代藏文文书（借粟契）。这封契是用长 27.5cm、宽 20.5cm，棕色的、较粗糙的纸写成的，藏文为黑色，落款处按有 4 个红色指印。其中一个能看到嵴线，可以确定是指纹。

此外，在我国宋代时期判案就讲证据、讲科学，指纹在那时已作为正式刑事判案的物证。《宋史・元绛传》中记载有元绛利用指纹判案的故事。

指纹最早应用在中国，但指纹技术的形成却是西方人对世界的贡献。

亨利・福尔茨博士是英国皇家内外科医师学会会员，1874—1886 年在日本京筑地医院工作。1880 年 10 月 8 日，他在第 22 期英国《自然》杂志上发表了《手上的皮肤垄沟》（*On the Skin-furrous of the Hand*）论文。

几乎同一时间，威廉・赫谢尔爵士（大英帝国派驻印度殖民地的内务官，1853—1878 年在孟加拉胡格里地区民政部任职）于 1880 年 11 月 28 日第 23 期的英国《自然》杂志也发表了他的文章——《手的皮肤垄沟》（*Skin Furrous of the Hand*）。比起亨利・福尔茨博士的论文，他的论文仅迟了一期在同样的杂志上发表，但两篇论文的题目却惊人相似。

亨利・福尔茨博士在日本讲授生物学的 13 年间，看到日本许多文件和中国一样，都用手印来签署，出于对生物学知识的敏感，他对古代陶器上的指纹产生了浓厚的兴趣。亨利・福尔茨博士收集了大量的指纹进行研究，并经过大量的观察比对，认定人的指纹各不相同。从而成为第一个提出指纹第一大特性的人。

为了了解指纹是否在人的生命周期内发生变化，亨利・福尔茨博士组织日本的学生和医生进行各种试验，其中包括用砂纸、酸碱试着磨去或腐蚀指纹，但新长出来的指纹与原来一模一样。凭借自己深厚的生物学知识功底，亨利・福尔茨博士从一开始就利用生物学理论和方法来规范自己的指纹研究，很快就得到了指纹各不相同的结论，并证实了由吉森大学讲师、人类学家奥尔克于 1856 年提出的指纹终生不变的理论。到 1921 年，亨利・福尔茨博士又连续 7 期出版了《指纹学》双月期杂志，奠定了其在西方指纹学领域的主导地位。

威廉・赫谢尔爵士于 1853—1878 年在印度任职时发现孟加拉国的一些中国商人有时在契约上按大拇指印。于是就采用盖手印的方法，让每个士兵在领津贴的名单和收据上盖两个指纹，结果重领和冒领的情况戛然而止。后来，他又让犯人按右手中指和食指为质，制止了当时常见的罪犯雇人服刑、冒名顶替的现象。威廉·赫谢尔爵士在自己长达19年的指纹试验和实践中收集了数千人的指纹档案，为进一步研究指纹技术提供了宝贵的资料。1877年，他在印度写出了《手之纹线》一文。

1891年，高尔顿用统计学和概率论的理论整理出指纹的形态规律。高尔顿是达尔文的表弟，擅长统计学，以指纹的三角数目的多少和有无为依据，将千奇百态的指纹合并为弓、箕、斗三大类型，再从其中细分出亚形，并对各种形态编制数字代码，大大方便了指纹档案的管理。高尔顿将亨利·福尔茨的理论进行了系统整理，于1892年出版了经典力作《指纹学》。此书标志着非经验意义上的、有着科学意义的现代指纹学的诞生。

威廉·赫谢尔爵士的继任者亨利于1893年学习了高尔顿的《指纹学》，创造出指纹档案分类登记法。亨利把指纹分为5个种类：桡侧环（正箕）、尺侧环（反箕）、螺形、平拱和凸拱（见图6-4），并开始在印度使用。1901年，英国政府采用了亨利指纹分类法，1903年德国、1904年美国、1914年法国也都相继使用了亨利指纹法，其他国家如瑞士、挪威、俄罗斯、意大利、埃及等也在后来陆续采用亨利指纹分类法。从此，包括我国在内，亨利指纹分类法在世界上广泛地使用。

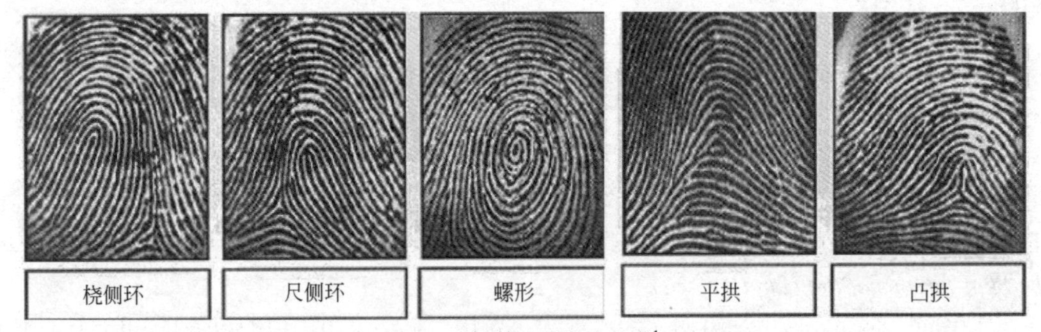

图6-4 亨利对指纹的分类[1]

19世纪初，科学研究发现了至今仍然承认的指纹的两个重要特征，一是两个不同手指的指纹脊的式样不同，二是指纹脊的式样终生不变（即指纹的唯一性和不变性）。这个研究成果使得指纹在犯罪事件[2]的鉴别中得以正式应用。20世纪60年代，由于计算机可以有效地处理图形，人们开始着手研究利用计算机来处理指纹。从那时起，自动指纹识别系统在法律实施方面的研究和应用在世界许多国家展开。

到了20世纪80年代，随着个人计算机、光学扫描这两项技术的革新，使得对指纹取像成为现实，从而使指纹识别可以在其他领域中得以应用。现在，取像设备的引入及其飞速发展，生物指纹识别技术的逐渐成熟，以及可靠的比对算法的发现，都为指纹识别技术提供了更广阔的舞台。比如指纹考勤系统代替了IC卡、磁卡等传统的考勤方法，从而杜绝了代打考勤的现象。

目前，指纹识别已被全球大部分国家政府接受与认可，已广泛地应用到政府、军队、

1 资料来源：Robin的博客。

2 主要代表性的事件有：1896年在阿根廷首次应用，然后是1901年的苏格兰。20世纪初，其他国家也相继将其应用到犯罪事件的鉴别中。

银行、社会福利保障、电子商务和安全防卫等领域。在我国，北大高科等对指纹识别技术的研究成果已经可与国际先进技术抗衡；中国科学院的汉王科技公司在一对多指纹识别算法上取得重大进展，达到的性能指标中拒识率小于 0.1%，误识率小于 0.0001%，居国际先进水平。指纹识别技术在我国已经得到较广泛的应用，随着网络化的普及，指纹识别的应用将更加广泛。

二、指纹识别技术的原理和特点

与人工处理不同，一般的生物特征识别技术公司并不直接存储指纹的图像，而是使用不同的数字化算法，在指纹图像上找到并比对指纹的特征。每个指纹都有几个独一无二的、可测量的特征点，每个特征点都有 5～7 个特征，从而 10 个手指会产生至少 4900 个独立、可测量的特征，这足以说明指纹识别是一种更加可靠的鉴别方式。

识别指纹主要从两个方面展开：总体特征和局部特征。在考虑局部特征的情况下，英国学者 E. R. Herry 认为，只要比对 13 个特征点重合，就可以确认为是同一个指纹。

1. 总体特征

总体特征是指那些用人眼直接就可以观察到的特征，包括纹形、模式区、核心点、三角点和纹数等，见表 6-2。手指纹型大致可分为环形、弓形、螺旋形三种基本类型，如图 6-5 所示，其他的指纹图案都是基于这三种基本图案组合而成的。但仅仅依靠纹形来分辨指纹是远远不够的，这只是一个粗略的分类，采用更详细的分类使得在大数据库中搜寻指纹会更加方便快捷。

表 6-2 指纹总体特征分析表

名称	图片	描 述
模式区（pattern area）	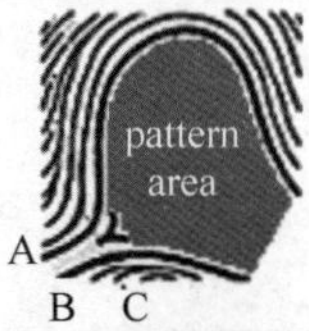	模式区是指指纹上包括了总体特征的区域，即从模式区就能够分辨出指纹属于哪一种类型。有的指纹识别算法只使用模式区的数据。 Secure Touch 的指纹识别算法使用了所取得的完整指纹而不仅仅是模式区进行分析和识别
核心点（core point）	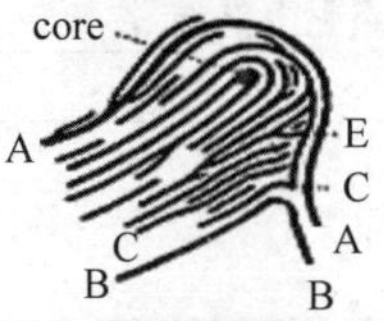	核心点位于指纹纹路的渐进中心，它在读取指纹和比对指纹时作为参考点。许多算法是基于核心点的，即只能处理和识别具有核心点的指纹。 核心点对于 Secure Touch 的指纹识别算法很重要，但对于没有核心点的指纹，仍然能够处理
三角点（delta）		三角点位于从核心点开始的第一个分叉点或者断点，或者两条纹路会聚处、孤立点、折转处，或者指向这些奇异点。三角点为指纹纹路的计数和跟踪的开始之处
纹数（ridge count）	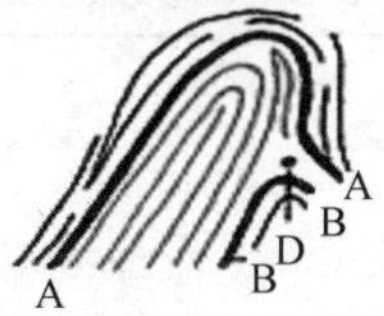	纹数是指模式区内指纹纹路的数量。在计算指纹的纹数时，一般先连接核心点和三角点，这条连线与指纹纹路相交的数量，即可认为是指纹的纹数

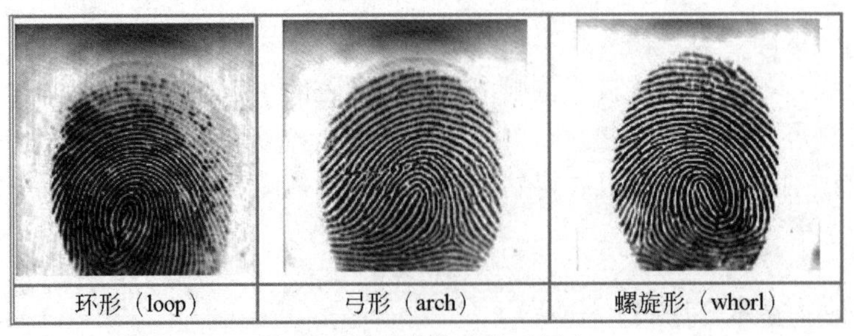

图 6-5　基本的指纹纹形图案

2．局部特征

局部特征是指指纹上节点的特征，这些具有某种特征的节点称为特征点。两枚指纹经常会具有相同的总体特征，但它们的局部特征——特征点，却不可能完全相同。指纹纹路并不是连续的、平滑笔直的，而是经常出现中断、分叉或打折。这些断点、分叉点和转折点就称为“特征点”。这些特征点提供了指纹唯一性的确认信息。

如图 6-6 所示为几种典型的指纹局部特征，相对应的具体描述见表 6-3。

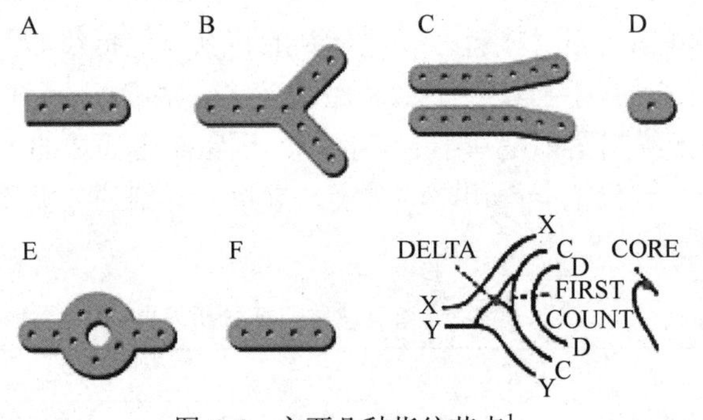

图 6-6　主要几种指纹节点[1]

表 6-3　指纹局部特征分析表

节点类型和名称	描　述
A：终结点（ending）	一条纹路在此终结
B：分叉点（bifurcation）	一条纹路在此分开，成为两条或更多的纹路
C：分歧点（ridge divergence）	两条平行的纹路在此分开
D：孤立点（dot or island）	一条特别短的纹路，以至于成为一点
E：环点（enclosure）	一条纹路分开成为两条后，立即又合并成为一条，这样形成的一个小环称为环点
F：短纹（short ridge）	一段较短但不至于成为一点的纹路
方向（orientation）	节点可以朝着一定的方向
曲率（curvature）	描述纹路方向改变的速度
位置（position）	节点的位置通过（x，y）坐标来描述，可以是绝对的，也可以是相对于三角点或特征点的

1　图片来源：Robin 的博客。

3．采集指纹图像的三种技术

获得良好的指纹图像是一项十分复杂的工作，由于用于测量的指纹仅是相当小的一片表皮，因此，指纹采集设备应有足够好的分辨率，以获得指纹的细节。目前所用的指纹图像采集设备基本上基于三种技术基础：光学技术、硅技术、超声波技术。

1）光学技术

借助光学技术采集指纹是历史最久远、使用最广泛的技术。将手指放在光学镜片上，手指在内置光源照射下，用棱镜将其投射在电荷耦合器件（CCD）上，进而形成脊线（指纹图像中具有一定宽度和走向的纹线）呈黑色、谷线（纹线之间的凹陷部分）呈白色的数字化的、可被指纹设备算法处理的多灰度指纹图像。

光学指纹采集设备具有明显的优点。它已经过较长时间的应用考验，一定程度上适应温度的变异，较为廉价，可达到500dpi的较高分辨率等。缺点在于由于要求足够长的光程，因此要求足够大的尺寸，而且过分干燥和过分油腻的手指也将使光学指纹产品的效果变坏。

2）硅技术（CMOS技术）

20世纪90年代后期，基于半导体硅电容效应的技术趋于成熟。硅传感器成为电容的一个极板，手指则是另一极板。利用手指纹线的脊和谷相对于平滑的硅传感器之间的电容差，形成8b的灰度图像。

硅技术的优点在于可以在较小的表面上获得比光学技术更好的图像质量，在1cm×1.5cm的表面上可获得200～300线的分辨率（较小的表面也导致成本的下降和能被集成到更小的设备中）。缺点在于易受干扰，可靠性相对差。

3）超声波技术

为克服光学技术设备和硅技术设备的不足，一种新型的超声波指纹采集设备已经出现。其原理是利用超声波具有穿透材料的能力，而且随材料的不同，会产生大小不同的回波（超声波到达不同材质表面时，被吸收、穿透与反射的程度不同），因此，利用皮肤与空气对于声波阻抗的差异，就可以区分指纹脊与谷所在的位置。

超声波技术产品目前对指纹图像采集能够达到最好的精度，它对手指和平面的清洁程度要求较低，但采集时间会明显地长于前述两类产品。

4．指纹识别的过程与特点

1）指纹识别的过程

指纹其实是比较复杂的，仅仅依靠图案类型来分辨指纹是远远不够的，这只是一个粗略的分类，但通过分类，使得在大数据库中搜寻指纹更为方便。与人工处理不同，许多生物特征识别技术公司并不直接存储指纹的图像。多年来，在各个公司及其研究机构中产生了许多种数字化的算法（美国有关法律认为，指纹图像属于个人隐私，因此不能直接存储指纹图像）。但指纹识别算法最终都归结为在指纹图像上找到并比对指纹的特征。

相对于其他生物特征鉴定技术（例如语音识别及视网膜识别），指纹识别是一种更为理想的身份确认技术。

2）特征拾取、验证和辨识

一幅高质量的图像被拾取后，需要许多步骤将它的特征转换到一个复合的模板中，这个过程称为特征拾取过程，它是手指扫描技术的核心。指纹处理过程如图 6-7 所示。一开始，通过指纹读取设备读取到人体指纹的图像，然后再对原始图像进行初步的处理，使其更为清晰。

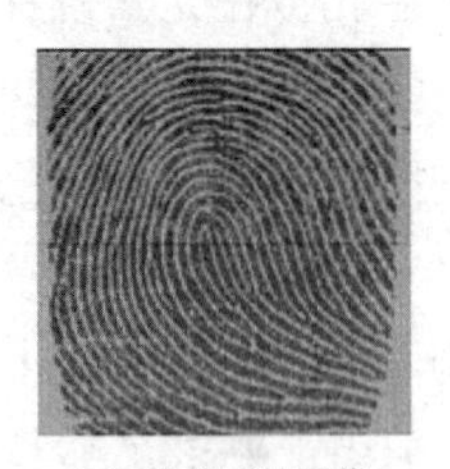
（a）指纹原始图像

（b）指纹增强图像

（c）指纹细化图像

图 6-7　指纹处理过程

当一幅高质量的图像被拾取后，它必须被转换成一种有用的格式，微小细节的图像来自于这个经过处理的图像。如果图像是灰度图像，相对较浅的部分会被删除，相对较深的部分被变为黑色。脊的像素有 5～8 个被缩小到一个像素，这样就能精确定位脊断点和分岔了。在这一点上，即便是十分精细的图像也存在着变形细节和错误细节，而这些变形和错误细节都要被滤除。除去细节的定位和夹角方法的应用外，也可通过细节的类型和质量来划分细节。这种方法的好处在于检索的速度有了较大的提高，一个显著的、特定的细节，它的唯一性更容易使匹配成功。还有一些生产商采用的方法是模式匹配方法，即通过推断一组特定脊的数据来处理指纹图像。

就应用方法而言，指纹识别技术可分为验证和辨识。验证就是通过把一个现场采集到的指纹与一个已经登记的指纹进行一对一比对，从而来确定身份的过程。指纹以一定的压缩格式存储，并与其姓名或标识联系起来。随后在对比现场，先验证其标识，然后利用系统的指纹与现场采集的指纹比对，来证明其标识是合法的。

辨识是把现场采集到的指纹同指纹数据库中的指纹逐一对比，从中找出与现场指纹相匹配的指纹，也叫“一对多匹配”。指纹是人体独一无二的特征，其复杂度足以提供用于鉴别的特征。随着相关支持技术的逐步成熟，指纹识别技术经过多年的发展，已成为目前最方便、可靠、非侵害和价格便宜的生物特征识别技术解决方案，对于广大的市场应用有着很大的发展潜力。

3）特征数据

一种单方向的转换，可以从指纹转换成特征数据，但不能从特征数据转换成指纹，而两枚不同的指纹不会产生相同的特征数据。有的算法把节点和方向信息组合，产生了更多的数据，这些方向信息表明了各个节点之间的关系，也有的算法还处理整幅指纹图像。

最后，通过计算机模糊比较的方法，把两个指纹的模板进行比较，计算出它们的相似程度，最终得到两个指纹的匹配结果。

三、指纹识别技术的应用

目前，从实用的角度看，指纹识别技术是优于其他生物特征识别技术的身份鉴别方法。由于指纹各不相同、终生基本不变的特点已经得到公认，近三四十年的警用指纹自动识别系统的研究和实践，为指纹自动识别技术打下了良好的技术基础。特别是现有的指纹自动识别系统已达到操作方便、准确可靠、价格适中的阶段，是实用化的生物测定方法。

指纹自动识别系统通过特殊的光电转换设备和计算机图像处理技术，对活体指纹进行采集、分析和比对，从而可以自动、迅速、准确地鉴别出个人身份。

指纹自动识别系统的工作一般主要包括指纹图像采集、指纹图像处理、特征提取、特征值的比对与匹配等过程。现代电子集成制造技术使得指纹的图像读取和处理设备小型化，同时，飞速发展的个人计算机运算速度提供了在计算机，甚至单片机上进行指纹比对运算的可能，而优秀的指纹处理和比对算法则保证了识别结果的准确性。

对现金等贵重物品的保存，早期采用密码式保险柜，这在实际应用中存在很大的漏洞，很容易被破解。通过引入指纹识别技术的改进型指纹识别保险柜，大大增加了现金等贵重物品的安全性。如图 6-8（a）所示为指纹型保险柜。

一些企业在考勤系统中应用指纹识别打卡机，通过指纹识别机，可以方便地进行日常员工的考勤工作，如图 6-8（b）所示。

同样，在个人家庭的安保中，指纹识别技术也体现出其安全性高的优势。如图 6-8（c）所示为指纹型门锁，该技术可以把主人的指纹（加密后）存储在门锁上，并加装指纹识别系统。当读入家庭成员的指纹时，系统通过比对指纹，就可以确认开门者是否是家庭的成员。

在计算机系统中，指纹识别可以用于开机登录身份确认、远程网络数据库的访问权限以及身份的确认。如图 6-8（d）所示为指纹 U 盘，它可以增加数据的安全性。

在医院里，指纹识别技术还可以用来验证病人身份，例如可用于输血管理。指纹识别技术也有助于寻求公共救援、医疗，以及其他政府福利或者保险金的人的身份确认。在这些应用中，指纹识别系统将会取代或者补充许多大量使用照片和 ID 的系统。

（a）指纹型保险柜

（b）指纹识别打卡机

（c）指纹型门锁[1]

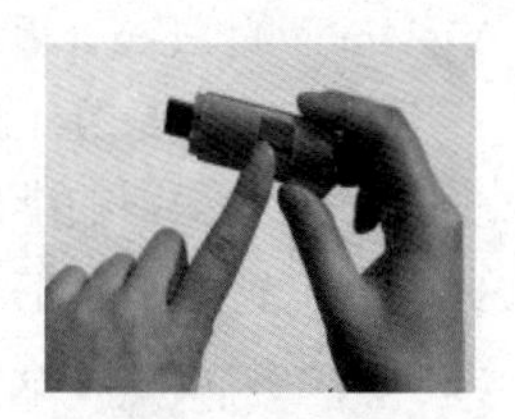
（d）指纹 U 盘

图 6-8 常见的指纹识别设备

---

1 图片来源：中国家具网。

第三节　人脸识别技术

人脸识别技术作为生物特征识别技术的一种，目前逐渐引起广大研究者的关注。人脸识别特指根据分析、比较人脸的视觉特征信息，进行身份鉴别的技术。近年来，已成为模式识别与计算机视觉领域内一项受到普遍重视、研究十分活跃的课题。如图 6-9 所示为人脸识别系统的工作过程。

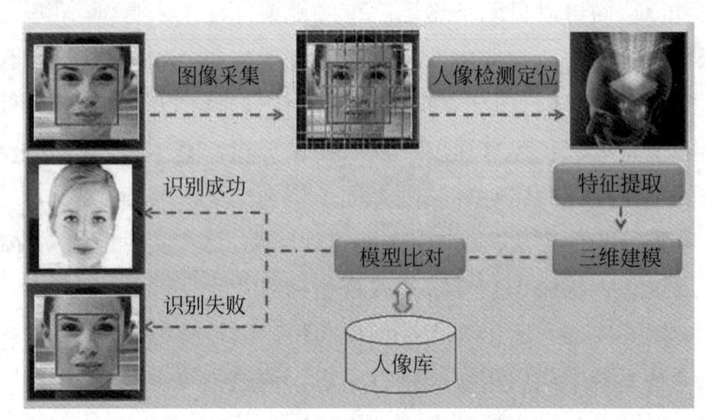

图 6-9　人脸识别系统的工作过程

一、人脸识别技术的发展历程

人脸识别的研究工作自 20 世纪 60 年代开始以来，经历了 60 多年的发展，已成为图像分析和识别领域最热门的研究内容之一。而我国的研究则起步于 20 世纪 80 年代，虽然起步较晚，但取得了很多研究成果。人脸识别大致可以分为以下三个发展阶段。

第一阶段是一般性模式下的脸部特征研究，所采用的主要技术方案是基于人脸的几何结构特征的方法，用一个简单的语句将人脸与数据库中的特征数据联系。这一阶段是人脸识别的初级阶段，人工依赖性较强，基本没有得到实际应用。

第二阶段是人脸识别的成果井喷期，诞生了很多具有代表性的人脸识别算法，美国军方组织了著名的 FERET[1]测试，同期出现了商业化的人脸识别系统，比如最为著名的 Visionics 的 Face It 系统。

第三阶段是真正的机器自动识别阶段，这一阶段主要研究如何消除光照、姿态、表情变化对人脸识别的准确性的影响。随着人脸识别的深入研究，很多研究者进行了专门的攻关，并取得了一定的进展。Blanz 等人提出的三维可变型模型方法能够消除不同的姿态和光照的影响，具有较好的识别性能，在 10 人的 2000 张图像上的实验中识别率为 88%。

2014 年 3 月，香港中文大学信息工程系主任、中国科学院深圳先进技术研究院副院长

1　1993 年，美国国防部高级研究项目署（Advanced Research Projects Agency）和美国陆军研究实验室（Army Research Laboratory）成立了 FERET（Face Recognition Technology，人脸识别技术）项目组，建立了 FERET 人脸数据库，用于评价人脸识别算法的性能。

汤晓鸥领军的团队发布研究成果，基于原创的人脸识别算法准确率达到98.52%，首次超越人眼识别能力（97.53%）。

近年来，生物特征识别技术作为一种身份识别的手段发展神速，得到人们的广泛关注。人脸识别是生物特征识别技术中一个活跃的研究领域，由于其具有直接、友好、方便的特点，成为最容易被接受的生物特征识别方式。如图6-10所示为数码相机的人脸识别自动对焦示意图。

图6-10　数码相机的人脸识别自动对焦示意图[1]

2019年8月17日，北京互联网法院发布了《互联网技术司法应用白皮书》，该《白皮书》阐述了十大典型技术应用，其中就包括本节介绍的人脸识别技术和第五节介绍的语音识别技术以及第五章介绍的图像识别技术，另外还有法律知识图谱技术、区块链技术、即时通信技术、云视频技术、微服务架构技术、数据安全交换技术以及云计算技术。

然而，对于人脸识别技术的应用也存在一些争议。在美国，人脸识别软件招致来自隐私和民权组织的批评。例如，该技术对有色人种的识别率较低，经常被错误识别。美国共和党和民主党议员在听证会上曾呼吁对这项技术进行监管，称使用这项技术可能违反宪法权利和合法程序。

2021年，超过35家美国民权组织呼吁零售商停止使用人脸识别技术来筛查购物者，因为这项技术很可能被滥用。这些民权组织包括公共公民和全国律师公会等，他们一起加入到这场抵制活动中，敦促艾伯森公司和梅西百货等零售商不要利用人脸识别技术对员工和顾客进行筛查。对于零售商而言，他们有时会使用人脸识别技术来过滤顾客，将那些被认为是商店扒手的人拒之门外，相反则给予那些花钱大手大脚的人优惠待遇。

人脸识别是人工智能的重要应用，在为社会生活带来便利的同时，其所带来的个人信息保护问题也日益凸显。一些经营者滥用人脸识别技术侵害自然人合法权益的事件频发，引发社会公众的普遍关注和担忧。

人脸信息属于敏感个人信息中的生物识别信息，是生物识别信息中社交属性最强、最易采集的个人信息，具有唯一性和不可更改性，一旦泄露将对个人的人身和财产安全造成极大危害，甚至还可能威胁公共安全。

据全国信息安全标准化技术委员会、APP专项治理工作组等机构2020年发布的《人脸识别应用公众调研报告》显示，在2万多名受访者中，94.07%的受访者用过人脸识别技术，64.39%的受访者认为人脸识别技术有被滥用的趋势，30.86%的受访者表示已经因为人脸信息泄露、滥用等遭受损失或者隐私被侵犯。

2021年7月28日，最高人民法院召开新闻发布会，发布《最高人民法院关于审理使用人脸识别技术处理个人信息相关民事案件适用法律若干问题的规定》，对滥用人脸识别说“不”。这一司法解释，对各级人民法院正确审理相关案件、统一裁判标准、维护法律统一正确实施、实现高质量司法，具有重要的现实意义。

1　图片参考资料：搜狐网。

2023 年 8 月 8 日，为规范人脸识别技术应用，保护个人信息权益及其他人身和财产权益，维护社会秩序和公共安全，国家网信办发布《人脸识别技术应用安全管理规定（试行）（征求意见稿）》（以下简称“征求意见稿”），向社会公开征求意见。

最少使用——征求意见稿提出，只有在具有特定的目的和充分的必要性，并采取严格保护措施的情形下，方可使用人脸识别技术处理人脸信息。实现相同目的或者达到同等业务要求，存在其他非生物特征识别技术方案的，应当优先选择非生物特征识别技术方案。

遵循自愿——征求意见稿要求，使用人脸识别技术处理人脸信息应当取得个人的单独同意或者依法取得书面同意。法律、行政法规规定不需取得个人同意的除外。个人自愿选择使用人脸识别技术验证个人身份的，应当确保个人充分知情并在个人主动参与的情况下进行，验证过程中应当以清晰易懂的语音或者文字等方式即时明确提示身份验证的目的。

最小存储——征求意见稿指出，除法定条件或者取得个人单独同意外，人脸识别技术使用者不得保存人脸原始图像、图片、视频，经过匿名化处理的人脸信息除外。使用人脸识别技术处理人脸信息应当尽量避免采集与提供服务无关的人脸信息，无法避免的，应当及时删除或者进行匿名化处理。

2023 年 9 月，IEEE（电气和电子工程师协会）官网公布，由我国企业（蚂蚁集团与多单位联合）主导制定的三项生物特征识别领域国际标准：《生物特征识别性能评估：人脸识别》（IEEE 2884—2023）、《生物特征识别性能评估：指纹识别》（IEEE 2891—2023）、《生物特征识别多模态融合》（IEEE 2859—2023）正式发布。

二、人脸识别技术的应用现状

近年来，人脸检测作为一个单独的课题受到了日益广泛的重视。在会议电视、视频监控以及视频数据压缩等诸多方面具有广泛的应用，特别是近年来的内容检索，尤其是视频检索的研究方兴未艾，人脸作为重要的、稳定的、具有一定语义的检索特征，在新闻片、故事片等各种题材类型的视频中广泛存在，利用检测得到的人脸，可以有效标注、索引以及分类视频。正如前面所说，人脸检测不仅仅是人脸识别的前提和关键，也是其他应用领域中的一项关键技术。如图 6-11 所示为人脸的检测。

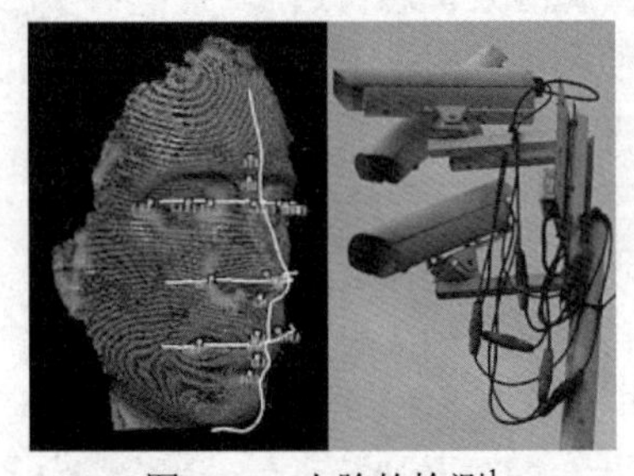

图 6-11　人脸的检测[1]

在不断的发展过程中，人们提出了各种人脸识别技术，人脸识别方法得到了很大的发展。由于人脸识别是一种直接、友好、方便，对于使用者无任何心理障碍，容易被人们接受的非侵犯性识别方法，因此，其应用范围非常广泛，在许多领域都有着广阔的应用前景。

在工业领域，自动人脸识别（automatic face recognition，AFR）系统可以应用于安全成像系统、建筑物的通道控制、工厂的考勤、安全检查系统等。

在商业领域，AFR 系统可应用于银行卡（如信用卡和 ATM 卡）的鉴别、商场或银行的监控（通道控制监视）、小区的安保系统等。

1　图片来源：百度百科。

在政府部门，AFR 系统可满足视频会议、移民控制、边境监视、全天候监视、航空港和码头安全检测等的需求。AFR 系统还可用于驾照、护照、个人身份证的鉴定，以及司法机关的罪犯识别和反恐等活动。

在国防方面，如军事部门出入口的控制、战场监视和军事人员的鉴别等，都能应用 AFR 系统来进行相应的工作。

在医学上，AFR 系统可以通过检测和分析病人的表情等来研究病人的生理反应和进行不间断的监视护理等。

下面举例说明人脸识别的典型应用。

1．数码相机的人脸自动对焦和笑脸快门技术

人脸自动对焦技术首先是面部捕捉，它根据人类头部的部位进行判定，首先确定头部，然后判断出眼睛和嘴巴等头部特征，通过特征库的比对，确认是人类面部，完成面部捕捉。然后以人脸为焦点进行自动对焦，从而可以大大提高拍摄照片的清晰度（见图 6-10）。

笑脸快门技术就是在人脸识别的基础上，完成面部捕捉，然后开始判断人嘴的上弯程度和眼的下弯程度，从而判断是不是笑了，如图 6-12 所示。

以上所有的捕捉和比较都是在比对特征库的情况下完成的，所以，特征库是基础，里面有各种典型的面部和笑脸特征数据。

2．公安刑侦破案

通过查询目标人像数据来寻找数据库中是否存在重点人口的基本信息。例如在机场或车站安装该系统，用于抓捕在逃案犯等，如图 6-13 所示。

图 6-12　数码相机的笑脸快门技术

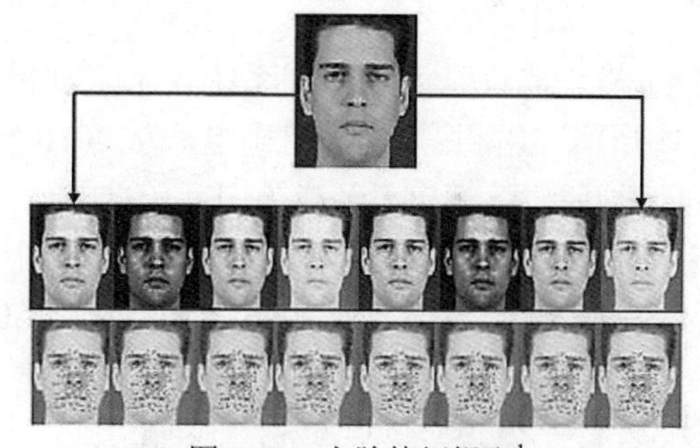

图 6-13　人脸特征提取[1]

3．门禁系统

受安全保护的地区可以通过人脸识别门禁系统来辨识试图进入者的身份。人脸识别系统可用于企业、住宅安全和管理，如人脸识别门禁考勤系统、人脸识别防盗门等，如图 6-14 所示。

1　图片来源：百家号。

（a）门禁人脸识别[1]

（b）人脸识别银行出入系统

图 6-14　人脸识别门禁系统

4. 摄像监视系统

摄像监视系统可在机场、体育场、超级市场等公共场所对人群进行监视。例如在机场安装监视系统，以防止恐怖分子登机。如果用户的银行卡和密码被盗，就会在自动提款机上被他人冒取现金，而在 ATM 上应用人脸识别系统，就可以避免这种情况的发生，如图 6-15 所示。

图 6-15　人脸识别摄像监视系统

5. 网络应用

利用人脸识别系统辅助信用卡的网络支付，可以防止非信用卡的拥有者使用信用卡等，如图 6-16 所示。

6. 身份辨识

身份辨识或许是人脸识别系统在未来规模最大的应用，如电子护照及身份证等，如图 6-17 所示。国际民航组织已确定，从 2010 年 4 月 1 日起，其 118 个成员国和地区必须使用机读护照，该规定已经成为国际标准，而人脸识别技术是其首推识别模式；美国要求和它有出入免签证协议的国家在 2006 年 10 月 26 日之前必须使用结合了人脸、指纹等生物特征的电子护照系统，到 2006 年底，已有 50 多个国家和地区使用这样的系统。

图 6-16　信用卡网络支付[2]

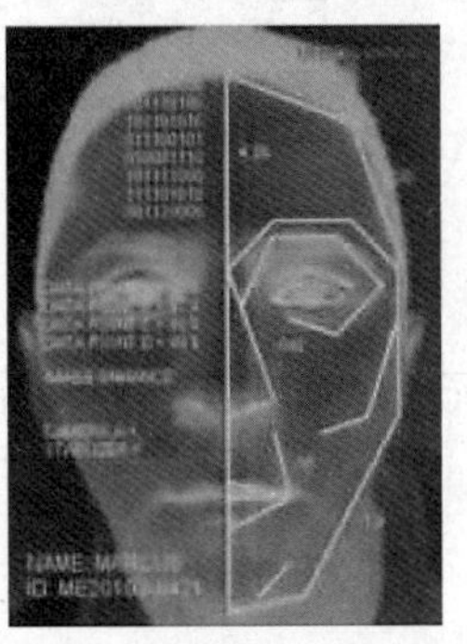

图 6-17　加装人脸识别系统的电子护照及身份证[3]

1、2、3　图片来源：百度百科。

2011 年初，美国运输安全署（Transportation Security Administration）计划在全美推广一项基于生物特征的国内通用旅行证件。欧洲很多国家也在设计或者正在实施类似的计划，用包含生物特征的证件对旅客进行识别和管理。中国的电子护照计划也在公安部的领导下加紧规划和实施。

7. 信息安全

信息安全包括计算机登录、电子政务和电子商务等。在电子商务中，交易全部在网上完成；电子政务中的很多审批流程也都搬到了网上。而当前，交易或者审批的授权都是靠密码来实现的，如果密码被盗，就无法保证安全。如果使用生物特征识别系统，就可以做到当事人在网上的数字身份和真实身份统一，从而大大增加了电子商务和电子政务系统的可靠性。

与指纹识别、DNA 识别等其他基于生物测定学的识别方法相比，人脸识别系统具有价格便宜、操作方便、易于操作人员在录入记录时进行检查和验证、易于获得高质量的人脸图像、对使用对象友好和无侵犯性等一系列的优点。

此外，人脸识别技术的研究由于涉及心理物理学、神经科学、图像处理、模式识别、计算机视觉、统计学和人工智能等众多学科知识，技术含量高且市场需求大，产品具有很好的盈利前景。另一方面，由于种族的不同，造成识别库及算法的差异，国外已开发成功的商用软件在我国的应用范围有限，不可能形成垄断，这为国产人脸识别系统占领市场留下了很大的发展空间。

总之，由于人脸识别技术提供了一种直接、友好、方便、非侵犯性、高可靠性和稳定的鉴别途径，有着非常广阔的应用前景。而自动人脸识别系统在各种不同领域中的应用，必将对人们生活的各个方面产生深刻的影响。

三、人脸识别技术基础

1. 人脸识别的含义

人脸识别特指利用分析比较人脸的视觉特征信息进行身份鉴别的计算机技术。一个自动的人脸识别系统的工作可以划分成以下 4 个部分。

（1）人脸检测（detection）与分割（segmentation），即在输入的图像中找到人脸及人脸存在的位置，并将人脸从背景中分割出来。

（2）人脸的规范化（normalization），校正人脸在尺度、光照和旋转等方面的变化。

（3）人脸表征（face representation），采用某种方法表示出数据库中的已知人脸和检测出的人脸，通常的方法有几何特征、代数特征、特征脸、固定特征模板等。

（4）人脸识别（recognition），根据人脸的表征方法，选择适当的匹配策略，将得到的人脸与数据库中的已知人脸相比较，即对检测与定位的人脸图像预处理后，进行人脸特征提取与匹配识别。

2. 人脸识别技术基本原理

人脸识别系统的基本框架如图 6-18 所示。首先，由传感器（如 CCD 摄像机）捕获人脸图像；其次经预处理来提高图像的品质；再根据人脸检测来定位人脸，并将人脸图像设置成预先定义的尺寸；最后进行特征提取，并根据特征进行分类。特征提取用于抽取有效的特征，以降低原模式空间的维数；而分类器则根据特征来做出决策分类。

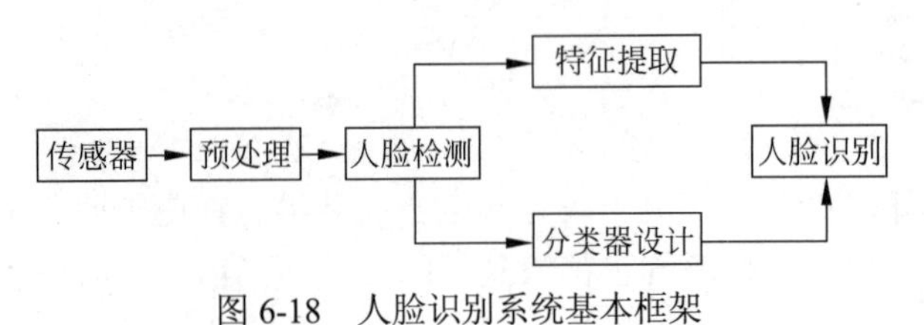

图 6-18　人脸识别系统基本框架

目前，人脸识别技术已从实验室的原型系统逐渐走向商用，出现了大量的识别算法和若干商业应用系统。然而，人脸识别的研究仍面临着巨大的挑战，人脸图像中姿态、光照、表情、饰物、背景、时间跨度等因素的变化，对人脸识别算法的鲁棒性有着负面影响，一直是影响人脸识别技术进一步实用化的主要障碍。如图 6-19 所示为从各方面分别克服以上障碍及所获得信息量的具体框图。

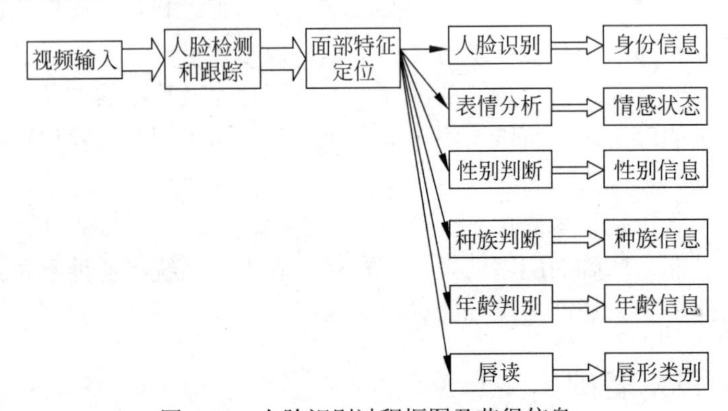

图 6-19　人脸识别过程框图及获得信息

人脸识别过程包含以下三个部分。

1）面貌检测

面貌检测是指在动态的场景与复杂的背景中判断是否存在面像，并分离出这种面像。一般有下列几种方法。

（1）参考模板法。首先设计一个或数个标准人脸的模板，然后计算测试采集的样品与标准模板之间的匹配程度，并通过阈值来判断是否存在人脸。

（2）人脸规则法。人脸具有一定的结构分布特征，人脸规则的方法会提取这些特征，生成相应的规则以判断测试样品是否包含人脸。

（3）样品学习法。样品学习法采用模式识别中人工神经网络的方法，通过对面像样品集和非面像样品集的学习产生分类器。

（4）肤色模型法。肤色模型法是依据面貌、肤色在色彩空间中分布相对集中的规律来进行检测的。

（5）特征子脸法。特征子脸法是将所有面像集合视为一个面像子空间，并基于检测样品与其在子孔间的投影之间的距离判断是否存在面像。

值得注意的是，上述 5 种方法在实际检测系统中可综合采用。

2）面貌跟踪

面貌跟踪是指对被检测到的面貌进行动态目标跟踪，可采用基于模型的方法或基于运动与模型相结合的方法。此外，利用肤色模型跟踪也不失为一种简单而有效的手段。

3）面貌比对

面貌比对是指对被检测到的面貌像进行身份确认，或在面像库中进行目标搜索。这实际上就是说，将采样到的面像与库存的面像依次进行比对，并找出最佳的匹配对象。所以，面像的描述决定了面像识别的具体方法与性能。目前主要采用特征向量与面纹模板两种描述方法。

（1）特征向量法。特征向量法先确定眼虹膜、鼻翼、嘴角等面像五官轮廓的大小、位置、距离等属性，然后计算出它们的几何特征量，这些特征量形成描述该面像的特征向量。

（2）面纹模板法。面纹模板法是在库中存储若干标准面像模板或面像器官模板，在进行比对时，将采样面像所有像素与库中所有模板采用归一化相关量度，进行匹配。

此外，还有采用模式识别的自相关网络或特征与模板相结合的方法。

人体面貌识别技术的核心实际为"局部人体特征分析"和"图形/神经识别算法"。这种算法是利用人体面部各器官及特征部位的方法，如对应几何关系，多数据形成识别参数并与数据库中所有的原始参数进行比较、判断与确认。一般要求判断时间低于 1s。

3. 人脸识别技术原理

以上对人脸识别的总体框架进行了初步介绍，下面将分别介绍在人脸识别过程中应用的一些重要技术原理。

1）基于模糊的图像边缘检测技术

物体的边缘包含了物体形状的重要信息，有着特别重要的意义，有时单凭一条粗糙的边缘就能识别出目标，所以，在图像识别和分析中，物体边缘的检测和抽取技术一直深受人们的重视和关注。

【知识链接 6-2】 边缘检测技术的基础——图像预处理

图像预处理是实现特征（或基元）抽取、进行模式分类的重要环节。预处理的内容和方法与识别对象、识别方法密切相关，不同的识别对象决定了不同的识别方法，也决定了不同的预处理内容。

如图 6-20 所示为应用图像边缘检测技术采用不同算法仿真得到的边缘检测结果，仿真分析表明，经过增强后的图像保留了更多的信息，增强后的区域之间层次更加清晰；仿真结果也表明该算法提取的边缘信息更加精细。

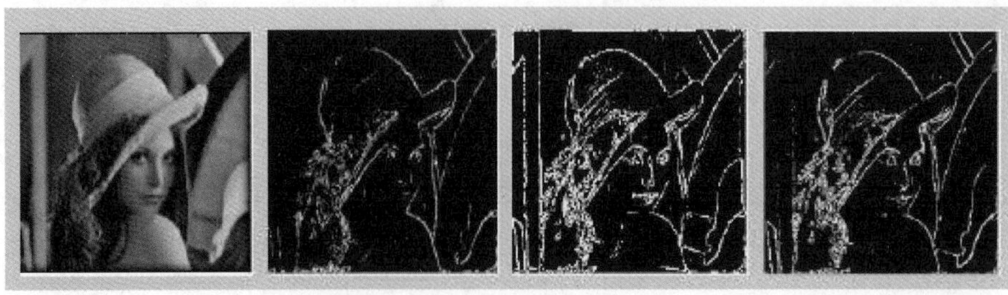

（a）案例一

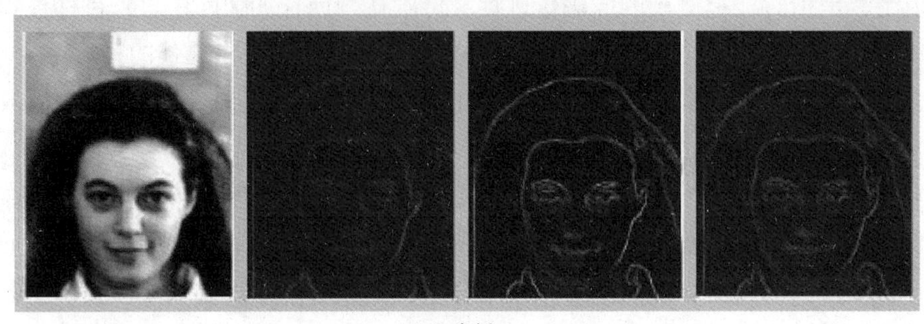

（b）案例二

图 6-20 图像边缘检测结果[1]

2）图像分割技术

阈值化技术是图像分割中一个最常用的工具。阈值选取技术不仅是图像增强、边缘检测中的一种常用方法，而且在模式识别与景物分析中也有重要的应用价值，在人脸检测和人脸识别技术中均占有重要的地位，因此，在许多人脸检测和识别系统中都采用图像分割技术。

【知识链接 6-3】 图像分割技术的基础——图像的阈值化

图像的阈值化是一个基本的像素分割问题，其目的是把一幅图像分割成两类：属于目标的像素和属于背景的像素。属于目标（或背景）像素的灰度值低于或等于给定阈值，而属于背景（或目标）像素的灰度值则大于给定阈值。一般地，阈值选择的方法可划分成两类，即全局阈值化和局部阈值化。全局阈值化技术是指用一个阈值对整幅图像进行阈值处理；局部阈值化技术是指将整幅图像分成几幅子图，再对每幅子图选取阈值进行阈值处理。多年来，人们提出了各种各样的阈值选择方法。

下面为常用选择阈值方法——二维最小误差法的仿真实验结果。实验所采用的灰度图像为 Cameraman、Lena、House 和 Girl，其大小为 256×256，均有 256 个灰度级，其中 House 为红外图像，如图 6-21 和图 6-22 所示。

对于全部 4 幅图像，采用二维最小误差法都比一维最小误差法分割效果好。对于 Cameraman 和 House 图像，二维最小误差法比 Pun 方法有更好的性能；在对 Lena 和 House

1 图片来源：博客园。

图 6-21 原图

图 6-22 二维最小误差法的结果

图进行分割时，此方法和 Otsu 算法[1] 有基本相似的效果。

边缘检测和图像分割技术需要先从输入人脸图像中提取出边缘，对边缘进行细化、连接处理，提取出人脸头部的基本轮廓线，再在此基础上获得人脸的其他特征，如眼睛、眉毛、鼻子和嘴巴等的位置，最后进行识别或确认是否在背景中存在人脸图像。因此，边缘检测和分割效果的好坏，直接影响着这些系统的成败。如图 6-23 所示为人脸图像特征点分布图。

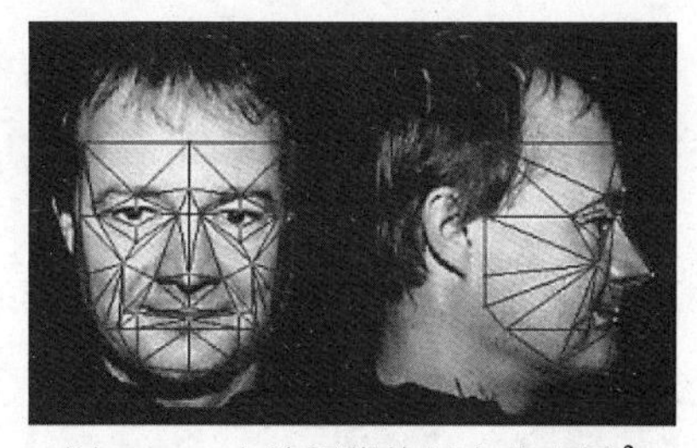

图 6-23 人脸图像特征点分布图[2]

3）彩色人脸识别技术

在以前人脸识别的研究中，一般都以灰度图像为研究对象。但真实的人脸图像是彩色的，可提供比灰度人脸图像更为丰富的信息。目前，随着计算机技术的迅猛发展，彩色图像的处理已成为当前人们研究的热门课题。然而，由于灰度图像具有易于处理的特点，而且大多数经典的图像处理方法都是基于灰度图像的，因此，如果将一幅彩色图像经过某种变换转换成灰度图像，使该灰度图像中包含原彩色图像中的绝大多数特征信息，那么，后续处理就可以采用经典的图像处理方法，大大减少计算量。

基于这一基本思路，可以首先采用 Ohta 提出的一组最优基来模拟卡洛南-洛伊（Karhunen-Loeve）变换（简称为 K-L 变换），从而将一幅彩色人脸图像转换成人脸灰度图像，再用特征脸方法来进行人脸识别。基于 K-L 变换的彩色人脸图像特征的提取过程，可以用图 6-24 表示。

当前，主要的人脸识别方法有：①基于脸部几何特征的方法；②基于特征脸（eigenfaces）的方法；③神经网络的方法；④局部特征分析的方法；⑤弹性匹配的方法。

---

1 Otsu 算法也称为最大类间差法，或大津算法，被认为是图像分割中阈值选取的最佳算法，其计算简单、不受图像亮度和对比度的影响，在数字图像的处理上有着广泛的应用。

2 图片来源：搜狐网。

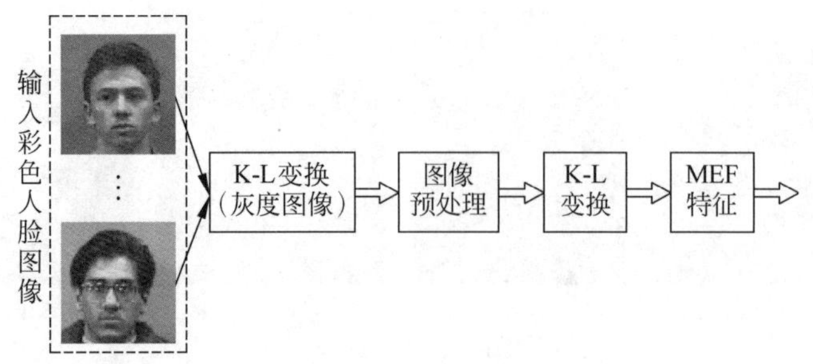

图 6-24　基于 K-L 变换的彩色人脸图像特征的提取过程示意图

其中，特征脸法与神经网络方法均属于基于人脸全局特征的识别方法，所谓人脸全局特征是指抽取的特征与整幅人脸图像，甚至整个样本群相关，这种特征未必有明确的含义，但在某种意义上是易于分类的特征。

协同人脸识别方法是指从人脸图像整体出发，基于人脸全局特征的人脸识别方法。特征脸法具有较好的分类性能，但是对污损、低分辨率人脸图像的识别率不高、鲁棒性不强，应用于人脸身份认证的效果较差。

四、人脸识别系统的实际案例分析

案例一：人脸识别考勤系统——“辨脸通”

目前，大多数企业的考勤采取刷卡方式，但常常会出现员工相互代打卡现象，考勤管理形同虚设；部分企业使用指纹识别考勤，但总有 5%左右的误识率，而且识别速度慢，上下班高峰时需要排长队。人脸识别考勤系统可解决上述棘手的问题。

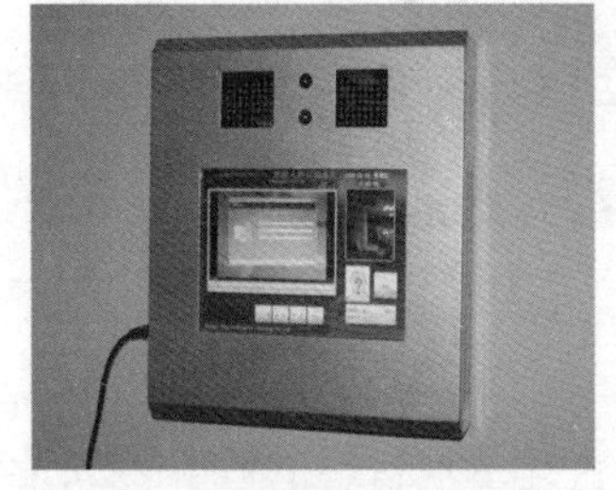

图 6-25　人脸识别考勤系统[1]

人脸识别考勤系统是基于“人脸无法替代”的特性和为企业级用户提供“便捷、有效”的考勤管理的理念而设计出来的，它采用热门的人脸识别技术，精确地提取人脸特征作为身份识别的依据，从而可以提供准确的考勤记录，替代指纹、打卡考勤机。具体实物如图 6-25 所示。

人脸识别考勤系统具有如下特性。

（1）唯一性：每个人都有一张脸，且无法被复制、仿冒，因此，可以提供更准确的考勤管理。

（2）自然性好：人脸识别技术同人类（甚至其他生物）进行个体识别时所利用的生物特征相同，而其他生物特征（如指纹、虹膜）不具备该特性。

（3）简单方便：无须携带卡，识别速度快，操作简单便捷，仅凭人脸便可轻松识别。

（4）非接触性：无须接触设备，不用担心病毒的接触性传染，既卫生，又安全，不易招致人们反感。

人脸识别考勤系统就是把人脸识别和考勤系统结合，并将人脸识别作为考勤管理的要素之一。如图 6-26 所示为辨脸通系统的组成，如图 6-27 所示为辨脸通系统的识别过程。

1　图片来源：百度图片。

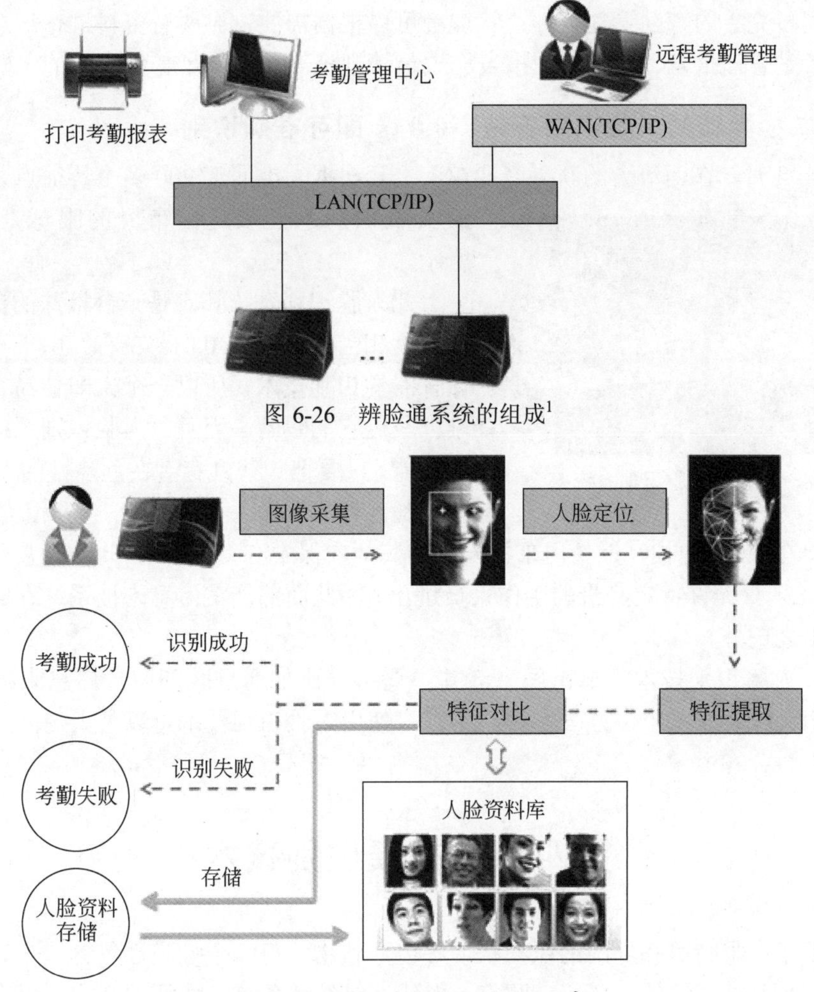

图 6-26　辨脸通系统的组成[1]

图 6-27　辨脸通系统的识别过程[2]

该系统的特点如下。

（1）精确度高，公平公正：识别精确度高，彻底杜绝代打卡现象。

（2）卫生便捷，轻松自然：非接触式识别，识别速度快，既卫生，又免去上下班高峰排长队的苦恼。

（3）稳定性高，低耗节能：采用高性能、低功耗的 DSP 处理器，完全脱机操作。同时，设备支持自动休眠模式，节能环保。

（4）操作简单，界面人性化：采用 TFT 液晶显示/触摸屏，人性化的 GUI 界面。

（5）多种识别方式可选：支持单人脸识别、密码＋人脸识别、ID/IC 卡＋人脸识别等多种模式。

（6）智能自学习功能：自动捕获人脸，具备模板自学习功能，随着发型、肤色、年龄等变化，动态更新人脸数据库。

（7）网络远程管理：可通过 IE 浏览器或客户端软件，方便远程查看、控制管理。

1、2　图片来源：百度百科。

（8）配备完善的考勤管理软件：管理者可以根据需要，对所有资料进行汇总、编辑，拟制多种考勤管理报表、薪资管理报表、人员管理报表等，满足各种场所的考勤应用。

案例二：最新的人脸识别系统，0.01s 即可准确识别

2012 年 4 月，在西洽会的新兴产业馆，一套根据人类面部 200 多个特征点来识别身份的人脸识别系统赚足了市民的眼球，如图 6-28 所示。

图 6-28　最新的人脸识别系统 [1]

此人脸识别系统其实是一台特殊的摄像机，判断速度相当快，只需 0.01s 左右。由于利用的是人体骨骼的识别技术，所以一个人即使易容改装，也难以蒙过它的眼睛。而且“人脸识别系统”具有存储功能，只要把一些具有潜在危险性的“重点人物”的“脸部特写”输入存储系统，重点人物如果擅自闯关，就会在 0.01s 内被“揪”出来，同时向其他安保中心“报警”。此外，某些重要区域（如控制中心）只允许特定身份的工作人员进出，因此面部档案信息未被系统存储的所有人全都会被拒之门外。

现在，人脸识别技术距离市民生活并不遥远，比如通过脸部照片信息来打开小区门禁、房间门锁或者进入单位办公室等。所以，使用人脸识别技术可以大大提高小区的治安水平。

第四节　虹膜识别技术

虹膜是指在眼睛瞳孔外围的织物状、各色环状物，每一个虹膜都包含一个独一无二的基于像冠、水晶体、细丝、斑点、凹点、射线、皱纹和条纹等特征的结构。每个人每只眼睛的虹膜都是唯一的。即便在整个人类中，也没有任何两个虹膜在数学细节上是相似的，即使是一对双胞胎，他们的虹膜也不会相同。

目前世界上还没有发现虹膜特征重复的案例。即使将世上所有人的虹膜信息都录入一个数据库中，出现认假和拒识的可能性也相当小。统计表明，截至目前，虹膜识别的错误率是各种生物特征识别中最低的。

虹膜识别技术是利用人眼虹膜终身不变性和个体差异性的特点来进行身份鉴别的一项高新技术。它采用光学手段、非接触式采集虹膜图像，利用计算机图像处理技术对采集到的虹膜图像进行识别、存储。虹膜识别技术与相应的算法结合后，可以达到十分优异的准确度，目前可以达到的误识率为 120 万分之一。

本节将从虹膜识别技术的特点入手，逐一介绍虹膜识别技术的特点，虹膜识别技术与其他生物特征识别技术的对比等内容，并介绍一些目前较流行的虹膜识别技术的应用案例。

1　图片来源：21IC 电子网。

一、虹膜识别技术的起源与发展

19 世纪，一个法国人类学家指出，人类的生理特征具有区分不同个体的能力。他的儿子随后将其思想应用于巴黎的刑事监狱中，使用耳朵大小、脚的长度等生理特征来区分不同的犯人，虹膜也是当时使用的生理特征之一，不过那时主要利用的是虹膜的颜色信息（与亚洲人不同，欧洲人的虹膜具有各种各样的颜色）和形状信息。

1936 年，眼科专家 Frank Burch 指出，虹膜具有独特的信息，可用于身份识别。

1987 年，眼科专家 Aransafir 和 Leonardflom 首次提出利用虹膜/视网膜图像进行自动虹膜/视网膜识别的想法。

1991 年，美国洛斯阿拉莫斯国家实验室的 Johnson 发明了一个自动虹膜/视网膜识别系统，这是有文献记载的最早的此类应用系统。

1993 年，Johndaugman 发明了一个高性能的自动虹膜/视网膜识别原型系统。

1996 年，Richard Wildes 研制成功基于虹膜的身份认证系统。

1997 年，中国第一个虹膜/视网膜识别专利得到批准，申请人为王介生。

2005 年，中国科学院自动化研究所模式识别国家重点实验室因为在“虹膜/视网膜图像获取以及识别的技术”方面取得突出的成绩，获得“国家技术发明奖二等奖”，这代表了国内虹膜/视网膜识别技术发展的最高水平。

2006 年 9 月，中国科学院自动化研究所模式识别国家重点实验室作为中国虹膜识别技术的权威，参加了由国际生物识别组织举办的生物识别技术测评（2006 Biometric Consortium Conference and 2006 Biometrics Technology experiment），其虹膜识别算法的速度和精度得到了国际同行的认可。

2007 年 11 月，《信息安全技术　虹膜识别系统技术要求》（GB/T 20979—2007）国家标准颁布实施，起草单位为北京凯平艾森信息技术有限公司。

2020 年，苹果公司 iOS 系统的更新版推出一项重要功能，就是“戴口罩也可使用 Face ID”。对此，国内有科技厂商也表示，虹膜识别可作为替代方案，实现戴着口罩解锁手机。

虹膜识别系统技术壁垒较高，在全球市场上，美国在该领域处于技术领先水平。目前，虹膜识别研究机构主要有美国的 Iridian 公司、Iriteck 公司，韩国的 Jiris 公司，日本松下公司，中国科学院自动化研究所及其北京中科虹霸公司、北京虹安翔宇公司。国际上掌握虹膜识别核心技术的仅有美国 Iridian 公司和中国科学院自动化研究所及其北京中科虹霸公司。

Iridian 公司掌握虹膜识别核心算法，是全球最大的专业虹膜识别技术和产品提供商，它与 LG、松下、OKI、NEC 等企业合作（如 IRISPASS®、BM-ET300、IG-H100® 等产品），以授权方式提供虹膜识别核心算法，支持合作伙伴生产虹膜识别系统。Iridian 公司的核心技术还包括图像处理协议和数据标准 PrivateID®、识别服务器 KnoWho®、KnoWho® 开发工具及虹膜识别摄像头等。

中国科学院自动化研究所谭铁牛院士团队从 1998 年起开始在国内开展虹膜识别的研究，在虹膜图像获取、虹膜区域分割、虹膜特征表达、虹膜图像分类等一系列关键问题上取得重要进展，系统发展了虹膜识别的计算理论和技术方法，具有完整自主知识产权的虹膜设备和识别系统。目前，我国已经获得了“虹膜图像采集装置”和“基于虹膜识别的身份鉴定方法与装置”等多项专利。

二、虹膜识别技术基础

1．虹膜识别技术的特点

人眼的外观由巩膜、虹膜、瞳孔三部分构成，巩膜即眼球外围的白色部分，眼睛中心为瞳孔部分，虹膜位于巩膜和瞳孔之间，包含了最丰富的纹理信息。外观上看，虹膜由许多腺窝、皱褶、色素斑等构成，是人体中最独特的结构之一。虹膜作为身份标识具有许多先天的优势，如图 6-29 所示为虹膜图像。

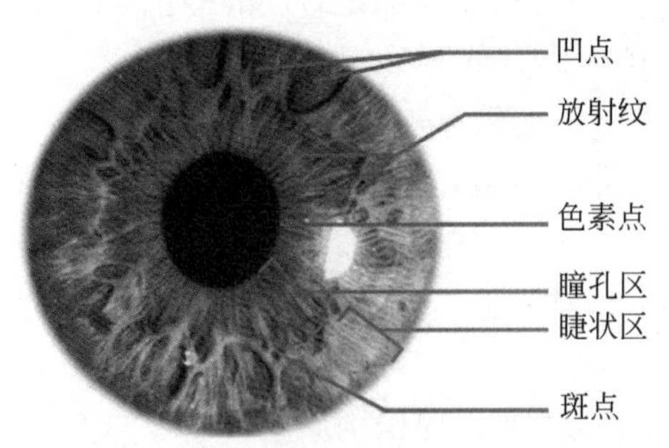

图 6-29　虹膜图像[1]

1）唯一性

由于虹膜图像存在着许多随机分布的细节特征，造就了虹膜的唯一性。英国剑桥大学 John Daugman 教授提出的虹膜相位特征证实了虹膜图像有 244 个独立的自由度，即平均每平方毫米的信息量是 3.2b。实际上，用模式识别方法提取图像特征是有损压缩过程，可以预测，虹膜纹理的信息容量远大于此。并且，虹膜的细节特征主要是由胚胎发育环境的随机因素决定的，即使是克隆人、双胞胎、同一人左右眼的虹膜图像之间也具有显著差异。虹膜的唯一性为高精度的身份识别奠定了基础。英国国家物理实验室的测试结果表明，虹膜识别是各种生物特征识别方法中错误率最低的。

2）稳定性

虹膜从婴儿胚胎期的第 3 个月起开始发育，到第 8 个月，虹膜的主要纹理结构已经成形。除非经历危及眼睛的外科手术，此后几乎终生不变。而且由于角膜的保护作用，发育完全的虹膜不易受到外界的伤害。

3）非接触性

虹膜是一个外部可见的内部器官，不必紧贴采集装置就可以获取合格的虹膜图像，识别方式相对于指纹、手形等需要接触感知的生物特征更加干净卫生，不会污损成像装置，影响其他人的识别。

4）便于信号处理

在眼睛中，和虹膜邻近的区域是瞳孔和巩膜，它们和虹膜区域存在着明显的灰度阶变，并且区域边界都接近圆形，所以，虹膜区域易于拟合分割和归一化。虹膜结构有利于实现具有平移、缩放和旋转不变性的模式表达方式。

5）防伪性好

虹膜的半径小，在可见光下，中国人的虹膜图像呈现深褐色，看不到纹理信息，具有清晰虹膜纹理的图像获取需要专用的虹膜图像采集装置和用户的配合，所以在一般情况下其虹膜图像很难被盗取。此外，眼睛具有很多光学和生理特性，可用于活体虹膜检测。

2．虹膜识别的过程

虹膜识别是通过对比虹膜图像特征之间的相似性来确定身份的，其核心是使用模式识

1　图片来源：新浪看点。

别、图像处理等方法，对眼睛的虹膜特征进行描述和匹配，从而实现自动的个人身份认证。虹膜识别系统的架构如图 6-30 所示。

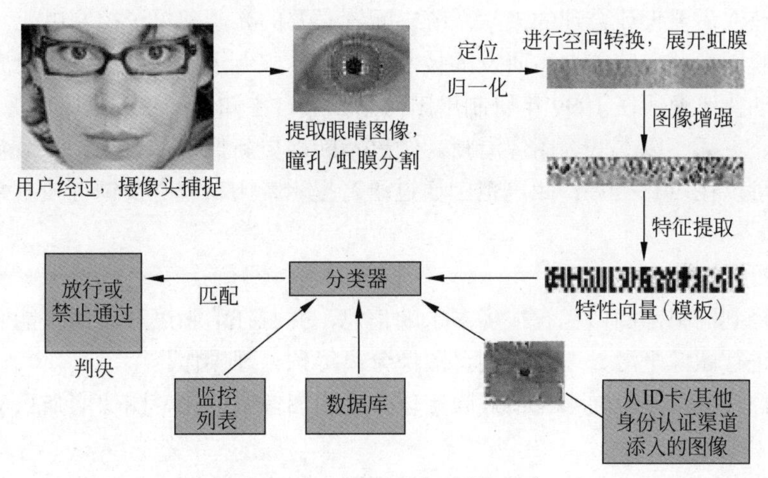

图 6-30　虹膜识别系统的架构[1]

虹膜识别的过程一般来说可分为虹膜图像获取、图像预处理、特征提取和特征匹配四个步骤。如图 6-31 所示为虹膜识别的流程，如图 6-32 所示为虹膜识别系统设计的结构框图。

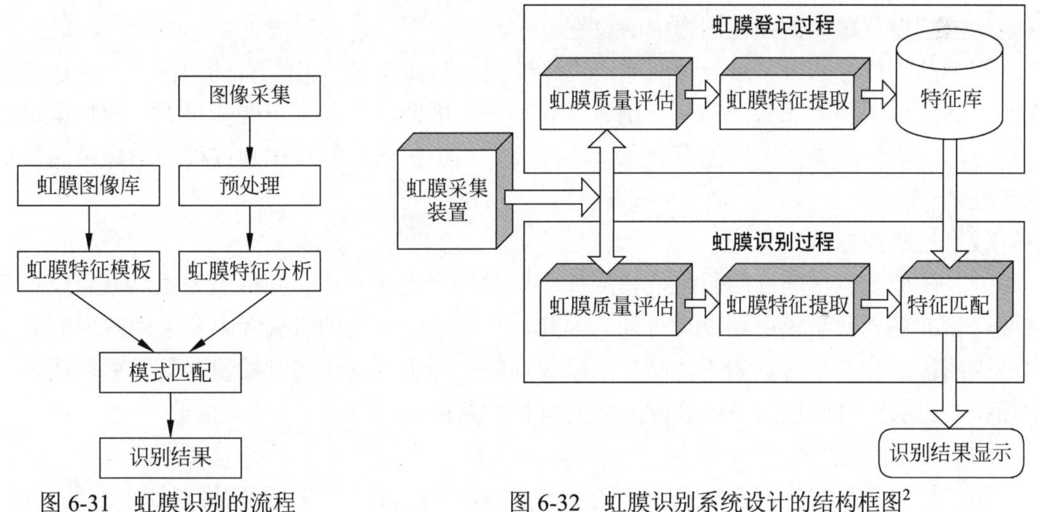

图 6-31　虹膜识别的流程　　　　图 6-32　虹膜识别系统设计的结构框图[2]

1）虹膜图像获取

虹膜图像获取是指使用特定的数字摄像器材对人的整个眼部进行拍摄，并将拍摄到的图像通过图像采集卡传输到计算机中存储。

虹膜图像的获取是虹膜识别的第一步，同时也是比较困难的步骤，它需要综合应用光、机、电技术。因为人类眼睛的面积小，如果要满足识别算法的图像分辨率要求，就必须提高光学系统的放大倍数，从而导致虹膜成像的景深较小，所以，现有的虹膜识别系统需要

1　图片来源：中国物联网。

2　资料来源：AET 电子技术应用。

用户停在合适位置，同时眼睛凝视镜头（stop and stare）。此外，东方人的虹膜颜色较深，用普通的摄像头无法采集到可识别的虹膜图像。不同于脸像、步态等生物特征的图像获取，虹膜图像的获取需要设计合理的光学系统，配置必要的光源和电子控制单元。

由于虹膜图像获取装置自主研发的技术门槛高，限制了国内虹膜识别研究的开展。中国科学院自动化研究所在1999年研制出国内第一套自主知识产权的虹膜图像采集系统，其特点是小巧、灵活、成本低、图像清晰。经过不断地更新换代，自动化所最新开发的虹膜成像仪已经可以在20～30cm距离范围通过语音提示、主动视觉反馈等技术采集到合格的虹膜图像。

2）图像预处理

由于拍摄到的眼部图像包含很多多余的信息，并且在清晰度等方面不能满足要求，因此需要对其进行图像平滑、边缘检测、图像分离等预处理操作。

虹膜图像预处理过程通常包括虹膜定位、虹膜图像归一化、图像增强三个部分。

（1）虹膜定位

一般认为，虹膜的内外边界可以近似地用圆来拟合。内圆表示虹膜与瞳孔的边界，外圆表示虹膜与巩膜的边界，但是这两个圆并不是同心圆。通常来说，虹膜靠近上、下眼皮的部分总会被眼皮所遮挡，因此，还必须检测出虹膜与上、下眼皮的边界，从而准确地确定虹膜的有效区域。虹膜与上、下眼皮的边界可用二次曲线来表示。虹膜定位的目的就是确定这些圆以及二次曲线在图像中的位置。

常用的定位方法大致可分为两类：边缘检测与Hough变换相结合的方法、基于边缘搜索的方法。这两种方法共同的缺点是运算时间长，因此，出现了一些基于上述两种策略的改进方法，但是运算速度并没有数量级的提高。定位仍然是虹膜识别过程中运算时间最长的步骤之一。

（2）虹膜图像归一化

虹膜图像归一化的目的是将虹膜的大小调整到固定的尺寸。到目前为止，虹膜纹理随光照变化的精确数学模型还没有得到。因此，从事虹膜识别的研究者主要采用映射的方法对虹膜图像进行归一化。如果能够对虹膜纹理随光照强度变化的过程建立数学模型或者近似模拟，将会对虹膜识别系统性能的提高有很大帮助。

（3）图像增强

图像增强的目的是解决由于人眼图像光照不均匀造成归一化后，图像对比度低的问题。为了提高识别率，需要对归一化后的图像进行图像增强。

3）特征提取

特征提取是指通过一定的算法，从分离出的虹膜图像中提取出特征点，并对其进行编码。主流的虹膜特征提取和识别方法可分为以下八大类。

（1）基于图像的方法。将虹膜图像看成是二维的数量场，像素灰度值就构成联合分布，可由图像矩阵之间的相关性量度相似度。

（2）基于相位的方法。这种方法认为图像中的重要细节，如点、线、边缘等“事件”的位置信息大多包含在相位中，所以在特征提取时，舍弃了反映光照强度和对比度的幅值信息。

（3）基于奇异点的方法。虹膜图像中的奇异点分两种：过零点和极值点。

（4）基于多通道纹理滤波统计特征的方法。虹膜图像可以看成是二维纹理，在频域中的不同尺度和方向上会有区分性强的统计特征可供识别，这也是纹理分析中常用的方法。

（5）基于频域分解系数的方法。图像可以看成由很多不同频率和方向的基组成，通过分析图像在每个基投影值的大小分布，就可以深入分析图像中具有规律性的信息。

（6）基于虹膜信号形状特征的方法。虹膜信号形状特征包括两方面的信息，一是虹膜曲面凹凸起伏的二维形状信息；二是沿着虹膜圆周的一维形状信息。

（7）基于方向特征的方法。方向（direction）或者朝向（orientation）是一个相对值，对光照、对比度变化的鲁棒性较强，而且可以描述局部灰度特征，是一种比较适合虹膜图像特征表达的形式。

（8）基于子空间的方法。子空间的方法需要在较大规模的训练数据集上根据定义的最优准则找到若干个最优基，然后将原始图像在最优基上的投影系数作为降维的图像特征。

4）特征匹配

特征匹配是指根据当前采集的虹膜图像进行特征提取，将得到的特征编码与数据库中事先存储的虹膜图像特征编码进行比对、验证，从而达到识别的目的。

三、国外虹膜识别技术的应用案例

在包括指纹在内的所有生物特征识别技术中，虹膜识别技术是最为方便和最精确的一种。虹膜识别技术被认为是 21 世纪最具发展前途的生物认证技术。未来在安防、国防、电子商务等领域，也必然会以虹膜识别技术为重点。这种趋势现在已经在全球各地的各种应用中逐渐显现出来，市场应用前景非常广阔。

1. 机场及出入境管理

阿拉伯联合酋长国自 2002 年 10 月开始对被驱逐出境的外国人进行虹膜注册，通过在机场以及一些边境检查中使用虹膜识别系统，阻止所有被阿拉伯联合酋长国驱逐的外国人再次进入境内。该系统不仅能防止被驱逐者再次入境，还能防止正在阿拉伯联合酋长国接受司法检查的人员伪造证件、擅自出境以逃脱法律的制裁。德国柏林的法兰克福机场、荷兰史基浦机场以及日本成田机场也安装了虹膜出入境管理系统，应用于乘客通关，如图 6-33 所示。

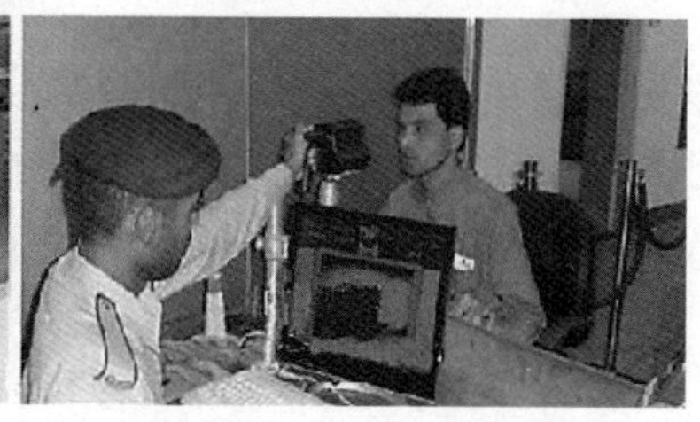

图 6-33　用于海关边防的虹膜识别系统[1]

1　图片来源：中国物联网。

2．校园管理

2006 年 1 月 30 日，美国新泽西州的校园中安装了虹膜识别装置，以进行安全控制。学校的学生及员工不再使用任何形式的卡片与证件，只要他们在虹膜摄像头前经过，他们的位置、身份便被系统识别出来，所有外来人员都必须进行虹膜资料的登录才能进入校园中。同时，通过中央登录与权限控制系统，对进入者的活动范围进行控制。系统安装后，校园内的各种违反校规以及侵犯、犯罪活动大大减少，极大地减轻了校园管理的难度。

3．难民管理

在阿富汗，联合国难民署使用虹膜识别系统来鉴定难民的身份，以防同一个难民多次领取救济品。同样的系统在巴基斯坦与阿富汗的难民营中也在使用。总共有超过 200 万难民使用了虹膜识别系统，这套系统对于联合国人道主义援助物资供品的分配起到了关键作用。

4．奥运会管理

由于恐怖袭击的存在，安全防范一直以来都是历届奥运会关注的焦点，虹膜识别技术也以其独有的优点正越来越多地被应用在奥运安防中。例如，1998 年日本长野冬季奥运会中，虹膜识别系统被应用于运动员和政府官员进入奥运村的控制，并使用虹膜识别技术对射击项目的枪支进行安全管理。

2004 年雅典奥运会中，雅典奥组委启用了包括虹膜识别在内的生物特征识别身份鉴别系统，通过人脸、眼睛、指纹等身体器官及声音、步态、笔迹等肢体行为的全套生物特征识别技术来确认一个人的身份，对所有进出机场、海关、火车站、奥运场馆的人通过摄像机自动识别。

5．医院婴儿房

2002 年 11 月，德国巴伐利亚 Bad Reichenhall 市医院的婴儿房安装了虹膜识别系统来确保婴儿的安全。这是虹膜识别技术首次应用于婴儿保护方面。这套安全系统只允许婴儿的母亲、家人或者医生进入。一旦婴儿出院，母亲的虹膜代码数据就被从系统中删除，不再被允许进入。

6．病人隐私

美国华盛顿、宾夕法尼亚和阿拉巴马三个州（城市）的医疗保健体系是基于虹膜识别系统的，该系统可保证病人的医疗记录不会在未授权的情况下被人看到。健康保险携带与责任法案（Health Insurance Portability and Accountability Act）采用类似的系统来保证个人信息隐私以及安全。

7．酒店通道

2004 年，位于美国波士顿的隶属于金普顿酒店集团的 Nine Zero 酒店中的 Cloud Nine Penthouse 套房和员工通道安装了 LG IrisAccess 3000 虹膜识别仪。

8. 俱乐部通道

位于美国曼哈顿的 Equinox Fitness 俱乐部的体育馆中应用了虹膜识别系统，用于俱乐部的 VIP 会员进入配备全新设备和最好教练的专用区域。

9. 银行营业部

美国 Iriscan 公司研制出的虹膜识别系统已经应用在美国得克萨斯州联合银行的营业部，储户办理银行业务时，只要用摄像机对用户的眼睛进行扫描，就可以对用户的身份进行检验。

四、我国虹膜识别技术的发展及应用前景

虹膜识别系统在信息安全、电子商务、教育考试、司法安检、银行金融以及门禁考勤等领域具有广阔的应用前景。虹膜识别技术成本较高，受此限制，早期虹膜识别主要应用在军用领域，但基于其独特性能和广阔应用前景，我国政府对虹膜识别技术发展持支持态度，在各级政府大力扶持下，虹膜识别系统市场迎来了技术升级与应用落地加速新阶段。

根据新思界产业研究中心发布的《2023—2027 年中国虹膜识别系统市场可行性研究报告》显示，2017—2021 年，多重利好因素驱动下，我国虹膜识别系统市场规模持续扩大，从 21.8 亿元增长至 55.6 亿元左右。

虹膜识别系统产业链上下游涉及产品较多，上游包括传感器、红外 LED、红外摄像头模组等产品。在红外 LED 领域，供应商主要包括飞利浦、韩国首尔半导体、日本西铁城等国外企业以及台湾亿光和瑞丰光电、三安光电等国内企业。

随着产业链布局日益完善，我国虹膜识别系统生产企业也不断增加，具体包括中科虹星、中科虹霸、眼神科技、聚虹光电、武汉虹识等企业。虹膜识别的产业链主要由四部分构成：算法与软件、红外 LED、红外摄像头、综合方案与集成。

（1）在算法与软件层面，目前国内主要公司包括聚虹光电、中科虹霸、释码大华、武汉虹识、思源科安、天诚盛业等，其中聚虹光电与中科虹霸较为领先，上海聚虹光电近年来发展迅速。远方光电并购的维尔科技是国内领先的生物识别厂商之一。

（2）在红外 LED 方面，三安光电、联创光电走在国内公司的前列，新三板公司旭晟股份也是一家主营业务为红外 LED 的企业。

（3）在红外摄像头方面，得益于智能手机时代大陆厂商的发展，目前国内相关上市公司较多，主要有：摄像头模组——舜宇光学、欧菲光；红外 CIS——思比科；滤色片——水晶光电；光学镜头——舜宇光学、联创电子；CIS 封装——晶方科技、华天科技等。其中，舜宇光学已经为富士通手机虹膜识别提供红外摄像头模组。

（4）在系统综合方案与集成方面，目前担任综合方案提供商的以掌握核心算法的企业为主，主要包括聚虹光电和中科虹霸，另外释码大华、武汉虹识、思源科安、天诚盛业等也有相关产品。欧菲光成立南昌生物识别子公司，正在进行虹膜识别系统方案方面的研发，蓝思科技在虹膜识别系统与模组集成方面经验丰富。

虽然我国在虹膜识别技术及相关产品的应用领域取得了一定的成功，但同时我们也要清醒地认识到，与国外优秀的虹膜识别产品相比仍存在一定的差距。

现在，虹膜识别系统在实际应用中的主要问题就是获取高质量的虹膜图像需要用户的良好配合；另外，硬件成本也较高。所以，未来虹膜识别的发展趋势是提高系统人机接口的友好性，降低采集设备的成本。

虹膜识别系统应用前景广阔，随着相关技术进步，虹膜识别系统将会有越来越多的应用落地。虹膜识别系统技术门槛高、成本高，全球只有少数企业能够完整布局产业链，大多数企业以钻研细分领域为主，因此要实现虹膜识别系统规模化应用，相关企业仍需提升研发能力、严格控制成本。

在硬件方面，可以设计景深较大的光学镜头组，引入自动变焦技术和辅助定位技术，来提高系统的易用性；在软件方面，可以利用超分辨率技术和图像增强技术，来提高图像质量，通过语音提示或者视频的方式提醒用户配合采集设备。

在安全级别要求较高的应用环境中，虹膜图像的活体检测也是一个重要的方面，以防止假冒者盗用他人的虹膜图像。为了规范虹膜图像的数据格式，应统一硬件提供商、软件开发商和系统集成商之间的数据接口，促进各种计算机应用之间的数据共享，方便研究人员之间的交流，同时尽快完善虹膜识别领域标准化等方面的工作。

第五节　语音识别技术

与机器进行语音交流，让机器明白你说什么，这是人们长期以来梦寐以求的事情。

语音识别技术，也被称为自动语音识别（automatic speech recognition，ASR）技术，就是让机器通过识别和理解过程，把语音信号转变为相应的文本或命令的高技术，也就是让机器听懂人类的语音，其目标是将人类语音中的词汇内容转换为计算机可读的输入（例如按键、二进制编码或字符序列）。

与说话人辨认及说话人确认不同，尝试识别或确认发出语音的说话人，而非其中所包含的词汇内容，这是从狭义上理解的语音识别技术。从广义上讲，语音识别技术应该包括说话人辨认、说话人确认和语义理解等几种情况。

说话人辨认（speaker identification）用以判断某段语音是若干人中的哪一个所说的，是“多选一”问题；而说话人确认（speaker verification）用以确认某段语音是否是指定的某个人所说的，是“一对一判别”问题。不同的任务和应用会使用不同的语音识别技术。

一、语音识别技术的发展历程

所谓“语音识别”技术，就是利用计算机等机械装置来识别人讲话的意义和内容。20世纪50年代，就有人提出“口授打印机”的设想，可以说，这是有关语音识别技术的最早构想。

语音识别技术经历了语音识别、语音合成以及自然语音合成3个阶段。从原理上讲，似乎让计算机识别人的语言并不难，但实际上困难还是不少的。例如，不同的人读同一个词所发出的音在声学特征上却不完全相同；即便是同一个人，在不同情况下对同一个字的发音也不相同；加上人们讲话时常有不合语法规律的情况，有时还夹杂些俗语，或省略一些词语，而且语速变化不定。所有这些，在我们听别人讲话时似乎都不成为问题，但让机器理解则很困难。近年来，由于计算机功能的日益强大，存储技术、语音算法技术和信号处理技术的长足进步，以及软件编程水平的提高，语音识别技术已经取得突破性的进展，使它的广泛应用成为可能。

1. 国外语音识别技术的发展历程

早在计算机发明之前，自动语音识别的设想就已经被提上议事日程，早期的声码器可被视作语音识别及合成的雏形。

20 世纪 20 年代生产的“Radio Rex”玩具狗可能是最早的语音识别器，当人们呼唤这只狗的名字时，它能够从底座上弹出来。

20 世纪 50 年代，研究人员大都致力于探索声学-语音学的基本概念。1952 年，贝尔实验室的 Davis 等人成功研发出世界上第一个能识别单一发音人、孤立发音的 10 个英文数字发音的语音识别系统，采用的方法主要是量度每个数字的元音音段的共振峰。

1960 年，英国的 Denes 等人成功研发出第一个计算机语音识别系统。20 世纪 60 年代，几个日本的实验室进入语音识别领域，并构建出一些专用的硬件，用于语音识别系统。东京的 Radio Research Lab 首先构建出一个用硬件实现的元音识别器，语音信号经过精心制作的带通滤波器进行谱分析和通道输出谱加权处理后，用多数逻辑决策电路来选择输入语音中元音的识别结果。

大规模的语音识别研究是在进入 20 世纪 70 年代以后，在小词汇量、孤立词的识别等方面都取得了实质性的进展，语音识别技术的研究取得了一系列具有里程碑意义的成就。首先，在模式识别思想、动态规划方法、线性预测思想等基础研究成功应用的支撑下，孤立词发音和孤立语句发音的识别成为可行的有用技术。

进入 20 世纪 80 年代以后，研究的重点逐渐转向大词汇量、非特定人、连续语音识别。继孤立词语识别成为 70 年代研究的主要焦点之后，连接词语识别的问题成了 80 年代研究的焦点。其目标是创建基于由单个词的模式串接在一起进行匹配，并能识别由词汇串接组成的流畅话语的可靠系统。语音识别研究在 80 年代的最大特点是在研究思路上发生了重大的改变，即由传统的从基于模板的方法向统计模型方法转变，特别是转向研究隐马尔可夫模型（HMM）的理论、方法和实现问题。到 80 年代中期，才使原本艰涩的 HMM 纯数学模型工程化，从而为更多的研究者所了解和认识，并被世界上几乎每一个从事语音识别的实验室采用。此外，再次提出了将神经网络技术引入语音识别的技术思路。

进入 20 世纪 90 年代以后，在语音识别的系统框架方面并没有什么重大突破。但是，在语音识别技术的应用及产品化方面，出现了很大的进展。1997 年，美国新闻界把语音识别听写机在一些领域的应用评为当年计算机发展十件大事之一。90 年代对语音识别技术研究的重点转向自然语言的识别处理，任务转移到航空旅行信息的索取。同时，语音识别技术不断地应用于电话网络，增进话务员服务的自动化。

2000 年以来，人机语音交互成为研究的焦点。研究重点包括即兴口语的识别和理解、自然口语对话，以及多语种的语音同声翻译等。

2. 中国语音识别技术的发展历程

中国的语音识别研究工作最早开始于中国科学院声学研究所。1958 年，中国科学院声学研究所用频谱分析的方法，利用电子管电路实现了汉语 10 个元音的语音识别。

直至 1973 年，中国科学院声学研究所才开始进行计算机语音识别技术的研究。到 20 世纪 70 年代后期，构建了基于模板匹配的孤立词语音识别系统。由于当时条件的限制，中国的语音识别研究工作一直处于缓慢发展的阶段。80 年代后期，中国科学院声学研究所主持研究了“八五”期间中国科学院人机语音对话研究项目。

进入 20 世纪 80 年代以后，随着计算机应用技术在我国逐渐普及和应用以及数字信号技术的进一步发展，国内许多单位具备了研究语音技术的基本条件。一些大专院校和研究所也相继开始了语音识别技术的研究。中国科学院自动化研究所、北京大学、清华大学等研究机构在中国的语音识别研究的方向和内容等方面起到了积极的催化和引导作用。

与此同时，在国际上，语音识别技术在经过多年的沉寂后重新成为研究的热点，发展迅速。就在这种形势下，国内许多单位纷纷投入到这项研究工作中。

1986 年 3 月，“国家高技术研究发展计划”（“863”计划）启动，语音识别作为智能计算机系统研究的一个重要组成部分，被专门列为研究课题。在“863”计划的支持下，中国开始了有组织的语音识别技术的研究，并决定每隔两年召开一次语音识别技术的专题会议。

继“863”计划之后，汉语大词汇量语音识别-听写机技术成为研究的重点，汉语自然口语对话和语音翻译在“973”计划期间成为新的研究焦点。

2002 年，中国科学院自动化研究所及其所属的模式科技（Pattek）公司发布了他们共同推出的面向不同计算平台和应用的天语中文语音系列产品——Pattek ASR，结束了中文语音识别产品自 1998 年以来一直由国外公司垄断的历史。

语音识别的迅速发展依赖高效可靠的应用软件，使得这些语音识别系统在很多方面得到了应用。这种系统的最大特点就是可以实现“君子动口不动手”的数据采集和命令的实现，美国战斗机上就配备这种系统，用于飞行员在空战中下达发射导弹的命令。

2018 年，科大讯飞提出深度全序列卷积神经网络，使用大量的卷积直接对整句语音信号进行建模。同年，阿里提出 LFR-DFSMN 模型，将低帧率算法和 DFSMN 算法进行融合，语音识别错误率相比上一代技术降低 20%，解码速度提升 3 倍。

2019 年，百度提出了流式多级的截断注意力模型 SMLTA，该模型在 LSTM 和 CTC 的基础上引入了注意力机制来获取更大范围和更有层次的上下文信息。在线语音识别率上，该模型比百度上一代 DeepPeak2 模型相对提升 15%的性能。

2021 年，科大讯飞提出“语音识别方法及系统”专利，通过“静态+动态”网络空间实时融合路径解码寻优算法解决了面向多领域、多用户、多场景下识别效果差、反应速度慢、系统构建时间长等技术问题，显著地提升了语音识别效果。

目前，我国在语音识别技术的研究上和世界发达国家相比虽然还有一定距离，但在汉语语音识别技术上有自己的特点与优势，并达到国际先进水平。

【知识链接 6-4】 我国关于语音识别技术的研究机构及科研成果

中国科学院自动化研究所、声学研究所、清华大学、北京大学、哈尔滨工业大学、上海交通大学、中国科学技术大学、北京邮电大学、华中科技大学等科研机构都有实验室进行过语音识别方面的研究，其中具有代表性的研究单位为清华大学电子工程系与中国科学院自动化研究所模式识别国家重点实验室。

清华大学电子工程系语音技术与专用芯片设计课题组研发的非特定人汉语数码串连续语音识别系统的识别精度可达到94.8%（不定长数字串）和96.8%（定长数字串），在允许5%的拒识率情况下，系统识别率可以达到96.9%（不定长数字串）和98.7%（定长数字串），这是目前国际上最好的识别结果之一，其性能已接近实用水平。研发的5000词邮包校核非特定人连续语音识别系统的识别率达到98.73%，前三选识别率达99.96%，并可以识别普通话与四川话两种语言，达到实用要求。

二、语音识别技术基础

数字语音识别技术是研究如何采用数字信号处理技术自动提取以及决定语音信号中最基本、最有意义信息的一门新兴的边缘学科，它是语音信号处理学科的一个分支。

语音识别涉及众多学科领域，具体包括信号处理学、物理学（声学）、模式匹配学、通信及信息理论、语言语音学、生理学、计算机科学（研究软硬件算法以便更有效地实现用于识别系统中的各种方法）、心理学、人工智能等多项技术。

计算机语音识别过程与人对语音识别处理过程基本上是一致的。目前，主流的语音识别技术是基于统计模式识别的基本理论。一个完整的语音识别系统可大致分为以下三部分。

（1）语音特征提取。其目的是从语音波形中提取出随时间变化的语音特征序列。

（2）声学模型与模式匹配（识别算法）。声学模型是识别系统的底层模型，是语音识别系统中最为关键的部分。声学模型通常由获取的语音特征通过训练产生，目的是为每个发音建立发音模板。在识别时，将输入的语音特征同声学模型（模式）进行匹配与比较，得到最佳的识别结果。声学模型的设计和语言发音特点密切相关，声学模型单元大小（字发音模型、半音节模型或音素模型）对语音训练数据量大小、系统识别率以及灵活性都有较大影响。

（3）语言模型与语义理解。语言模型包括由识别语音命令构成的语法网络或由统计方法构成的语言模型。语言处理是指计算机对识别结果进行语法、语义分析，明白语言的意义，以便做出相应的反应。

1. 语音识别技术分类

从技术方面，语音识别技术从不同的角度有不同的分类方法。

1）按所要识别的单位来分类

按所要识别的单位对语音识别系统进行分类，可以分为孤立单词识别、连续单词识别、连续语音识别和连续言语识别与理解。

（1）孤立单词识别（isolated word recognition）是指识别的单元为字、词或短语，由它们组成识别的词汇表，对它们中的每一个通过训练，建立标准模板或模型。

（2）连续单词识别（connected word recognition）是指以比较少的词汇为对象，能够完全识别出每个词。识别的词汇表和标准、样板或模型也是字、词或短语，但识别对象可以是它们中间几个的连续。

（3）连续语音识别（continuous speech recognition）是指以中大规模词汇为对象，但用字词作为识别基本单元的连续语音识别系统。

（4）连续言语识别与理解（conversational speech recognition）的内容是说话人以自然方式说出的语音，即以多数词汇为对象，待识别语音是一些完整的句子。虽不能完全准确地识别每个单词，但能够理解其意义。

2）按语音词汇表的大小分类

每个语音系统必须有一个词汇表来规定识别系统所要识别的词条。词条越多，发音相同或相似的词也越多，这些词听起来容易混淆，误识读率也随之增加。根据系统所拥有的词汇量大小，可分为有限词汇语音识别系统和无限词汇语音识别系统。

（1）有限词汇语音识别系统按词汇表中字、词或短句的个数多少，又可以大致分为100以下的小词汇、100～1000的中词汇、1000以上的大词汇三种。一般来说，语音识别的识别率都随单词量的增加而下降。

（2）无限词汇语音识别系统又称为全音节识别，即识别基元为汉语普通话中对应所有汉字的可读音节。全语音识别是实现无限词汇或中文文本输入的基础。

3）按说话人的限定范围分类

根据系统对用户的依赖程度，可以分为特定人语音识别（speaker-dependent）和非特定人语音识别（speaker-independent）。

特定人语音识别系统可以是个人专用系统或特定群体系统，如特定性别、特定年龄、特定口音等。而非特定人语音识别系统适用于非指定范畴的说话人。

4）按识别方法分类

按识别方法可以分为模板匹配法、概率模型法和基于神经网络的识别方法。

（1）模板匹配法是基于模板的识别方法，事先通过学习获得语音的模式，并将它们做成一系列语音特征模板存储起来。在识别时，首先确定适当的距离函数，再通过诸如时间规整等方法，将测试语音与模板的参数一一进行比对与匹配，最后根据计算出的距离，选择在一定准则下的最优匹配模板。

（2）概率模型法是基于统计学的识别方法，在这一框架下，语音本身的变化和特征被表述成各种统计值，不再刻意追求细化语音特征，而是更多地从整体平均的角度来建立最佳的语音识别系统。

（3）基于神经网络的识别方法与生物神经系统处理信息的方式相似，通过用大量处理单元连接成的网络来表达语音基本单元的特性，利用大量不同的拓扑结构来实现识别系统和表述相应的语音或语义信息。这种系统可以通过训练积累经验，从而不断改善自身的性能。

目前，关于语音识别研究的重点在于大词汇量、非特定人的、连续语音识别，并以隐马尔可夫模型为统一框架。

2．语音识别技术的优缺点

语音识别技术的优点是系统的成本非常低廉；对使用者来说无须与硬件直接接触，而且说话是一件很自然的事情，所以，语音识别可能是最自然的手段，使用者很容易接受；最适于通过电话来进行身份识别。

语音识别技术的缺点是准确性较差，对同一个人，由于音量、语速、语气、音质的变化等很多原因，容易造成系统的误识；语音可能被伪造，至少现在可以用录在磁带上的语音来进行欺骗；高保真的录音设备是非常昂贵的。另外，虽然每个人的语音特征均不相同，但当语音模板到达一定数量时，语音特征就不足以区分每个人。而且语音特征容易受背景噪声、被检查者的身体状况的影响。

3. 语音识别技术的基本原理

语音识别技术又称为声纹识别技术，是将人讲话发出的语音通信声波转换成一种能够表达通信消息的符号序列。这些符号可以是识别系统的词汇本身，也可以是识别系统词汇的组成单元，常称其为语音识别系统的基元或子词基元，如图 6-34 所示。

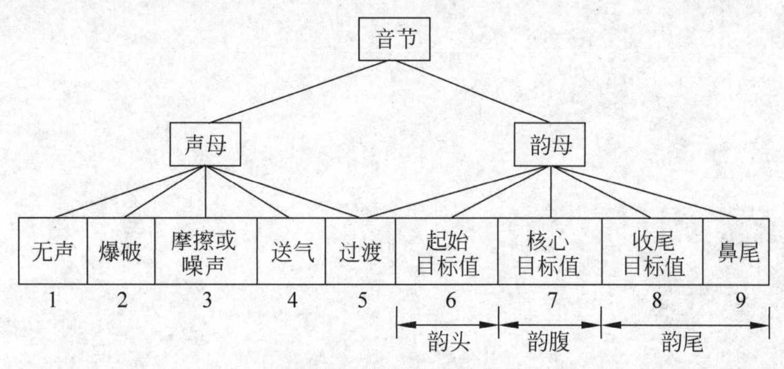

图 6-34　连续语音识别系统的识别基元

语音识别基元的主要任务是在不考虑说话人试图传达信息内容的情况下，将声学信号表示为若干个具有区别性的离散符号。可以充当语音识别基元的单位是词句、音节、音素或更小的单位，具体选择什么样的基元，经常受识别任务的具体要求和设计者的知识背景影响。

1）文本有关的声纹识别系统

文本有关（text-dependent）的声纹识别系统要求用户按照规定的内容发音，从而使每个人的声纹模型逐个被精确地建立起来；而识别时，也必须按规定的内容发音，因此可以达到较好的识别效果。但系统需要用户配合，如果用户的发音与规定的内容不符合，则无法正确识别该用户。

这种识别是依赖原文的。系统将一句话与访问者相联系，对每个访问的人，系统会给出不同的句子提示。应对说话者不断变化的主要方法是动态变化，这包括用一系列的声音向量来描述说话方式，然后计算访问者和允许进入者说话方式的差距。

2）文本无关的声纹识别系统

文本无关（text-independent）的声纹识别系统不规定说话人的发音内容，模型建立相对困难，但用户使用方便，可应用范围较广。这种语音识别技术是不依赖于原文的。访问者不必说同样的句子，因此，系统应用的唯一信息就是访问者的语音特征。

（1）训练（training）：预先分析出语音特征参数，制作语音模板（template），并存放在语音参数库中。

（2）识别（recognition）：待识别语音经过与训练时相同的分析，得到语音参数，将它与库中的参考模板一一比对，并采用判决的方法找出最接近语音特征的模板，得出识别结果。

（3）失真测度（distortion measures）：在进行比较时要有个标准，这就是计量语音特征参数矢量之间的“失真测度”。

（4）主要识别框架：采用基于模式匹配的动态时间规整法（dynamic time warping，DTW）和基于统计模型的隐马尔可夫模型法（hidden Markov model，HMM）。

【知识链接 6-5】　　声纹门禁系统

声纹门禁系统利用声音来控制门的出入权限，每个人以自己的声音做钥匙，利用声纹识别技术，特定人员对着语音采集模块说出预先录制的语句，就可以实现身份识别，从而通过门。声纹具有不易遗忘、防伪性能好、不易伪造或被盗、随身“携带”和随时随地可用等优点，与门禁系统相结合，可以有效地提高门禁系统的安全性和便利性。声纹识别设备及系统构成如图 6-35 所示。

图 6-35　声纹识别设备及系统构成

采用动态时间规整和语音增强处理技术可以有效提高声纹门禁的性能，硬件采用专业稳定的 CPU 内核电源芯片和复位芯片，来保证系统运行的稳定性。

4. 语音识别技术系统

一个语音识别技术系统的原理框图如图 6-36 所示，下面对各部分作简要说明。

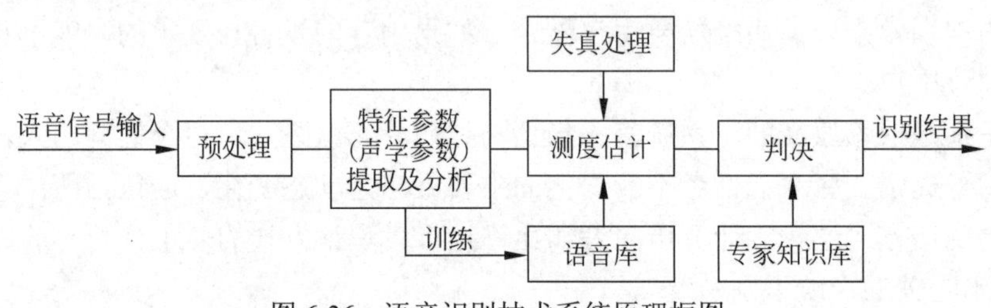

图 6-36　语音识别技术系统原理框图

1）预处理

语音识别的第一步就是预处理。待识别的语音经过话筒变换成电信号后，加在语音识别系统的输入端，首先要经过预处理。预处理包括反混叠滤波（滤除其中不重要的语音频率分量和背景噪声）、模/数转换、自动增益控制以及语音有效范围检测等工作。

2）特征参数提取及分析

语音信号是冗余度很高的、非平稳随机信号，必须经过特征提取才能降低语音信号的冗余度，而特征提取又是通过对语音信号进行分析来获取表征语音信号的特征参数的。这一步就是分析经过预处理后的语音信号，从而提取其特征参数。

语音识别系统常用的特征参数有幅度、能量、过零率、线性预测系数（LPC）、LPC 倒谱系数（LPCC）、线谱对参数（LSP）、短时频谱、共振峰频率、反映人耳听觉特征的 Mel 频率倒谱系数（MFCC）、PARCOR 系数（偏自相关系数）、随机模型（即隐马尔可夫模型）、声道形状的尺寸函数（用于求取讲话者的个性特征），以及音长、音调、声调等超音段信息函数等。

特征的选择和提取是构建语音识别系统的关键，信号的复杂度越高，识别就越困难，要想提高识别率，识别参数的选择也要增加更多包含信息的特征。因为在通常情况下，参数中包含的信息越多，则分析和提取的难度就越大。

距离测度是语音识别特征提取的衡量尺度。用于语音识别的距离测度有多种，如欧氏距离及其变形的距离、似然比测度、加权超音段信息的识别测度、隐马尔可夫模型之间的距离测度、主观感知的距离测度等，至于具体采用什么样的距离测度，则与语音识别系统采用什么样的特征参数和什么样的识别模型有关。

3）语音库

语音库即声学参数模板。它是利用训练与聚类的方法，根据单讲话或多讲话者的多次重复的语音参数，经过长时间的训练而聚类得到的。

4）测度估计

测度估计是语音识别的核心。目前已经研究过多种求取测试语音参数与模板之间测度的方法，如动态时间规整法（DTW）、有限状态矢量化法（VQ）、隐马尔可夫模型法（HMM）等。此外，还可使用混合方法，如 VQ/ DTW 法等。

DTW 是一种基于模板匹配的特定人语音识别技术，它的成功之处在于巧妙地解决了对两个程度不等的模板进行比较的问题，并在孤立词特定人语音识别系统中获得了良好性能，但这种方法不适用于非特定人语音识别系统。

HMM 是先进的语音识别系统中采用的主流技术，它实质上是一种通过相互关联的两重随机过程共同描述语音信号短时谱随时间变化的统计特性的模型参数表示技术。其中一重随机过程是隐蔽不可观测的有限状态马尔可夫链，另一重随机过程是与马尔可夫链的每一状态相关联的可观测特征的随机输出。

HMM 基元模型匹配的主要原理是贝叶斯估计，即在系统可知的范围中，对要识别的语音观察特征序列，找出最有可能产生该观察序列的基元模型序列，作为识别结果的假设，这个过程也叫搜索。在搜索最佳结果的过程中，语言认知的知识可以提供极大的帮助。

5）专家知识库

专家知识库用来存储各种语言学知识，如汉语变调规则、音长分布规则、同音字判别规则、构词规则、语法规则、语义规则等。对于不同的语言有不同的语言学专家知识库，对于汉语，也有其特有的专家知识库。

6）判决

对于输入信号计算而得到的测度，根据若干准则及专家知识，判决选择可能的结果中最好的结果，由识别系统输出，这一过程就是判决。

三、语音识别技术的应用领域

【知识链接 6-6】　　语音识别将把鼠标键盘打入冷宫

2011 年，一部美国流行大片《2012》中有一个镜头，几个飞往中国的美国人乘坐飞机上一台豪华汽车下飞机，可是用钥匙怎么也启动不了，这是由于车子是富商定制的。后来在车上的富商说了句“Start”，车子才发动，他们最终才成功脱险。

从孤立词到大词汇量连续语音的识别（LVCSR），再到语音库检索，语音识别技术一直在向前发展，现在的语音识别技术离我们已经不再遥远。“今后 5 年内，互联网搜索将更多地通过语音来完成。”比尔·盖茨在多个场合曾再三强调，语音识别技术 5 年内将取代键盘，所以，语音识别技术势必成为业界关注的焦点。

语音识别技术的应用主要有以下两个方面。

一方面是用于人机交流。目前这方面应用的呼声很高，因为使用键盘、鼠标与计算机进行交流的方式，使许多非专业人员，特别是不懂英语或不熟悉汉语拼音的人被拒之门外，影响到计算机的进一步普及。而语音识别技术的采用改变了人与计算机之间的互动模式，只需动动口，就能打开或关闭程序，改变工作界面。这种使计算机人性化的结果使得人的双手得到解放，使每个人都能操作和应用计算机。电话仍是目前使用最为普遍的通信工具，电话与语音识别系统协同工作，可以实现语音拨号、电话购物以及通过电话来办理银行业务、炒股、上网检索信息或处理电子邮件等工作。不久，能按主人口令接通电话、打开收音机，以及通过声纹识别来者身份的安全系统也将获得应用。

另一方面的应用是语音输入和合成语音输出。现在，已经出现能将口述的文稿输入计算机，并按指定格式编排的语音软件，它比通过键盘输入在速度上要提高 2～4 倍。装有语音软件的计算机还能通过语音合成，把计算机里的文件用各种语言“读”出来，这将大大推动远程通信和网络电话的发展。

在现阶段，语音技术主要用于电子商务、客户服务和教育培训等领域，它对于节省人力、时间，提高工作效率将起到明显的作用。能实现自动翻译的语音识别系统目前也正在研究、完善中。

可以预期，随着社会信息化的普及，语音识别技术作为人机交互最自然的界面，很快会在实际生活中的信息查询和命令控制等方面成为人的得力助手，帮助人们摆脱鼠标、键盘、屏幕等信息终端的物理约束，减轻生理、心理负担，提高社会生产力。

目前语音识别技术主要使用在如下几个领域。

1. 在信息查询领域的应用

通过语音识别技术进行用户身份识别，从而提高呼叫中心的工作有效性，尤其在更加需要人性化服务的医疗、教育、投资、票务、旅游等应用方面，语音识别技术显得尤其重要。

2. 在电话交易方面的应用

在通过电话进行交易的系统中，如电话银行系统、商品电话交易系统、证券交易电话委托系统，交易系统的安全性是最重要的，也是系统设计者要重点考虑的内容。传统的电话交易系统采用“用户名＋密码”的控制机制，以确认用户的身份并确保交易的安全性。然而这种控制机制有几个明显的缺点。

（1）为了降低用户名及密码被猜中的可能性，用户名和密码往往很长，而且难以记忆或是容易遗忘。

（2）密码有可能被猜到，而且现有的电话系统中，如果没有专用的端加密设备，身份密码很容易被别人窃取。

（3）拨打者往往需要拨打很多数字才能完成身份验证并最终进入系统，给用户带来很大的麻烦。

若在电话交易系统内采用语音识别技术来进行交易者的身份识别与确认，上面的问题就可以迎刃而解。

3. 在 PC 以及手持式设备上的应用

在 PC 及手持式设备上，也需要进行用户身份的识别，从而允许或拒绝用户登录计算机或者使用某些资源，或者进入特定用户的使用界面。同样，采用传统的“用户名＋密码”的保护机制，存在着用户名和密码泄漏、被窃取、容易遗忘等问题。

语音识别技术应用到 PC 以及手持式设备上，无须记忆密码，就可实现保护个人信息安全，大大提高系统的安全性，方便用户使用的目标。例如在 MacOS 9 操作系统中，就增加了 Voiceprint Password 的功能，用户无须通过键盘输入用户名和密码，只需对着计算机说一句话，就可以登录。

4. 在安保系统及证件防伪中的应用

语音识别系统可用于信用卡，银行自动取款机，门、车的钥匙卡，授权使用的计算机，声纹锁及特殊通道口的身份卡等。如在卡上事先存储了持卡者的声音特征码，在需要时，持卡者只要将卡插入专用机的插口上，通过一个传声器读出事先已存储的暗码，同时，仪器接收持卡者发出的声音，然后进行分析比对，就能完成身份确认。同样，可以把含有某人语音特征的芯片嵌入证件中，通过上述过程完成证件防伪。

5. 与二维条码技术相结合的防伪应用

采用语音识别的方法对重要的证件、文件、单据进行防伪，但在应用时，需要在一载体上记载语音信息。若采用芯片的方式，则芯片和证件文件的紧密结合不易实现，并且芯片造价过高。从可行性上考虑，证件文件的声纹防伪需要选择一种可以和证件、文件紧密结合的声纹记载方法。综合考虑，二维条码不失为一种理想方法。

二维条码具有高信息容量，可以容纳特定人的语音信息，而且可以很好地与证件文件等纸质结合。在需要进行证件确认的时候，通过语音二维条码识别出用户的声纹特征，并输入到语音确认仪器中，同时与持证人的声音进行对比，完成证件和身份的确认。

语音二维条码技术也可以应用到人类生活的很多领域，例如物流配送，在提取货物时、订货到达时，可以通过承载语音的二维条码来确认提货人或者购物者的身份，从而大大降低冒领、拒领等现象的发生，提高物流运行效率，促进电子商务和电话商务的发展。

四、语音识别技术的发展趋势

近30年来，语音识别技术取得了显著的进步，开始从实验室走向市场。预计在未来若干年内，语音识别技术将全面进入家电、通信、汽车、电子、医疗、家庭服务、消费电子产品等各个领域。

在未来几十年中，语音识别技术还将在所有涉及人机界面的地方无处不在。特别在电信服务、信息服务和家用电器中，以“自动呼叫中心”“电话目录查询”、股票、气象查询和家电语音控制等为代表的语音识别技术的应用将方兴未艾。

而结合语音识别、机器翻译和语音合成技术的直接语音翻译技术，将通过计算机克服不同母语人种之间交流的语言障碍。语音也将成为下一代操作系统和应用程序的用户界面之一。在社会潜在的应用驱动下，语音识别理论和技术将得到飞速发展。

但是，语音识别技术的发展也存在一定的挑战。在语音识别中，口语识别最具技术性挑战，也最具有实用价值，是语音识别技术未来发展的重要方向之一。

当前世界上许多大学和研究所已开发和正在开发口语对话系统，例如Carnegie Mellon的Communicator、MIT的Jupiter和Mercury、AT&T的How May I Help You、Achen的Philips等，国内中国科学院、清华大学、北京交通大学等单位也开展了对话系统的研究。

同时，一些公司，例如Nuance、TellMe、BeVocal、HeyAnita、Voxeasy等，已经成功地在一系列的领域开发出以口语为界面的应用。但整体而言，这些系统的任务相对简单，大体局限在信息查询和命令与控制方面，并且以系统主导为主，较复杂的交互目前还正处于开发之中。

1. 目前语音识别技术面临的问题

（1）就算法模型方面而言，需要有进一步的突破。目前人们能看出它的一些明显不足，尤其在中文语音识别方面，语言模型还有待完善，因为语言模型和声学模型是听写识别的基础，这方面没有突破，语音识别的进展就只能是一句空话。

目前使用的语言模型只是一种概率模型，还没有用到以语言学为基础的文法模型，而要使计算机确实理解人类的语言，就必须在这一点上取得进展，这是一项相当艰苦的工作。

此外，随着硬件资源的不断发展，一些核心算法如特征提取、搜索算法或自适应算法将有可能进一步改进。可以相信，半导体和软件技术的共同进步将为语音识别技术的基础性工作带来福音。

（2）就自适应方面而言，语音识别技术也有待进一步改进。目前，像IBM的ViaVoice和Asiaworks的SPK都需要用户在使用前进行几百句话的训练，以让计算机适应其声音特征。这必然限制语音识别技术的进一步应用，大量的训练不仅让用户感到厌烦，而且加大了系统的负担。并且，不能指望将来的消费电子应用产品也针对单个消费者进行训练。因此，必须在自适应方面有进一步的提高，做到不受特定人、口音或者方言的影响，这实际上也意味着对语言模型的进一步改进。

现实世界的用户类型是多种多样的，就声音特征来讲有男音、女音和童音的区别，许多人的发音离标准发音差距甚远，这就涉及对口音或方言的处理。如果语音识别能做到自动适应大多数人的声线特征，那可能比提高一两个百分点识别率更重要。事实上，ViaVoice

的应用前景也因为这一点打了折扣，只有普通话说得很好的用户才可以在其中文版连续语音识别方面取得相对满意的成绩。

（3）就强健性方面而言，语音识别技术须能排除各种环境因素的影响。目前，对语音识别效果影响最大的就是环境杂音或噪声，在公共场合，你几乎不可能指望计算机能听懂你的话，来自四面八方的声音让它茫然而不知所措。

很显然这极大地限制了语音技术的应用范围，目前，要在嘈杂环境中使用语音识别技术必须有特殊的抗噪（noise cancellation）麦克风才能进行，这对多数用户来说是不现实的。在公共场合中，个人能有意识地摒弃环境噪声并从中获取自己所需要的特定声音，如何让语音识别技术也能具备这种能力呢？这的确是一个艰巨的任务。

此外，带宽问题也可能影响语音的有效传送，在速率低于 1000b/s 的极低比特率下，语音编码的研究将大大有别于正常情况，比如要在某些带宽特别窄的信道上传输语音，以及水声通信、地下通信、战略及保密话音通信等，要在这些情况下实现有效的语音识别，就必须处理声音信号的特殊特征，如因为带宽而延迟或减损等情况。语音识别技术要获得进一步应用，就必须在强健性方面有大的突破。

（4）在多语言混合识别以及无限词汇识别方面，简单地说，目前使用的声学模型和语音模型太过于局限，以至于用户只能使用特定语音进行特定词汇的识别。如果突然从中文转为英文，或者法文、俄文，计算机就会不知如何反应，而给出一堆不知所云的句子；或者用户偶尔使用了某个专门领域的专业术语，如“信噪比”等，可能也会得到奇怪的反应。

这一方面是由于模型的局限，另一方面也受限于硬件资源。随着两方面的技术的进步，将来的语音和声学模型可能会做到将多种语言混合纳入，用户因此就可以不必在语种之间来回切换。此外，对于声学模型的进一步改进，以及以语义学为基础的语言模型的改进，也能帮助用户尽可能少或不受词汇的影响，从而可实行无限词汇识别。

最终，语音识别要进一步拓展我们的交流空间，让我们能更加自由地面对这个世界。可以想见，如果语音识别技术在上述几个方面确实取得了突破性进展，那么多语种交流系统的出现就是顺理成章的事情，这将是语音识别技术、机器翻译技术以及语音合成技术的完美结合，而如果硬件技术的发展能将这些算法固化到更为细小的芯片，比如手持移动设备上，那么个人就可以带着这种设备周游世界而无须担心任何交流的困难，你说出你想表达的意思，手持设备同时识别并将它翻译成对方的语言，然后合成并发送出去；同时接听对方的语言，识别并翻译成己方的语言，合成后朗读给你听。所有这一切几乎都是同时进行的，只是机器在充当着主角。

任何技术的进步都是为了更进一步拓展人类的生存和交流空间，以使我们获得更大的自由，就服务于人类而言，这一点显然也是语音识别技术的发展方向，而为了达成这一点，还需要在上述几个方面取得突破性进展。最终，多语种自由交流系统将带给我们全新的生活空间。

2．语言识别技术的发展前景

比尔·盖茨曾说过：“语音技术将使计算机丢下鼠标、键盘。”随着计算机的小型化，键盘和鼠标已经成为计算机发展的一大阻碍。人类的计算机从超大体积发展到现在只有 A4 纸大小的笔记本，想必未来的计算机可能会意想不到的小，那么键盘、鼠标对其来说就是障碍了，这时候就需要语音识别来完成命令。

一些科学家也说过：“计算机的下一代革命就是从图形界面到语音用户接口。”这表明语音识别技术的发展无疑改变了人们的生活。在某些领域，电话正在逐渐地演变成一个服务者而非简单的对话工具，通过电话，人们也可以使用语音来获取自己想获得的信息，其工作效率也自然而然提高了一个档次。

语音识别技术渐渐地变成了人机接口的关键，这样一个极具竞争性的新兴产业，其市场的发展更是十分迅速，发展趋势也在逐步上升。如今在 iPhone 等智能手机中，语音助手已经成为标配功能，为用户带来了许多便利，人们也可以通过电话和网络来订购机票火车票，甚至是旅游服务。因此，语音识别技术在我们的实际生活中有着越来越广阔的发展前景和应用领域。

在电话与通信系统中，智能语音接口正在把电话机从一个单纯的服务工具变成一个服务的“提供者”和生活“伙伴”；使用电话与通信网络，人们可以通过语音命令方便地从远端的数据库系统中查询与提取有关的信息；随着计算机的微型化，键盘已经成为移动平台的一个很大障碍，想象一下，如果手机仅仅只有一个手表那么大，那么再用键盘进行拨号操作就是不可能的。语音识别正逐步成为信息技术中人机接口的关键技术，语音识别技术与语音合成技术结合使人们能够甩掉键盘，通过语音命令进行操作。语音技术的应用已经成为一个具有竞争性的新兴高技术产业。

语音识别技术发展到今天，特别是中小词汇量非特定人语音识别系统的识别精度已经大于 98%，对特定人语音识别系统的识别精度就更高。这些技术已经能够满足通常应用的要求。由于大规模集成电路技术的发展，这些复杂的语音识别系统也已经完全可以制成专用芯片，大量生产。

在西方经济发达国家，大量的语音识别产品已经进入市场和服务领域。一些用户交互机、电话机、手机已经包含了语音识别拨号功能，语音记事本、语音智能玩具等产品也具有语音识别与语音合成功能。人们可以通过电话网络用语音识别口语查询有关的机票、旅游、银行信息，并且取得很好的效果。调查统计表明，多达 85%以上的人对语音识别的信息查询服务系统的性能表示满意。

可以预测，在未来的若干年，语音识别系统的应用将更加广泛。各种各样的语音识别系统产品将出现在市场上。人们也将调整自己的说话方式以适应各种各样的识别系统。在短期内还不可能造出可以和人相比拟的语音识别系统，要建成这样一个系统仍然是人类面临的一个大的挑战，我们只能一步步朝着改进语音识别系统的方向前进。至于什么时候可以建立一个像人一样完善的语音识别系统则是很难预测的。就像在 20 世纪 60 年代，谁又能预测今天超大规模集成电路技术会对我们的社会产生这么大的影响。

第六节　对生物特征识别技术的展望

作为常见的生物特征识别技术，虹膜识别、指纹识别、掌纹识别、面部识别等分别具有各自的优势和劣势，因此，在实际的应用中，需要根据具体的环境和性能要求选择不同的识别技术。表 6-4 所示为主要生物特征识别技术的参数比较。

表 6-4　几种常见的生物特征识别技术对比

类别	误识率	拒识率	影响识别的因素	稳定性	安全性
虹膜识别	1∶120 万	0.1%～0.2%	虹膜识别时摄像机镜头的调整	非常稳定，只需注册一次	使用者选择注册
指纹识别	1∶10 万	2.0%～3.0%	干燥、脏污、伤痕、油渍	需要经常注册	使用者选择注册；隐秘指纹储藏
掌纹识别	1∶1 万	约 10%	受伤、人的年龄、药物、环境	需要经常注册	使用者选择注册
面部识别	1∶100	10%～20%	灯光、人的年龄、眼镜、头脸上的遮盖物	需要经常注册	使用者选择注册；可以在一定距离内，无使用者同意的情况下被注册

尚普咨询集团《2023 年生物识别技术行业市场现状分析与发展机遇》报告显示，2022 年全球生物识别系统的支出由 2021 年的 286 亿美元增长到 339 亿美元，同比增长了 18.5%。

从地区来看，亚太地区（不含日本）的支出占比最高，达到 40.6%，其次是欧洲占比 27.4%，北美占比 20.5%。

从应用来看，2022 年全球生物识别系统支出中，金融领域占比最高，达到 31.8%，其次是政府部门占比 26.6%，零售/批发业占比 8.9%。

从产品来看，2022 年全球生物识别系统支出中，硬件产品占比最高，达到 63.4%，其次是软件产品占比 21.2%，服务产品占比 15.4%。

从技术来看，2022 年全球生物识别系统支出中，指纹识别占比最高，达到 36.6%，其次是面部扫描占比 32.2%，虹膜扫描占比 9.4%，其他占比 21.8%。

从市场应用的角度而言，对于指纹、虹膜、人脸、声音等几种生物特征识别技术，它们的目标市场基本重合，因此存在相互竞争的关系，市场占有率处于波动之中。

2007 年，指纹识别占比高达 52.1%，掌形识别占比也高达 30%，虹膜识别占 7.3%，声音识别占 4.5%，笔迹识别占 2.4%，其他占 3.7%。

到了 2022 年，虽然指纹识别占比仍然最高，但比重已大幅下降；15 年前名不见经传的人脸识别跃居第二，占比已逼近指纹识别；而 15 年前高居第二的掌形识别已经大不如从前了，虹膜识别略有提高。

2022 年中国生物识别技术行业市场规模增长至 400 亿元，同比增长 22.7%。预计到 2026 年，中国生物识别技术行业市场规模将达到 980 亿元，复合年增长率（CAGR）为 24.8%。

从地区来看，2022 年中国生物识别技术行业市场规模中，华东地区占比最高，达到 36.5%，其次是华北地区占比 22.7%，华南地区占比 15.4%。

从应用来看，2022 年中国生物识别技术行业市场规模中，政府部门占比最高，达到 31.5%，其次是金融领域占比 28.4%，电信领域占比 12.3%。

从产品来看，2022 年中国生物识别技术行业市场规模中，硬件产品占比最高，达到 58.9%，其次是软件产品占比 23.4%，服务产品占比 17.7%。

从技术来看，2022 年中国生物识别技术行业市场规模中，指纹识别占比最高，达到 56.0%，其次是人脸识别占比 21.1%，虹膜识别占比 8.2%。预计到 2026 年，人脸识别将超过指纹识别，成为占比最高的技术，达到 38.5%，其次是指纹识别占比 35.6%，虹膜识别占比 10.3%。

随着各种生物特征识别技术的不断发展和提高，在全球信息化、网络化、数字化的大背景下，生物特征识别技术的应用面会越来越广，深度会不断深入，并将呈现以下三个发展趋势。

1. 技术创新驱动行业进步

生物识别技术作为一种前沿的信息安全技术，在不断的创新和发展中提高了自身的性能和应用范围。随着人工智能、大数据、云计算、5G 等新兴技术的发展和应用，生物识别技术也将借助这些技术的支持和赋能，实现更高的准确率、更快的响应速度、更广的覆盖范围、更强的智能化水平。

例如，在人工智能方面，深度学习算法可以提高生物特征的提取和匹配能力，增强生物识别系统的鲁棒性和适应性；在大数据方面，海量的生物特征数据可以提供更丰富的样本和特征空间，提高生物识别系统的泛化能力和分类能力；在云计算方面，云端的强大计算资源可以提供更高效的数据处理和存储服务，降低生物识别系统的成本和复杂度；在 5G 方面，高速的网络传输可以实现更快的数据交互和反馈，提高生物识别系统的用户体验和满意度。

2. 多模态融合提升系统安全

单一模态的生物识别技术虽然具有一定的优势和特点，但也存在一些局限性和缺陷。例如，在采集环境、设备质量、用户操作等方面可能出现干扰或误差，导致系统的准确率和可靠性降低；或者在某些特殊情况下可能出现伪造或欺骗等攻击手段，导致系统的安全性受到威胁。

为了克服单一模态的不足和避免风险，多模态生物识别技术应运而生。多模态生物识别技术是指融合应用两种或多种不同类型或相同类型的生物特征进行身份认证的技术。多模态生物识别技术可以综合利用不同生物特征之间的互补性和独立性，在提高系统准确率和可靠性的同时，增强系统抵抗攻击和干扰的能力。

3. 非接触式应用增加用户便利

传统的接触式生物识别技术需要用户与设备进行直接或间接的接触或靠近，在某些情况下可能会给用户带来不便或不适。例如，在采集指纹时可能会受到手指污渍或伤口等影响，在采集虹膜时可能会受到眼睛疲劳或光线等影响，在采集声纹时可能会受到噪声或咳嗽等影响。

为了解决这些问题，非接触式生物识别技术逐渐得到了发展和应用。非接触式生物识别技术是指不需要用户与设备进行直接或间接的接触或靠近就可以进行身份认证的技术。非接触式生物识别技术可以提高用户的便利性和舒适性，在某些情况下还可以提高系统的效率和效果。

与此同时，未来生物特征识别技术在以下四方面仍有待进一步研究。

一是将生物识别与量子密码技术相结合，构建二元身份认证体系。前者可实现更为准确可靠的身份认证，保证只拥有相关授权的人才能接触到关键数据，后者则能为这些数据提供更难破解的加密措施，进一步提升用户在数据访问过程中的安全性。

二是保证生物识别系统的安全性。与其他信息安全技术一样，生物识别系统也可能受到各种攻击。除了伪造他人的生物特征样本外，其他潜在攻击包括：在采集装置和计算机的通信链路上修改样本数据、修改识别结果、替换匹配程序、攻击生物特征模板数据库等。因此，提高保护系统自身的安全性以及对各种黑客攻击的抵抗能力至关重要。

三是进行活体检测研究，即研究出有效区分真人声音与录音、真人面部与照片以及仿造的生物特征的方法，加强系统防骗性。

四是探索生物特征识别技术在保障国家安全与侵犯公民隐私和自由之间的平衡，并规定在使用生物特征识别技术时必需的国内或国际的限制。

本章小结

生物特征识别技术是一项古老的技术，可以追溯到古代埃及和古代中国。到了 20 世纪末期，近代的生物特征识别技术开始蓬勃发展，并随着计算机应用的发展，生物特征识别技术越来越成熟。因其具有普遍性、唯一性、稳定性、不可复制性等特点，在世界范围内广泛地应用于刑侦、电信、金融、商业等领域以及政府、军队等机构。

当前，生物特征识别技术主要包括指纹识别、静脉识别、掌纹识别、视网膜识别、虹膜识别、人体气味识别、脸型识别、血管识别、DNA 识别、骨骼识别、语音识别等。本章主要介绍了当前主流的 4 项生物特征识别技术的起源与发展、技术基础及典型应用。

指纹识别技术主要根据人体指纹的纹路、细节特征等信息，对操作者或被操作者进行身份鉴定。指纹识别技术最早成功应用于公安刑侦领域。得益于现代电子集成制造技术和快速可靠的算法研究，近年来，已经开始走入我们的日常生活，成为目前生物检测学中研究最深入、应用最广泛、发展最成熟的技术，并在许多行业领域中得到了广泛的应用。

人脸识别技术特指利用分析比较人脸视觉特征信息进行身份鉴别的计算机技术。近年来，成为模式识别与计算机视觉领域内一项受到普遍重视、研究十分活跃的课题。由于人脸识别技术提供了一种直接、友好、方便、非侵犯性、高可靠性和稳定的鉴别方法，因此有着非常广阔的应用前景。自动人脸识别系统在各种不同领域中的应用，必将对人们生活的各个方面产生深刻的影响。

虹膜识别技术是利用人眼虹膜终身不变性和个体差异性的特点来进行身份鉴别的一项高新技术，通过对比虹膜图像特征之间的相似性来确定人的身份，其核心是使用模式识别、图像处理等方法，对人眼睛的虹膜特征进行描述和匹配，从而实现个人身份认证。在包括指纹识别技术在内的所有生物特征识别技术中，虹膜识别技术是最为方便和最精确的一种。虹膜识别技术被广泛认为是 21 世纪最具有发展前途的生物认证技术。

语音识别是语音信号处理学科的一个分支，是让机器通过识别和理解过程，把语音信号转变为相应的文本或命令的技术。语音识别技术的应用主要有以下两个方面：一方面用于人机交流；另一方面用于语音输入和合成语音输出。

本章内容结构

- 生物特征识别技术
  - 生物特征识别技术概述
    - 生物特征识别技术的起源及发展
    - 生物特征识别技术的基本原理
    - 生物特征识别技术的主要内容
  - 指纹识别技术
    - 指纹识别技术的起源与发展
    - 指纹识别技术的原理和特点
    - 指纹识别技术的应用
  - 人脸识别技术
    - 人脸识别技术的发展历程
    - 人脸识别技术的应用现状
    - 人脸识别技术基础
    - 人脸识别系统的实际案例分析
  - 虹膜识别技术
    - 虹膜识别技术的起源与发展
    - 虹膜识别技术基础
    - 国外虹膜识别技术的应用案例
    - 我国虹膜识别技术的发展及应用前景
  - 语音识别技术
    - 语音识别技术的发展历程
    - 语音识别技术基础
    - 语音识别技术的应用领域
    - 语音识别技术的发展趋势
  - 生物特征识别技术展望

综 合 练 习

一、名词解释

生物特征识别技术　指纹识别技术　人脸识别技术
虹膜识别技术　语音识别技术

二、简述题

1. 简述生物特征识别技术的基本原理和特点。
2. 简述指纹识别技术的工作原理和过程。
3. 简述人脸识别技术的工作原理和过程。
4. 简述虹膜识别技术的工作原理和过程。
5. 简述语音识别技术的工作原理和过程。

三、思考题

1. 比较主流的生物特征识别技术各自的特点和优缺点。
2. 结合所学的知识，预测生物特征识别技术将在哪些领域有新的突破和应用。

四、实际观察题

1．生物特征识别技术在我们的生活中有哪些具体应用，请举例说明。

2．谈一下你对生物特征识别技术的体会。

参考书目及相关网站

[1] 雷锋网.IEEE 发布三项生物识别领域国际标准，蚂蚁安全实验室联合行业制定[EB/OL].(2023-09-28). https://baijiahao.baidu.com/s?id=1778264734941643499&wfr=spider&for=pc.

[2] 2023 年生物识别技术行业市场现状分析与发展机遇[EB/OL]. (2023-6-12). https://baijiahao.baidu.com/s?id=1768511464719380147&wfr=spider&for=pc.

[3] 2023 年后实用化水平不断提升 虹膜识别系统应用将加速落地/2023—2027 年中国虹膜识别系统市场可行性研究报告[EB/OL]. (2023-02-16). https://zhuanlan.zhihu.com/p/605811893.

[4] 中国虹膜识别系统行业市场发展模式调研及投资趋势分析研究报告[EB/OL]. (2023-02-16). https://baijiahao.baidu.com/s?id=1745081726043836761&wfr=spider&for=pc.

[5] 张芮晴.生物识别技术及其发展趋势展望[EB/OL].(2022-8-13).https://baijiahao.baidu.com/s?id=1741022355953077585&wfr=spider&for=pc.

[6] 中国自动识别技术协会. 我国自动识别技术发展现状与趋势分析[J]. 中国自动识别技术，2023(1): 1-3.

[7] 生物特征识别[EB/OL].(2023-2-16). https://baike.baidu.com/item/生物特征识别/2050841?fr=ge_ala.

[8] 指纹识别[EB/OL].(2023-2-16). https://baike.baidu.com/item/指纹识别/206264?fr=ge_ala.

[9] 人脸识别[EB/OL].(2023-2-16). https://baike.baidu.com/item /人脸识别/4463435?fr=ge_ala.

[10] 虹膜识别技术[EB/OL].(2023-2-16). https://baike.baidu.com/item/虹膜识别技术/1530077?fr=ge_ala.

[11] 语音识别技术[EB/OL].(2023-2-16). https://baike.baidu.com/item/语音识别技术/5732447?fr=ge_ala.

[12] 人脸识别技术应用安全管理规定[EB/OL].(2023-2-16). https://baike.baidu.com/item/人脸识别技术应用安全管理规定/63289373?fr=ge_ala.

[13] 最高人民法院.最高人民法院关于审理使用人脸识别技术处理个人信息相关民事案件适用法律若干问题的规定[EB/OL].(2021-7-28).https://www.court.gov.cn/xinshidai-xiangqing-315851.html.

[14] 北京互联网法院.互联网技术司法应用白皮书[EB/OL].(2019-8-17). https://baike.baidu.com/item/互联网技术司法应用白皮书/23684130?fr=ge_ala.

[15] 肖红，南威治. 基于肤色模型与人脸结构特征的人脸检测[J]. 科学技术与工程，2010，21（12）：135-138.

[16] 刘持平．指纹无谎言[J]．南京：江苏人民出版社，2010.

[17] 田捷．生物特征识别理论与应用[M]．北京：清华大学出版社，2009.

[18] 苑玮琦．生物特征识别技术[M]．北京：科学出版社，2009.

[19] 王瑞平，陈杰，山世光，等．基于支持向量机的人脸检测训练集增强[J]．软件学报，2008，19（11）：2922-2929.

[20] 李铭．自动人脸检测与识别系统中若干问题的研究[D]．北京：北京交通大学，2005.

[21] 徐毅琼，李弼程，王波．基于隐马尔可夫模型的人脸检测与识别[J]．中国图象图形学报，2003，8（Z1）：667-669.

[22] 梁路宏，艾海舟，徐光佑，等．基于模板匹配与人工神经网确认的人脸检测[J]．电子学报，2001，29（6）：744-747.